普通高等教育"十四五"规划教材

AVR 单片机项目开发教程（C 语言）

——基于 CDIO 项目教学

主　编　郑贵省　王剑宇

副主编　卢爱臣　魏建宇　马文彬

主　审　郭　强　阎文建

U0310508

中国铁道出版社有限公司

CHINA RAILWAY PUBLISHING HOUSE CO., LTD.

内 容 简 介

本书以项目为载体，通过丰富的实例详细介绍 ATmega16 单片机 C 语言程序设计和单片机控制系统的应用。本书共 9 章，包含 25 个项目，主要内容包括单片机基础、单片机 I/O 及 C 语言编程、单片机外部中断应用、单片机定时器应用设计、单片机的串行通信、单片机总线应用、单片机 I/O 扩展设计、A/D 转换器的应用设计、开源硬件平台和嵌入式实时操作系统等。

本书可作为普通高等院校相关专业的教材，也可作为军事院校相关专业的教材，还可供 AVR 单片机项目开发人员参考。

图书在版编目（CIP）数据

AVR 单片机项目开发教程：C 语言：基于 CDIO 项目教学/郑贵省，
王剑宇主编.—北京：中国铁道出版社有限公司，2020.9（2023.7 重印）
普通高等教育"十四五"规划教材
ISBN 978-7-113-27236-4

Ⅰ.①A… Ⅱ.①郑… ②王… Ⅲ.①单片微型计算机-C 语言-程序设计-高等学校-教材 Ⅳ.①TP368.1②TP312.8

中国版本图书馆 CIP 数据核字（2020）第 165993 号

书　　名：AVR 单片机项目开发教程（C 语言）——基于 CDIO 项目教学
作　　者：郑贵省　王剑宇

策　　划：魏　娜　　　　　　　　　　　　编辑部电话：（010）63549501
责任编辑：贾　星
封面设计：尚明龙
责任校对：张玉华
责任印制：樊启鹏

出版发行：中国铁道出版社有限公司（100054，北京市西城区右安门西街 8 号）
网　　址：http://www.tdpress.com/51eds/
印　　刷：三河市宏盛印务有限公司
版　　次：2020 年 9 月第 1 版　2023 年 7 月第 4 次印刷
开　　本：787 mm×1 092 mm　1/16　印张：18　字数：456 千
书　　号：ISBN 978-7-113-27236-4
定　　价：49.80 元

前 言

★★★

中华人民共和国教育部相继出台了《教育部关于加快建设高水平本科教育全面提高人才培养能力的意见》（教高〔2018〕2号）和《教育部关于狠抓新时代全国高等教育本科教育工作会议精神落实的通知》（教高函〔2018〕8号），明确指出：各高校要全面梳理各门课程的教学内容，淘汰"水课"、打造"金课"，合理提升学业挑战度、增加课程难度、拓展课程深度，切实提高课程教学质量。

课程是人才培养的核心要素。学生从大学里受益的最直接、最核心、最显效的是课程。课程是教育最微观、最普通的问题，但它要解决的却是教育中最根本的问题——培养人。课程虽然属微观问题，却是个根本问题，是关乎宏观的战略大问题；课程是中国大学普遍存在的短板、瓶颈、软肋，是一个关键问题；课程是体现"以学生发展为中心"理念的"最后一公里"；课程正是落实"立德树人"根本任务的具体化、操作化和目标化。

CDIO（构思—设计—实现—运行）注重学科知识体系构建探究式"做中学"，以实际问题的"构思、设计、实现、运行"过程为载体，探究式"做中学"是主要的教学方法，进行一体化课程设计及实践。让学生在"想明白、做明白、说明白"中培养思维能力与品质，创造性地应用知识去提升解决实际问题能力、知识迁移能力、交流协调能力和团队合作工作能力，能够使学生以探索、主动、实践的方式有效地学习。

CDIO项目式教学，将学生变成学习的主体，改变灌输式课堂和填鸭式教育，教师由"主播"转变为"主持"，学生由"观众"变为"演员"，将学生能力的培养由记忆、理解向应用、分析、评价和创造的高阶能力转变。

本书以项目为载体，为了在学习后能熟练进行开源硬件平台 Arduino 的创意设计与开发，采用了 AVR 的 ATmega16 单片机，借助 CCAVR、Proteus 虚拟软件，通过丰富的实例详细介绍 ATmega16 单片机 C 语言程序设计和单片机控制系统的应用技术。本书主要内容包括单片机基础、单片机 I/O 及 C 语言编程、单片机外部中断应用、单片机定时器应用设计、单片机的串行通信、单片机总线应用、单片机 I/O 扩展设计、A/D 转换器的应用设计、开源硬件平台以及嵌入式实时操作系统 9 章 25 个项目。

本书主要特色如下：

（1）项目驱动教学。本书以项目为载体，强调"教、学、做"一体，坚持理论知识够用的原则，并将知识点分散到多个项目中，使学生能够边学边做，轻松进行 AVR 单片机项目开发。

（2）软硬结合，虚实结合。沿用传统单片机学习与开发经验，通过相关编译软件（如 ICCAVR）编写程序并生成*.cof（或*.hex）文件，然后在 Proteus 中绘制好硬件电路图，调用*.cof（或*.hex）文件进行虚拟仿真。把实验室搬到个人计算机上，强化了实践，同时又可以在实体实验室进行实践。同时，通过 AVR 单片机的学习，读者能熟练进行开源硬件平台 Arduino 的创意设计与开发。

（3）采用 C 语言编程，降低入门难度。C 语言是一种编译型程序设计语言，它兼顾了多种高级语言的特点，并具备汇编语言的功能。用 C 语言来编写程序会大大缩短开发周期，且程序的可读性好，易于扩展和维护。

（4）培养学生计算思维。注重程序设计的根本思想及计算思维的培养。程序只是人类思想的具体实现，人类把计算机擅长做的事情让机器来实现，编程实现只是形式，人的思维才是编程最根本的因素，具有决定性作用。

（5）知行合一。CDIO 项目式教学创建"做中学"课堂体验，百闻不如一见，百见不如一干，CDIO 实现学科理论和实践有机融合，强调学生"知识、能力和素质"协调发展，又区别于传统的"从做中学"。其一体化教学模式既有别于传统的学科式教学，亦不同于传统的项目式教学，本质差异在于 CDIO 试图使学科理论教学与项目实践训练达到融合，使系统化的学科理论与项目实践融于一体，不仅没有弱化学科，反而强调在已有的学科体系框架下进一步构建相对完善的学科知识群。

本书由郑贵省、王剑宇任主编，卢爱臣、魏建宇、马文彬任副主编，郭强、阎文建主审。贾蓓、阚媛、吴茜、任芳、张国庆、潘妍妍、刘旭、刘占敏、田家远、王鹏、张婷燕、韩芳芳、于波参与了编写。

教学改革永远在路上，受编者学识水平所限，疏漏之处在所难免，热切期望广大读者批评指正。

编　者
2020 年 2 月

目　录

★★★

第1章　单片机基础 ……………………1

1.1　项目1：认识ATmega16单片机 ……1
　　1.1.1　ATmega16的封装 …………1
　　1.1.2　ATmega16的内部结构 ………2
1.2　项目2：点亮LED的硬件设计 …………5
　　1.2.1　单片机系统的开发过程
　　　　　——自顶向下，自底向上 …5
　　1.2.2　Proteus的使用 …………7
　　1.2.3　Proteus的库 …………17
　　1.2.4　Proteus 8输入原理图——
　　　　　点亮LED …………18
　　1.2.5　项目硬件电路设计 …………23
1.3　项目3：点亮LED的软件设计 …………23
　　1.3.1　WinAVR编写程序及Proteus
　　　　　联合仿真 …………23
　　1.3.2　C语言的基本结构 …………23
　　1.3.3　C语言的main函数 …………25
　　1.3.4　C语言的优势 …………25
　　1.3.5　ATmega16 I/O端口的硬件
　　　　　设计 …………26
　　1.3.6　ATmega16的I/O寄存器
　　　　　——软件设计接口 …………27
　　1.3.7　ATmega16的寄存器及存储
　　　　　结构 …………29
　　1.3.8　单片机最小系统 …………32
　　1.3.9　学生项目1：闪烁的LED ……33
　　1.3.10　学生项目2：循环点亮
　　　　　　8只LED …………35
1.4　项目4：ATmega16熔丝位设定 ……37

第2章　单片机I/O及C语言编程 ………44

2.1　项目5：单片机控制8只LED
　　依次点亮 …………44
　　2.1.1　项目背景 …………44
　　2.1.2　基础知识 …………44
　　2.1.3　项目硬件电路设计 …………57
　　2.1.4　项目驱动软件设计 …………59
　　2.1.5　学生项目：花样流水灯 ………61
2.2　项目6：Proteus仿真数码管显示
　　数字0~9 …………61
　　2.2.1　项目背景 …………61
　　2.2.2　基础知识 …………61
　　2.2.3　项目硬件电路设计 …………65
　　2.2.4　项目驱动软件设计 …………66
　　2.2.5　学生项目：数码管循环显示
　　　　　数字0~9 …………67
2.3　项目7：按键控制LED亮灭 ………68
　　2.3.1　项目背景 …………68
　　2.3.2　基础知识 …………68
　　2.3.3　项目硬件电路设计 …………72
　　2.3.4　项目驱动软件设计 …………75
　　2.3.5　学生项目：转向灯 …………76
2.4　项目8：键盘按键显示在数码管上 ……76
　　2.4.1　项目背景 …………76
　　2.4.2　基础知识 …………77
　　2.4.3　项目硬件电路设计 …………79
　　2.4.4　项目驱动软件设计 …………80
　　2.4.5　学生项目：数码管显示
　　　　　4×4矩阵键盘 …………82

第 3 章 单片机外部中断应用 ·············· 84

3.1　中断的基本概念 ·············· 84
　3.1.1　什么是中断 ·············· 84
　3.1.2　中断的意义 ·············· 84
　3.1.3　中断优先级和中断嵌套 ····· 85
3.2　中断源和中断向量 ·············· 85
　3.2.1　中断源 ·············· 85
　3.2.2　中断向量 ·············· 85
3.3　ATmega16 的中断系统 ·············· 86
　3.3.1　ATmega16 的中断源和中断
　　　　向量 ·············· 86
　3.3.2　ATmega16 的中断控制 ····· 87
　3.3.3　ATmega16 的外部中断 ······ 88
　3.3.4　外部中断相关寄存器 ····· 89
　3.3.5　中断服务程序 ·············· 91
3.4　项目 9：中断报警控制 ·············· 92
　3.4.1　项目硬件电路设计 ····· 92
　3.4.2　项目驱动软件设计 ····· 93
　3.4.3　学生项目 1：中断计数器 ····· 94
　3.4.4　学生项目 2：中断控制发光
　　　　二极管 ·············· 95
　3.4.5　实验板项目 ·············· 96

第 4 章 单片机定时器应用设计 ·············· 98

4.1　项目 10：定时器制作计数器 ····· 98
　4.1.1　项目背景 ·············· 98
　4.1.2　基础知识 ·············· 98
　4.1.3　项目硬件电路设计 ·············· 111
　4.1.4　项目驱动软件设计 ·············· 112
　4.1.5　学生项目：电子跑表 ·············· 113
4.2　项目 11：PWM 模式控制调光灯 ······ 117
　4.2.1　项目背景 ·············· 117
　4.2.2　基础知识 ·············· 117
　4.2.3　项目硬件电路设计 ·············· 118
　4.2.4　项目驱动软件设计 ·············· 119
　4.2.5　学生项目：PWM 模式生成
　　　　锯齿波 ·············· 121
4.3　项目 12：音符发生器 ·············· 123

　4.3.1　项目背景 ·············· 123
　4.3.2　基础知识 ·············· 123
　4.3.3　项目硬件电路设计 ·············· 132
　4.3.4　项目驱动软件设计 ·············· 133
　4.3.5　学生项目：脉冲频率测量 ····· 134

第 5 章 单片机的串行通信 ·············· 138

5.1　项目 13：双机通信 ·············· 138
　5.1.1　项目背景 ·············· 138
　5.1.2　基础知识：通信 ·············· 138
　5.1.3　项目硬件电路设计 ·············· 144
　5.1.4　项目驱动软件设计 ·············· 144
　5.1.5　系统集成与调试 ·············· 148
5.2　项目 14：可通信的专家评价系统 ····· 149
　5.2.1　项目背景 ·············· 149
　5.2.2　项目硬件电路设计 ·············· 149
　5.2.3　项目驱动软件设计 ·············· 150
　5.2.4　项目系统集成与调试 ·········· 157
5.3　项目 15：车载导航中的北斗定位
　　　数据获取 ·············· 160
　5.3.1　项目背景 ·············· 160
　5.3.2　项目方案设计 ·············· 160
　5.3.3　北斗定位模块数据包
　　　　解析 ·············· 161
　5.3.4　项目硬件电路设计 ·············· 163
　5.3.5　项目驱动软件设计 ·············· 165
　5.3.6　项目系统集成与调试 ·············· 168

第 6 章 单片机总线应用 ·············· 171

6.1　项目 16：MPU-6050 的货物运输
　　　姿态检测器 ·············· 171
　6.1.1　项目背景 ·············· 171
　6.1.2　项目方案设计 ·············· 171
　6.1.3　基础知识 ·············· 171
　6.1.4　项目硬件电路设计 ·············· 179
　6.1.5　项目驱动软件设计 ·············· 180
6.2　项目 17：SPI 总线 Flash 存储行车
　　　记录信息 ·············· 185
　6.2.1　项目背景 ·············· 185

6.2.2　项目方案设计 ……………185
6.2.3　基础知识 ………………186
6.2.4　项目硬件电路设计 ………189
6.2.5　项目驱动软件设计 ………190
6.2.6　项目系统集成与调试 ……193

第7章　单片机 I/O 扩展设计 ……195
7.1　项目18：装备开关电源指示控制系统 ………195
7.1.1　项目背景 ………………195
7.1.2　项目方案设计 ……………195
7.1.3　基础知识 ………………196
7.1.4　项目硬件电路设计 ………197
7.1.5　项目驱动软件设计 ………199
7.1.6　项目系统集成与调试 ……202
7.2　项目19：电子音乐播放 ……205
7.2.1　项目背景 ………………205
7.2.2　项目方案设计 ……………205
7.2.3　基础知识 ………………206
7.2.4　项目硬件电路设计 ………207
7.2.5　项目驱动软件设计 ………208
7.2.6　项目系统集成与调试 ……213
7.3　项目20：双足机器人关节控制 ………214
7.3.1　项目背景 ………………214
7.3.2　项目方案设计 ……………214
7.3.3　基础知识 ………………215
7.3.4　项目硬件电路设计 ………218
7.3.5　项目驱动软件设计 ………220
7.3.6　项目系统集成与调试 ……221
7.4　项目21：LCD ………………222
7.4.1　项目背景 ………………222
7.4.2　项目方案设计 ……………223
7.4.3　基础知识 ………………223
7.4.4　项目硬件电路设计 ………228
7.4.5　项目驱动软件设计 ………229
7.4.6　项目系统集成与调试 ……231

第8章　A/D 转换器的应用设计 ……233
8.1　项目22：基于灰度检测的巡线机器人设计 ………233
8.1.1　项目背景 ………………233
8.1.2　项目方案设计 ……………233
8.1.3　基础知识 ………………234
8.1.4　项目硬件电路设计 ………241
8.1.5　项目驱动软件设计 ………243
8.1.6　项目系统集成与调试 ……246

第9章　开源硬件平台和嵌入式实时操作系统 ………249
9.1　项目23：开源硬件平台 Arduino ……249
9.1.1　Arduino 的优势 …………249
9.1.2　Arduino 和单片机的关系 …250
9.1.3　Arduino 硬件概述 ………250
9.1.4　Arduino 软件平台 ………252
9.2　项目24：开源平台树莓派 ……261
9.2.1　Raspberry Pi Zero ………261
9.2.2　树莓派的系统部署 ………262
9.2.3　使用树莓派编写 Python 程序 ………268
9.3　项目25：μC/OS-Ⅱ嵌入式实时操作系统简介 ………269
9.3.1　嵌入式实时操作系统 ……269
9.3.2　μC/OS-Ⅱ嵌入式实时操作系统基础 ………271
9.3.3　μC/OS-Ⅱ嵌入式实时操作系统的内核 ………272
9.3.4　μC/OS-Ⅱ嵌入式实时操作系统的任务管理 ………273
9.3.5　μC/OS-Ⅱ嵌入式实时操作系统的时间管理 ………274
9.3.6　μC/OS-Ⅱ嵌入式实时操作系统任务间的同步与通信 ……275
9.3.7　μC/OS-Ⅱ嵌入式实时操作系统的内存管理 ………276

附录A　图形符号对照表 ……………278

第❶章 » 单片机基础
★★★

1.1 项目1：认识 ATmega16 单片机

单片机，即单片微型计算机（Single Chip Micro Computer），顾名思义，就是把组成微机的各个功能部件都集成在一片芯片上的计算机。这些功能部件包括中央处理器（Central Processing Unit，CPU）、存储器（随机存储器 RAM 和只读存储器 ROM）、I/O 接口、定时器/计数器和串口等。单片机的结构相对简单但功能强大，可靠性高，体积很小，价格低廉。因为这些特点，故而从家用电器、仪器仪表、交通运输，再到航空航天、导弹制导尖端领域，单片机都有着非常广泛的应用。

ATmega16 单片机（以下简称 ATmega16）是 ATMEL 公司研发的内置 FLASH 的 8 位增强型单片机，属于 AVR 系列的一种。

1.1.1 ATmega16 的封装

1. ATmega16 的封装形式

ATmega16 内置 32 个可编程的 I/O 接口，其封装形式主要有 40 个引脚的 PDIP-40 封装、44 个引脚的 TQFP/ MLF-44 封装，如图 1-1、图 1-2 所示。

图 1-1　PDIP-40 封装　　　　　　　　　　　　图 1-2　TQFP/MLF-44 封装

2. ATmega16 的引脚——硬件设计接口

PDIP-40 封装形式的 ATmega16 有 40 个引脚，主要由端口 A、端口 B、端口 C、端口 D、VCC、AVCC、GND、AREF、RESET 和 XTAL 组成。其中端口 A、B、C、D 各有 8 个引脚，

GND 有 2 个引脚，XTAL 有 2 个引脚。图 1-3 是 PDIP-40 封装引脚图，图 1-4 是 TQFP/MLF-44 封装引脚图。各引脚的介绍如下。

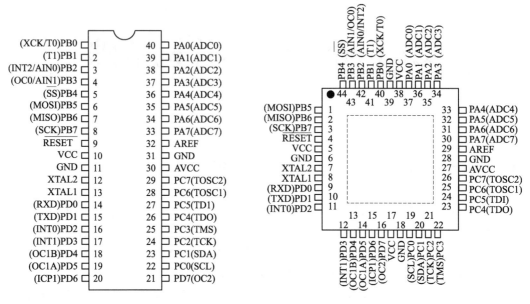

图 1-3　PDIP-40 封装引脚图　　　　　图 1-4　TQFP/MLF-44 封装引脚图

（1）VCC：电源正极输入引脚，为单片机提供电源。

（2）GND：电源接地。

（3）I/O 端口：包括端口 A、端口 B、端口 C 和端口 D 共 4 个端口，分别对应引脚 PA7～PA0、PB7～PB0、 PC7～PC0 和 PD7～PD0，4 个端口均为 8 位双向 I/O 端口，具有可编程的内部上拉电阻，输出缓冲器具有对称的驱动特性，可以输出和吸收大电流。作为输入使用时，若内部上拉电阻使能，端口被外部电路拉低时将输出电流。在复位过程中，即使系统时钟还未起振，端口仍处于高阻状态。

此外，端口也可以用作其他特殊功能，如端口 A 还可以作为 ADC（A/D 转换器）的模拟输入端。

（4）RESET：复位输入引脚。持续时间超过最小门限时间的低电平将引起系统复位。门限时间持续时间小于门限时间的脉冲不能保证可靠复位。AVR 单片机内置复位电路，并且在熔丝位里可以控制复位时间，故而 AVR 单片机可以不设外部上电复位电路，依然可以正常复位，稳定工作。

（5）XTAL1、XTAL2：反向振荡放大器与片内时钟操作电路的输入端、输出端。

（6）AVCC：AVCC 是端口 A 与 AD 转换器的电源。不使用 ADC 时，该引脚应直接与 VCC 连接，使用 ADC 时应通过一个低通滤波器与 VCC 连接。

（7）AREF：ADC 的模拟基准输入引脚。

1.1.2　ATmega16 的内部结构

1. ATmega16 内部结构组成

Atmega16 主要由算术逻辑单元（Arithmetic and Logic Unit，ALU）、通用寄存器、程序存储

器、数据存储器、中断模块和内部扩展资源等各部分组成，图 1-5 是 ATmega16 的内部结构示意图。各部分的功能如下。

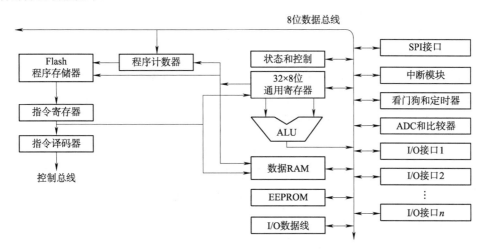

图 1-5　ATmega16 的内部结构示意图

（1）ALU。ATmega16 的运算器，单片机的算数运算、逻辑运算，以及位操作都是通过 ALU 完成的。

（2）通用寄存器。ATmega16 有 32 个通用寄存器，其中 6 个通用寄存器可以联合起来构成 3 个 16 位的 X、Y、Z 间接寻址寄存器，可以用来寻址数据空间以实现高效的地址运算，其中一个指针还可以作为程序存储器查询表的地址指针。

（3）程序存储器。ATmega16 具有 16KB 的在线编程 Flash，用于存放程序指令代码。由于 AVR 指令均为 16 位或 32 位指令，故而 Flash 组织成 8K×16bit 的形式。考虑到程序的安全性，把程序存储器分成两个不同的区：引导程序区（Boot）和应用程序区。

（4）中断模块。ATmega16 内置一个灵活的中断模块，其控制寄存器位于 I/O 空间内，并且有一个位于状态寄存器 SREG 中的全局中断使能位，每个中断在中断向量表里都有独立的中断向量，中断的优先级与其中断向量在表中的位置有关，中断向量地址越低，其优先级越高。

（5）内部扩展资源。ATmega16 内部集成了多种外部资源，包括 SPI 接口、ADC 接口、E^{2}PROM、串行模块等。

2．ATmega16 的内核

Atmega16 的内核由 ALU、状态寄存器、通用寄存器、堆栈、中断和复位处理模块组成。

（1）ALU。ALU 可以进行的操作有：算数运算——加、减、乘、除，逻辑运算——与、或、非、异或等，位操作——移位、比较和传送等。ALU 与 32 个通用寄存器直接相连，ATmega16 的通用寄存器与通用寄存器之间、寄存器与立即数之间的 ALU 运算只需要一个时钟周期。

（2）堆栈。Atmega16 的堆栈主要用来保存临时数据、局部变量、子程序和中断子程序的返回地址，堆栈指针总是指向堆栈的顶部。当有新数据被压入堆栈时，堆栈指针减小，即堆栈是向下增长的。

Atmega16 的堆栈指针指向位于 SRAM 的函数或者中断堆栈，在调用子程序和使能中断之前必须先初始化堆栈，且堆栈指针必须指向高于 0×60 的地址空间，堆栈指针的增减情况说明如下：

① 通过 PUSH 指令将数据压入堆栈时，堆栈指针减 1；

② 通过 POP 指令将数据弹出堆栈时，堆栈指针加 1；

③ 把子程序或中断地址压入堆栈时，堆栈指针减 2；

④ 通过 RET 或 RETI 指令从子程序或中断返回时，堆栈指针加 2。

ATmega16 的堆栈指针通过 I/O 空间中的两个 8 位通用寄存器实现，如表 1-1 所示，可以分为 SPH（SP8～SP15）和 SPL（SP0～SP7）两部分。

表 1-1　ATmega16 的堆栈指针

位	SPH	SP15	SP14	SP13	SP12	SP11	SP10	SP9	SP8
	SPL	SP7	SP6	SP5	SP4	SP3	SP2	SP1	SP0
读/写		R/W	R/W	R/W	R/W	R/W	R/W	R/W	R/W
		R/W	R/W	R/W	R/W	R/W	R/W	R/W	R/W
初始值		0	0	0	0	0	0	0	0
		0	0	0	0	0	0	0	0

3. ATmega16 的特点

ATmega16 是基于增强的 AVR RISC 结构的低功耗 8 位 CMOS 微控制器。该芯片具备 AVR 系列单片机的主要特点和功能，ATmega16 的主要特点有：

（1）采用基于 RISC 结构的 AVR 内核，全静态工作。

① 支持 131 条机器指令，且大多数指令的执行时间为单个系统时钟周期，执行速度快。

② 内置 32 个 8 位通用寄存器。

③ 工作在 16 MHz 时，性能高达 16 MIPS。

④ 配备只需要 2 个时钟周期的硬件乘法器。

（2）ATmega16 内含有较大容量的非易失性的程序和数据存储器。

① 16 KB 在线编程（ISP）的程序存储器。

② 1 KB 的片内 SRAM 数据存储器和 512 B 的片内在线可编程 E^2PROM 数据存储器。

（3）ATmega16 内含 JTAG 接口。

① 支持符合 JTAG 标准的边界扫描。

② 支持扩展的片内在线调试功能。

③ 可通过 JTAG 口对片内的 Flash、 E^2PROM 进行下载编程。

（4）外围接口。

① 2 个独立、可设置预分频器的 8 位定时器/计数器。

② 1 个可设置预分频器，有比较、捕捉功能的 16 位定时器/计数器。

③ 有独立片内振荡器的实时时钟 RTC 和可编程看门狗定时器。

④ 4 路 PWM 通道。

⑤ 8 路 10 位 ADC。

⑥ 内置多种串行接口，TWI（兼容 I^2C）硬件接口、支持同步/异步通信的可编程的全双工串行接口 USART、可工作于主机/从机模式的 SPI 接口。

（5）其他特点。

① 片内含上电复位电路以及可编程的掉电检测复位电路 BOD。

② 含有可提供 1 MHz、2 MHz、4 MHz 和 8 MHz 多种频率的内部晶振，经过标定的、可校正的 RC 振荡器，可作为系统时钟使用。

③ 21 个不同类型的内外部中断源。

④ 支持 6 种休眠模式。

（6）宽电压、高速度、低功耗。

① 工作电压范围：ATmega16L 2.7～5.5 V，ATmega16 4.5～5.5 V。

② 运行速度： ATmega16L 0～8 MHz， ATmega16 0～16 MHz。

③ 低功耗： ATmega16L 工作在 1 MHz、3 V、25℃时，正常工作模式的典型功耗仅为 1.1 mA。

1.2　项目 2：点亮 LED 的硬件设计

1.2.1　单片机系统的开发过程——自顶向下，自底向上

ATmega16 的硬件系统开发是一个涉及软件和硬件的综合性过程，还需要有 ISP 下载器等具体的硬件开发工具。

1. ATmega16 的硬件系统开发过程

一个完整的 ATmega16 硬件系统开发既有硬件设计，又有软件设计，如图 1-6 所示，包括硬件逻辑设计、电路原理图设计、PCB（印制电路板）图设计等步骤，详细描述如下。

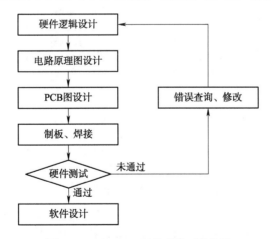

图 1-6　Atmega16 硬件系统开发流程

（1）硬件逻辑设计。结合项目需求，根据 ATmega16 的硬件逻辑特点及使用方法，对硬件电路进行电气连接的逻辑设计，并进行地址分配等。

（2）电路原理图设计。根据要求，利用电路图设计软件，设计单片机应用系统的电路原理图。

（3）PCB 图设计。在电路原理图设计的基础上，进行单片机系统的 PCB 图设计，是单片机

硬件系统开发最关键也是最复杂的步骤。该步骤需要遵循硬件测试规则，还要保证电气物理逻辑连接正确。

（4）制板、焊接。制板就是把 PCB 图制作成印制电路板（以下简称电路板）实体的过程，通常是把 PCB 图提供给电路板厂，由工厂加工完成。焊接是在电路板加工成功后，利用焊锡等附着材料，把硬件所需的元器件焊到电路板上，并使其电气物理连接到一起的过程，焊接工具可以用电烙铁、回流焊机等。

（5）硬件测试。电路板焊接硬件部分进行测试，检查逻辑或电气上的错误，如果有错误则返回第一个步骤进行修改。

（6）软件设计。在硬件测试通过之后，进行单片机应用系统的软件开发，使软件、硬件配合实现系统的设计目标。

2．硬件开发工具

单片机的硬件系统开发需要借助开发工具才能实现，常见的 ATmega16 开发工具主要有 ISP 编程器、数字万用表、数字示波器、万用开发板等。其中 ISP 编程器、数字示波器、数字万用表是单片机开发中比较常用的开发工具。

（1）ISP 编程器。利用 ISP 编程器把编译好的 HEX 文件下载到单片机中去运行。常用的是 USB ISP 编程器，一头用 USB 口和 PC 的 USB 口连接，一头用 ISP 口接在单片机上。USB ISP 编程器使用很方便，在 PC 上安装好下载软件之后，把编程器连接到 PC 上时，会出现"找到新硬件"的提示，并自动安装好驱动。

用 USB ISP 编程器连接好 PC 和 ATmega16 之后，即可对 ATmega16 进行在线编程。USB ISP 编程器和 Atmega16 的接口示意图如图 1-7 所示。

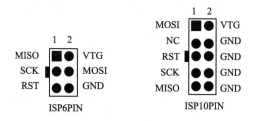

图 1-7　USB ISP 编程器和 Atmega16 的接口示意图

（2）数字示波器。数字示波器是应用广泛的电子测量仪器，能把电信号转换成人眼可视的图像，可观察各种不同信号随时间变化的曲线，还可以测量电压、电流、频率、相位差等电量。在 Atmega16 的开发中，常使用数字示波器观察相关的波形。

（3）数字万用表。数字万用表是一种多功能、多量程的测量仪表，可测量直流电流和电压、交流电流和电压、电阻、电容量、电感量等。在 Atmega16 的硬件系统开发中，常常使用数字万用表来检测电路的物理连接情况和引脚逻辑电平信号。

3．软件开发环境

在学习单片机和嵌入式系统开发时，除了掌握基本知识，还需要选择好用的开发工具和开发平台，在开发、调试、生产和维护的过程中，能起到事半功倍的效果。

（1）AVR Studio。为方便用户使用 AVR 单片机进行学习和开发，ATMEL 公司提供了一套免费的集成开发平台 AVR Studio。该平台支持 AVR 汇编程序、GCC AVR 和 ICC AVR 的编辑、编译、连接以及生成目标代码。同时，AVR Studio 还推出了多种类型的仿真器，如 JTAG ICE、JTAGICE MKII 等，以实现系统的在线硬件仿真调试功能和目标代码的下载功能。通过 Atmega16 的 JTAG 接口可直接将程序下载到目标 MCU（微控制单元）。

（2）WinAVR。很多传统的单片机采用汇编语言进行开发，但是汇编语言编程效率低、可移植性差、可读性差，而且维护不方便，所以越来越多的单片机应用系统倾向于用 C 语言开发。本书学习的单片机也是以 C 语言开发为主，编译系统为 WinAVR。

（3）GCC AVR。GCCAVR 是使用符合 ANSI 标准的 C 语言来进行开发的工具，主要特点如下。

① 是集成了编辑器和工程管理器的 IDE（集成开发环境），可在 Windows 各操作系统上运行。

② 源文件组织到工程中，文件的编辑和工程的构建也在 IDE 中完成，编译错误显示在状态窗口中，用鼠标单击编译错误时，光标自动定位到程序出错的行。

③ 工程管理器可产生直接使用的 INTEL HEX 格式文件，大多数编程器支持该格式文件，并能直接下载到 MCU 中。GCC AVR 为 32 位程序，可支持长文件名。

（4）GCC AVR 中的文件类型。文件类型是由它们的扩展名决定的，IDE 和编译器可以使用以下几种类型的文件。

① 输入文件。输入文件可分为 5 种，即：

.c——C 语言源文件；

.s——汇编语言源文件；

.h——C 语言的头文件。

.prj——工程文件，保存工程的有关信息；

.a——库文件，可由几个库封装在一起。

② 输出文件。输出文件可分为 10 种，即：

.s——对应每个 C 语言源文件，由编译器在编译时产生的汇编输出文件；

.o——汇编产生的目标文件，多个目标文件可以连接成一个可执行文件；

.hex——INTEL HEX 格式文件，包含程序的机器代码；

.eep——INTEL HEX 格式文件，包含 E^2PROM 的初始化数据；

.cof——COFF 格式输出文件，可在 AVR Studio 环境下进行调试；

.lst——列表文件，列出了目标代码的最终地址；

.mp——内存映像文件，包含程序有关符号及所占内存大小等信息；

.cmd——NoICE 2.xx 调试命令文件；

.noi——NoICE 3.xx 调试命令文件；

.dbg——ImageCraft 调试命令文件。

1.2.2　Proteus 的使用

Proteus 是一个完整的嵌入式系统软硬件设计仿真平台，由 ISIS 和 ARES 两大应用模块组成，前者是一个电路原理图输入软件，用于电路原理设计和仿真，后者则用于 PCB 图布线。

Proteus 可以实现从电路原理图设计、ATmega16 编程、ATmega16 应用系统仿真到应用系统 PCB 设计的流程化工作，其功能模块组成如图 1-8 所示。

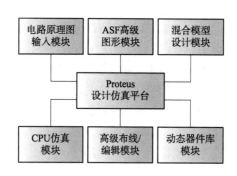

图 1-8　Proteus 功能模块组成

1．Proteus 界面介绍

本项目使用的是 Proteus 8 beta 版，适用于 windows7 及以上版本的 Windows 操作系统。

Proteus 的主窗口可以分为编辑窗口、预览窗口、元器件显示窗口三大区域，每个窗口都有自己独特的作用，如图 1-9 所示。其详细说明如下。

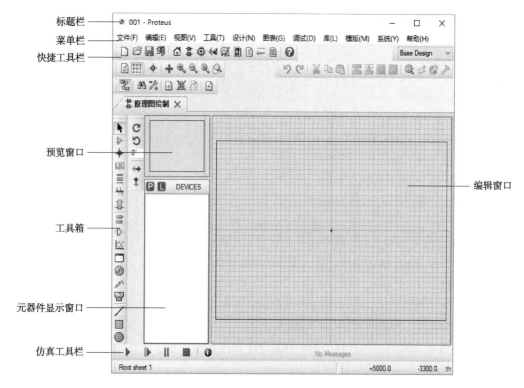

图 1-9　Proteus 的主窗口

（1）编辑窗口（Editing Window）：用于放置元器件、连线、电路原理图，并输出运行和仿真结果等，是 Proteus 的主要操作和显示区域。

（2）预览窗口（Overview Window）：显示当前的图纸布局和正在操作的元器件相关情况。

（3）元器件显示窗口（Components Window）：显示当前项目加载的各元器件的相关情况，包括元器件名称、引脚分布等。

除了三个常用的窗口，Proteus 还有菜单栏、快捷工具栏、工具箱、仿真工具栏等常用的辅助操作栏，其详细说明如下。

（1）菜单栏：提供操作菜单。

（2）快捷工具栏：提供快捷按钮，单击快捷按钮启动对应的操作。

（3）工具箱：快捷启动虚拟仪器等工具，单击即可启动对应的工具。

（4）仿真工具栏：快捷启动仿真、暂停仿真等操作。

2．Proteus 支持的文件

Proteus 支持的文件格式如下。

（1）.dsn：Proteus 的设计文件（Design Files）。

（2）.dbk：Proteus 的备份文件（Backup Files）。

（3）.sec：Proteus 的部分电路存盘文件（Section Files）。

（4）.mod：Proteus 的元器件仿真模式文件（Module Files）。

（5）.lib：Proteus 的元器件库文件（Library Files）。

（6）.sdf：Proteus 的网络列表文件（Netlist Files）。

3．Proteus 的菜单栏

Proteus 的菜单栏提供了"文件""编辑""视图""工具""设计""图表""调试""库""模板""系统"和"帮助"共 12 个菜单。

（1）"文件（File）"菜单：对文件的操作，包括"新建工程""打开工程""导入工程剪辑""打印设计图"等选项，整体分为设计工程操作、导入操作、输出操作、工程文件夹操作、退出五部分，如图 1-10 所示。部分选项的具体含义如下：

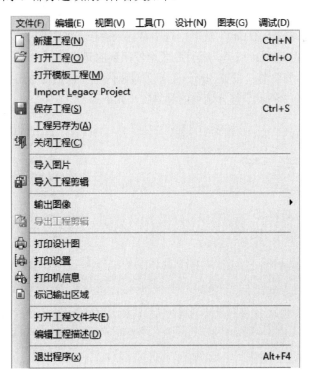

图 1-10 "文件"菜单

① "新建工程（New Design）"选项：新建一个工程文件；

② "打开工程（Open Design）"选项：打开已有的工程文件；

③ "保存工程[Save Design（Ctrl+S）]"选项：保存当前工程文件；

④ "工程另存为（Save Design As）"选项：将当前工程保存一个文件；

⑤ "导入图片（Import Bitmap）"选项：导入一个图片文件；

⑥ "导入工程剪辑（Import Section）"选项：导入部分选中的文件；

⑦ "导出工程剪辑（Export Section）"选项：导出被选中的文件，平时是灰色的，只有当前部分图形被选中时，才变为有效；

⑧ "输出图像（Export Graphics）"选项：将导出的文件保存为图片，提供了 5 种格式，包括 BMP、EMF、DXF、EPS 和 HGL 文件；

⑨ "打印设计图（Print）"选项：打印当前设计图文件；

⑩ "退出程序（Exit）"选项：退出 Proteus 环境。

（2）"编辑（Edit）"菜单，如图 1-11 所示。部分选项的具体含义如下：

① "撤销（Undo）"选项：取消最近完成的操作；

② "重做（Redo）"选项：重做最近取消的操作；

③ "查找并编辑元器件[Find and Edit Component（E）]"选项：查找和编辑元器件；

④ "剪切到剪贴板（Cut to clipboard）"选项：将选中部分剪切到粘贴板；

⑤ "复制到剪贴板（Copy to clipboard）"选项：将选中部分复制到粘贴板；

⑥ "从剪贴板粘贴（Paste from clipboard）"选项：将粘贴板的内容复制到当前文件；

⑦ "放到后面（Send to back）"选项：选中目标到后台，多层图形叠加时有效；

⑧ "放到前面（Bring to front）"选项：选中目标到前台，多层图形叠加时有效；

⑨ "清理（Tidy）"选项：清理元器件列表中没用到的元器件。

（3）"视图（View）"菜单：设置 Proteus 相关显示内容，包括视图切换、坐标密度选择、图形缩放等操作。如图 1-12 所示。部分选项的具体含义如下：

图 1-11 "编辑"菜单

图 1-12 "视图"菜单

① "重画[Redraw（R）]"选项：刷新设计图纸，去掉图纸上无效的图形；

② "切换网格[Grid（G）]"选项：打开/关闭图纸上的参考坐标点；

③ "切换伪原点[Origin（O）]"选项：设置坐标原点；

④ "切换 X 坐标[X Cursor（X）]"选项：修改图纸的 X 坐标；

⑤ "Snap 10th（Ctrl＋F1）"选项：选择坐标点密度为 10th；

⑥ "Snap 50h（F2）"选项：选择坐标点密度为 50th；

⑦ "Snap 0.1in（F3）"选项：选择坐标点密度为 100th；

⑧ "Snap 0.5in（F4）"选项：选择坐标点密度为 500h；

⑨ "光标居中[Pan（F5）]"选项：以当前鼠标位置为中心显示图纸；

⑩ "放大[Loom In（F6）]"选项：放大图纸；

⑪ "缩小[Loom Out（F7）]"选项：缩小图纸；

⑫ "查看整张图纸[Loom All（F8）]"选项：将图纸缩小到显示全部；

⑬ "工具条配置（Toolbars）"选项：用于打开/关闭对应的快捷菜单栏，提供 File Toolbar（文件相关快捷菜单栏）、View Toolbar（显示相关快捷菜单栏）、 Edit Toolbar（编辑相关快捷菜单栏）、Design Toolbar（设计相关快捷菜单栏）。

（4）"工具（Tools）"菜单：提供对 Proteus 电路图的一些自动操作，如图 1-13 所示。部分选项的具体含义如下：

① "自动连线[Wire Auto Router（W）]"选项：该选项被选中时，当光标移动到一个引脚时，将自动产生一个连线提示；

② "搜索并标记[Search and Tag（T）]"选项：搜索标签；

③ "属性赋值工具[Property Assigment Tool（A）]"选项：属性编辑工具；

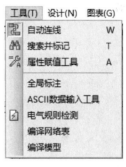

图 1-13　"工具"菜单

④ "全局标注（Global Annotator）"选项：统一编号，对包含多张图纸的工程中的元器件统一编号，选中时弹出对话框，用于选择作用范围（Whole Design：整个工程，Current Sheet：单张图纸）、编号方式（Total：全部相同，Incremental：增量）、Initial Count（初始化数值设置）；

⑤ "电气规则检查（Electrical Rule Check）"选项：检查电气规则正确与否；

⑥ "编译网络表（Netlist Compiler）"选项：生成网络表；

⑦ "编译模型（Model Compiler）"选项：模式编译。

（5）"设计（Design）"菜单：对工程文件以及当前图纸的属性进行操作和切换，如图 1-14 所示。部分选项的具体含义如下：

① "编辑设计属性（Edit Design Properties）"选项：用于编辑当前整个工程的属性，如设置工程的名称、路径、作者、编号，记录设计日期；还可以设置工程的网络表属性；

② "编辑图纸属性（Edit Sheet Properties）"选项：设置当前文件属性，选中时弹出相应的对话框；

③ "编辑设计备注（Edit Design Notes）"选项：调出一个对话框用于记录注释；

④ "配置供电网（Configure Power Rails）"选项：配置电源的隐含值；

⑤ "新建（顶层）图纸（New Sheet）"选项：在同一个项目 design 下新建一张图纸，常用于较大工程文件中的分模块设计；

⑥ "移除/删除图纸（Remove Sheet）"选项：删除当前图纸。

（6）"图表（Graph）"菜单：用于仿真操作，可以进行编辑仿真图形，添加仿真曲线及仿真图形、查看日志、导出数据、清除数据和一致性分析等操作，如图 1-15 所示。部分选项的具体含义如下：

图 1-14 "设计"菜单

图 1-15 "图表"菜单

① "编辑图表（Edit Graph）"选项：编辑仿真图形；
② "添加曲线（Add Trace）"选项：添加仿真曲线；
③ "仿真图表[Simulate Graph（Space）]"选项：对图形进行仿真操作；
④ "查看仿真日志（View log）"选项：查看日志；
⑤ "输出图表数据（Export Data）"选项：输出仿真数据；
⑥ "清除图表数据（Clear Data）"选项：清除仿真数据。

（7）"调试（Debug）"菜单：在 Proteus 中进行调试，包括启动调试、执行仿真、单步运行、断点设置和重新排布弹出窗口等操作，如图 1-16 所示。部分选项的具体含义如下：

① "开始仿真[Start/Restart Debugging（Ctrl＋F12）]"选项：启动/重新启动调试；
② "暂停仿真[Pause Animation（Pause）]"选项：暂停调试；
③ "停止仿真[Stop Animation（Shift＋Pause）]"选项：停止调试；
④ "运行仿真[Execute（F12）]"选项：执行调试；
⑤ "不加断点仿真（Execute Without Breakpoints）"选项：全速执行，不考虑断点；
⑥ "运行仿真（时间断点）"选项：按指定时间执行；
⑦ "单步（F10）"选项：不进入子函数内部的调试；
⑧ "跳进函数（F11）"选项：可以进入子函数内部跟踪调试；
⑨ "跳出函数（Ctrl＋F11）"选项：从当前子程序中跳出。
⑩ "跳到光标处（Ctrl＋F10）"选项：程序执行至指定的位置。
⑪ "恢复弹出窗口"选项：复位弹出窗口。

（8）"库（Library）"菜单：管理 Proteus 自带的库元器件以及用户引入的库元器件，包括选择元器件及符号、制作元器件及符号、设置封装工具、分解元器件、编译库、自动放置库、校验封装和调用库管理器等操作，如图 1-17 所示。部分选项的具体含义如下：

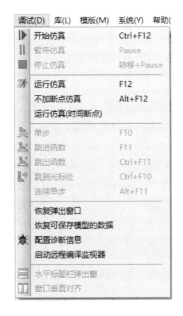

图 1-16　"调试"菜单

图 1-17　库菜单

① "从库选取零件[Pick Device/Symbol（P）]"选项：从已有元器件库中复制元器件符号；

② "制作元件（Make Device）"选项：生成一个元器件；

③ "制作符号（Make Symbol）"选项：生成一个符号；

④ "封装工具（Packaging Tool）"选项：元器件封装工具；

⑤ "分解"选项：排列库中的元器件；

⑥ "编译到库（Compile to Library）"选项：编译到库元器件；

⑦ "自动放置库文件（Autoplace Library）"选项：自动放置库；

⑧ "校验封装（Verify Packaging）"选项：校验库元器件封装；

⑨ "库管理"选项：库管理器。

（9）"模版（Template）"菜单：

对 Proteus 的相关风格进行设置，包括图形格式、文本格式、设计颜色以及连接点和图形等，如图 1-18 所示。部分选项的具体含义如下：

图 1-18　"模版"菜单

① "进入母版（Goto Master Sheet）"选项：进到当前项目的主图纸；

② "设置设计默认值（Set Design Defaults）"选项：设置图纸默认值，包括相关选项的颜色、字体等；

③ "设置图表和曲线颜色（Set Graphics Colours）"选项：设置图纸的颜色、背景颜色，General Appearance（总体外观，包括图形的外轮廓线颜色、背景颜色、图纸标题等）、Analogue Traces（模拟信号的信号线颜色），Digital Traces（数字信号的信号线颜色，包括标准、总线、控制线、阴影等）；

④ "设置图形样式（Set Graphics Styles）"选项：设置图形风格，包括元器件（COMPONENT）、引脚（PIN）、端口（PORT）等的线风格（Line style）、宽度（Width）、颜色（Colour）、填充风格（Fill Attributes）等，在右侧 Sample 区域可看到设置的效果；

⑤ "设置文本样式（Set Text Styles）"选项：设置文本风格，包括元器件名称（COMPONET ID）、元器件值（COMPONENT VALUE）、元器件属性（PROPERTIES）的字体（Font face）、字体大小（Height）、颜色（Color）、效果（Effects）等，在下方的 Sample 区域可看到设置效果。

（10）"系统（System）"菜单：对 Proteus 的相关参数进行设置，包括系统、显示、属性、纸张、动画等设置，如图 1-19 所示。部分选项的具体含义如下：

① "系统设置"选项：当前系统相关参数、属性设置；

② "文本观察器"选项：打开文本浏览器；

③ "设置显示选项"选项：显示属性的设置；

④ "设置快捷键"选项：设置 Proteus 的快捷键；

⑤ "设置纸张大小"选项：设置图纸尺寸大小，包括 A0～A4；

⑥ "设置文本编辑器（Set Text Editor）"选项：设置文本编辑器中的字体大小、颜色风格等。

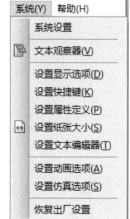

图 1-19　系统菜单

4．Proteus 的快捷工具栏

Proteus ISIS 的快捷工具分布在菜单栏下方的快捷工具栏和左侧的工具箱，为用户提供了一系列快速操作。

Proteus 的快捷工具栏位于菜单栏的下方，主要有"文件（File Toolbar）""视图（View Toolbar）""编辑（Edit Toolbar）"和"设计（Design Toolbar）"相关的快捷方式，可以通过"视图"菜单中的"工具条配置"选项进行关闭或者打开（全部或者部分）。快捷工具栏中各按钮的含义和功能如下：

（1）"新建一个设计"按钮：对应"文件"菜单的"新建工程"选项；

（2）"打开设计"按钮：对应"文件"菜单的"打开工程"选项；

（3）"保存当前设计"按钮：对应"文件"菜单的"保存工程"选项；

（4）"导入部分文件"按钮：对应"文件"菜单的"导入工程剪辑"选项；

（5）"输出部分文件"按钮：对应"文件"菜单的"输出图像"选项；

（6）"打印"按钮：对应|"文件"菜单的"打印设计图"选项；

（7）"标记输出区域"按钮：用于标记需要输出的区域；

（8）"刷新显示"按钮：对应"视图"菜单的"重画"选项；

（9）"显示坐标"按钮：对应"视图"菜单的"切换网格"选项；

（10）"设置坐标原点"按钮：对应"视图"菜单的"切换伪原点"选项；

（11）"切换到坐标原点"按钮：对应"视图"菜单的"切换 X 光标"选项；

（12）"放大"按钮：对应"视图"菜单的"放大"选项；

（13）"缩小"按钮：对应"视图"菜单的"缩小"选项；

（14）"显示整张图纸"按钮：对应"视图"菜单的"查看整张图纸"选项；

（15）"区域显示"按钮：对应"视图"菜单的"查看全图"选项；

（16）"撤销操作"按钮：对应"编辑"菜单的"撤销"选项。

（17）"重做操作"按钮：对应"编辑"菜单的"重做"选项；

（18）"剪切"按钮：对应"编辑"菜单的"剪切到剪贴板"选项；

（19）"复制到剪贴板"按钮：对应"编辑"菜单的"复制到剪贴板"选项；

（20）"粘贴"按钮：对应"编辑"菜单的"从剪贴板粘贴"选项；

（21）"块复制"按钮：复制一个块区域；

（22）"块移动"按钮：移动一个块区域；

（23）"块旋转"按钮：旋转一个块区域；

（24）"块删除"按钮：删除一个块区域；

（25）"打开元器件库"按钮：对应"库"菜单的"从库选取零件"选项；

（26）"生成元器件"按钮：对应"库"菜单的"制作元器件"选项；

（27）"打包工具"按钮：对应"库"菜单的"封装工具"选项；

（28）"排序"按钮：对应"库"菜单中的"分解"选项；

（29）"打开或者关闭自动布线"按钮：对应"工具"菜单中的"自动连线"选项；

（30）"搜索标签项"按钮：对应"工具"菜单中的"搜索并标记"选项；

（31）"属性编辑"按钮：对应"工具"菜单中的"属性赋值工具"选项；

（32）"打开设计浏览器"按钮：对应"设计"菜单中的"编辑设计属性"选项；

（33）"新建一个文件"按钮：对应"设计"菜单中的"新建（顶层）图纸"选项；

（34）"删除文件"按钮：对应"设计"菜单中的"移除/删除图纸"选项；

（35）"返回到当前文件"按钮：返回到当前文件；

（36）"查看当前设计元器件清单"按钮：打开当前项目的元器件清单；

（37）"查看当前设计的电气规则检查报表"按钮：打开当前项目的电气规则检查报表；

（38）"转换 ARES"按钮：由当前电路原理图对应的网络表生成对应的 PCB 图。

5．Proteus 的工具箱

Proteus 的工具箱位于界面的左侧，提供了用于图形设计的命令和快捷工具箱命令。工具箱中各命令的含义和功能如下：

（1）"选择模式"命令：将光标切换到选择模式；

（2）"元器件模式"命令：将光标切换到元器件操作模式；

（3）"结点模式"命令：将光标切换到结点操作模式；

（4）"连线标号模式"命令：将光标切换到连线标签操作模式；

（5）"文字脚本模式"命令：将光标切换到文本编辑模式；

（6）"总线模式"命令：将光标切换到总线操作模式；

（7）"子电路模式"命令：将光标切换到子电路设计模式；

（8）"终端模式"命令：将光标切换到终端设计模式，包括输入、输出、电源和地等终端设计；

（9）"元器件管脚模式"命令：将光标切换到引脚设计模式，在对象选择器中列出各种引脚，如普通引脚、时钟引脚、反电压引脚和短接引脚等；

（10）"图表模式"命令：在对象选择器中列出各种仿真分析所需的图表，如模拟图表、数字图表、混合图表和噪声图表等；

（11）"调试弹出模式"命令：可以使用该按钮对设计电路进行分割仿真；

（12）"激励源模式"命令：列出各种激励源，如正弦激励源、脉冲激励源、指数激励源等；

（13）"探针模式"命令：在电路原理图中添加电压探针，仿真时可显示各探针处的电压值；

（14）"电流探针模式"命令：在电路原理图中添加电流探针，仿真时可显示各探针处的电流值；

（15）"虚拟仪器模式"命令：列出各种虚拟仪器供调用，如示波器、逻辑分析仪、定时器/计数器和模式发生器等；

（16）"二维直线模式"命令：进入画线模式；

（17）"二维方框图形模式"命令：进入画方块模式；

（18）"二维圆形图形模式"命令：进入画圆模式；

（19）"二维弧形图形模式"命令：进入圆弧设计模式；

（20）"二维闭合图形模式"命令：进入封闭区域设计模式；

（21）"二维文本图形模式"命令：进入文本编辑模式；

（22）"二维图形符号模式"命令：进入编辑 2D 符号模式；

（23）"二维图形标记模式"命令：进入 2D 图形标记工具模式；

（24）"顺时针旋转"命令：顺时针方向旋转按钮，元器件的放置方向旋转 90°；

（25）"逆时针旋转"命令：逆时针方向旋转，元器件的放置方向旋转 90°；

（26）"X 轴镜像"命令：水平镜像旋转按钮，以 Y 轴为对称轴，元器件的放置方向旋转 180°；

（27）"Y 轴镜像"命令：垂直镜像旋转按钮，以 X 轴为对称轴，元器件的放置方向旋转 180°。

6. Proteus 的使用

Proteus ISIS 原理图的设计完整流程包括新建设计文档、放置元器件等 8 个步骤，如图 1-20 所示。

（1）新建设计文档。构思电路原理图，构思项目所需电路、模板，在 Proteus 中画出电路原理图。

（2）设置编辑环境。设置图纸的大小。在电路图设计的过程中，可以不断地调整图纸大小。

（3）放置元器件。选取需要添加的元器件，布置到图纸的合适位置，并设定元器件的名称、标注；根据元器件之间的走线等，调整和修改元器件在工作平面上的位置，使得电路原理图美观、简洁、易懂。

（4）电路原理图布线。根据实际电路的需要进行布线，将工作平面上的元器件用导线连接起来，形成完整的电路原理图。

（5）建立网络表。生成一个网络表文件，生成印制电路板上电路与电路原理图之间的纽带。

（6）电气规则检查。完成电路原理图布线后，对设计进行电气规则检查，并根据提示的错误检查报告修改电路原理图。如通过电气规则检查，则完成电路原理图的设计。

（7）调整。电器规则检查不通过的情况下，对电路进行多次修改以通过电气规则检查。

（8）保存并且输出报表。能以多种输出格式输出报表，也可打印电路原理图和报表。

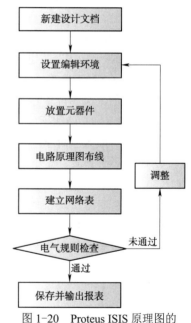

图 1-20　Proteus ISIS 原理图的
设计完整流程

1.2.3 Proteus 的库

1. Proteus 的库文件

Proteus 提供了很多库文件，主要有以下 5 种库：

（1）元器件库（Library），库文件后缀为 ".lib"；

（2）Index，库文件后缀为 ".idx"；

（3）3D Model，库文件后缀为 ".vml" 或 ".3ds"；

（4）Master Style，库文件后缀为 ".sty"；

（5）Configuration，库文件后缀为 ".ini"。

2. 元器件库

Proteus 的 Schematic Capture 提供了丰富的元器件库，是按照 Category（类）、Sub-category（子类）和 Manufacturer（生产商）的顺序进行元器件管理的。通过关键字或者上述 3 个方面进行查找并显示查找结果，单击其中的元器件，可以进行元器件预览和 PCB 图预览。

3. 元器件的分类——Category（类）

Schematic Capture 元器件共有 36 个子类，包括 3 万多个元器件，元器件库及功能如表 1-2 所示。

表 1-2　元器件库及功能

类	功能	类	功能
Analog ICs	模拟集成元器件	PICAXE	PICAXE 单片机
Capacitors	电容	PLDs and FPGAs	可编程元器件
CMOS4000 Series	CMOS4000 系列	Resistors	电阻
Connectors	连接器/接头	Simulator Primitives	仿真源
Data Converters	数据转换器	Speaker and Sounders	扬声器和音响
Debugging Tools	调试工具	Switches and Relays	开关和继电器
Diodes	二极管	Switch Devices	开关元器件
ECL 1000 Series	ECL 1000 系列	Thermionic Valves	热离子真空管
Electromechanical	电机	Transducers	传感器
Inductors	电感	Transistor	晶体管
Laplace primitives	拉普拉斯模型	TTL 74 Series	标准 TTL74 系列
Mechanics	机械电动机	TTL 74ALS Series	低功耗肖特基 TTL74 系列
Memory ICs	存储类芯片	TTL 74AS	肖特基 TTL74 系列
Microprocessor ICs	微处理器芯片	TTL 74F Series	快速 TTL74 系列
Miscellaneous	混杂元器件	TTL 74HC Series	高速 CMOS 系列
Modelling Primitives	建模源	TTL74 HCT Series	兼容 TTL 的高速 CMOS 系列
Operational Amplifiers	运算放大器	TTL 74LS Series	低功耗肖特基 TTL74 系列
Optoelectronics	光电元器件	TTL 74S Series	肖特基 TTL74 系列

1.2.4　Proteus 8 输入原理图——点亮 LED

1. 创建工程

运行 Proteus 8，单击"文件"菜单中"新建工程"选项，创建一个新的工程。工程文件的扩展名为".pdsprj"，本项目设置工程名为"LED.pdsprj"。选择工程保存的路径，工程类型默认为"New Project"，即新建的工程，单"Next"按钮，直至，最后一步单击"Finish"按钮结束创建工程过程，如图 1-21 所示。

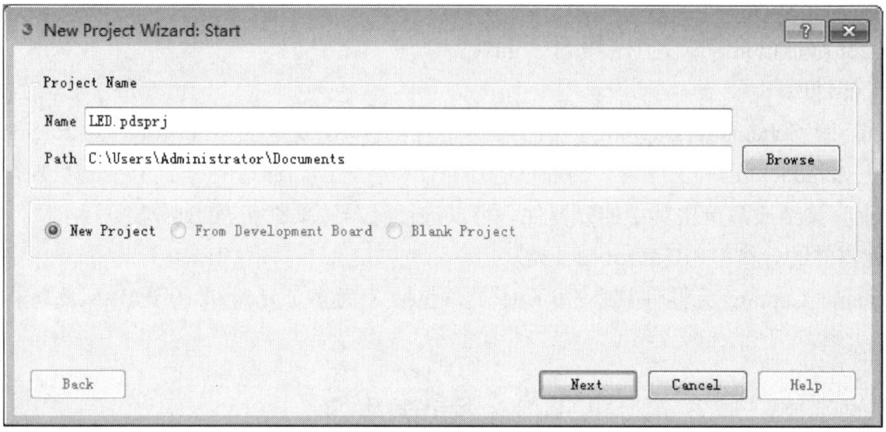

图 1-21　创建工程

绘制电路原理图是在编辑窗口中完成的。编辑窗口的操作不同于常用的 Windows 应用程序。

编辑窗口的正确操作为：用单击放置元器件；右击选择元器件；双击右键删除元器件；右击拖选多个元器件；先右击后单击编辑元器件属性；先右击后单击拖动元器件；连线用单击，删除用右击；改连接线时先右击连线，再单击拖动；滚轮（中键）放缩原理图。

2. 添加元器件到元器件列表

本项目要用到的元器件有：ATmega16、电阻、发光二极管、电源。表 1-3 为 Proteus 电路元器件列表。

表 1-3　Proteus 电路元器件列表

元器件名称	库	子库	说明
Atmega16	Microprocessor ICs	AVR Family	Atmega16
RES	Resistors	Generic	通用电阻
CAP	Capacitors	Generic	电容
CRYSTAL	Miscellaneous	—	晶体
LED-RED	Optoelectronics	LEDs	发光二极管（红色）

选择元器件，把元器件添加到元器件列表中。设计电路图时，要从元器件库中选择所需要的元器件。单击元器件选择"P（pick）"按钮，弹出"元器件选择"对话框，如图 1-22 所示；或者

按〈P〉快捷键，打开"选择元器件"对话框，如图 1-23 所示。

图 1-22　"元器件选择"一栏

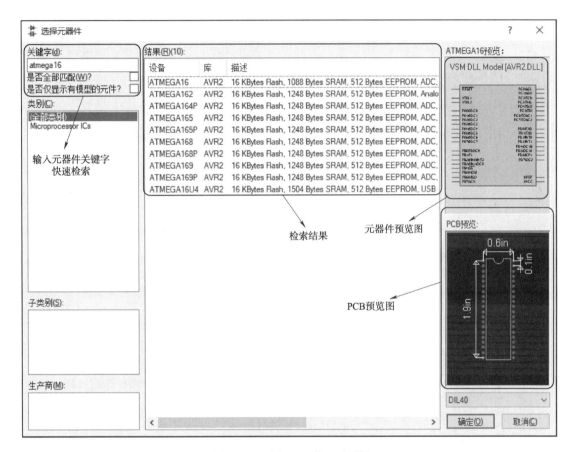

图 1-23　"选择元器件"对话框

　　添加第一个元器件 ATmega16，在"关键字"文本框输入元器件名称"atmega"，在"结果"一栏中匹配出检索列表，从检索列表中选择需要的元器件。

　　输入的名称是元器件的英文名称（不一定是完整的名称），"选择元器件"对话框随即进行快速模糊查询。例如，在"关键字"文本框中输入"atmega16"，得到图 1-23 所示结果。本项目选用"ATMEGA16"，单击选中该元器件，则在元器件预览图中给出了 ATMEGA16 的预览图，同时在 PCB 预览图则可看到 ATMEGA16 的封装形式及尺寸。单击"确定"按钮，或者在出现的搜索结果中双击需要的元器件，就将该元器件添加到主窗口左侧的元器件显示窗口。

　　此外，也可以通过元器件的相关参数来搜索，例如本项目需要 220Ω电阻，可以在"关键字"文本框中输入"220R"，在"结果"一栏中找到所需要的电阻并把它们添加到元器件显示窗口。

　　依次将需要的元器件添加到器件显示窗口备用。

3．绘制电路图

（1）放置元器件。在元器件显示窗口单击选中 ATmega16，把光标移到右侧的编辑窗口中，光标变成铅笔形状，此时单击，框中出现一个 ATmega16 原理图的轮廓图，可以任意方向移动。把光标移到合适的位置后，单击放好原理图，如图 1-24 所示。

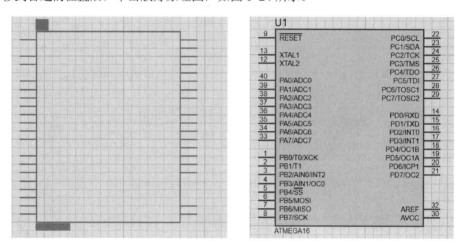

图 1-24　在合适位置放置元器件

依次将各个元器件放置到编辑窗口的合适位置，如图 1-25 所示[1]。

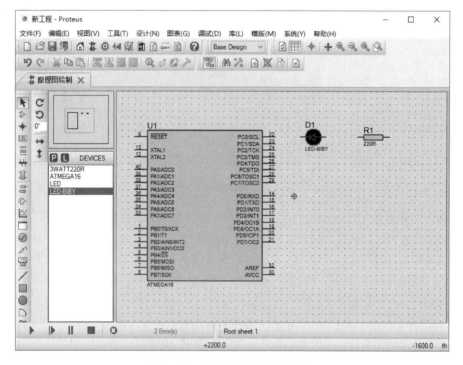

图 1-25　放好元器件的原理图

---

① 本书中部分电路为软件绘制图，其中的图形符号与国家标准符号不一致，二者对照关系参见附录 A。

（2）绘制电路图时常用的操作。

① 放置元器件到编辑窗口：单击列表中的元器件，然后在右侧的编辑窗口单击，即可将元器件放置到编辑窗口。每单击一次鼠标就绘制一个元器件，在编辑窗口空白处右击结束这种状态。

② 删除元器件：右击元器件一次表示选中（被选中的元器件呈红色），选中后再次右击则是删除该元器件。

③ 移动元器件：右击选中，然后按住鼠标左键拖动。

④ 旋转元器件：选中元器件，按数字键盘上的〈+〉或〈－〉键可按 90° 旋转元器件。

⑤ 放大/缩小电路视图：直接滚动鼠标滚轮，视图会以鼠标指针为中心进行放大/缩小；编辑窗口没有滚动条，只能通过预览窗口来调节编辑窗口的可视范围。在预览窗口中移动绿色方框的位置即可改变编辑窗口的可视范围，如图 1-26 所示。

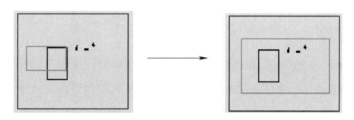

图 1-26　预览窗口中的放大/缩小电路视图

以上操作也可以直接右击元器件，在弹出的下拉菜单中直接选择，如图 1-27 所示。

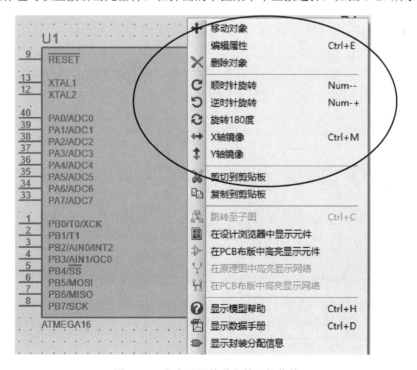

图 1-27　右击元器件弹出的下拉菜单

（3）连线。

将光标靠近元器件的一端，且变成绿色铅笔形状时，表示可以连线了，单击该点，再将光标移至另一元器件的一端单击，两点间的电路就画好了。也可以在元器件一端双击，则该端自动捕获并连接到最近的端，如图 1-28 所示。

光标靠近连线，双击右键可删除连线。依次连接好所有电路，连线时要注意发光二极管的方向，如图 1-29 所示。

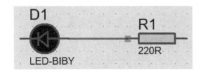

图 1-28　元器件连线

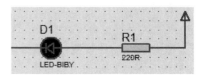

图 1-29　连接的局部

（4）添加电源或地极。单击主窗口左侧工具箱中的"⬚"图标，出现如图 1-30 所示的对话框。

在其中分别选择"POWER"（电源）添加至编辑窗口，并连接好电路。在 Proteus 中单片机已默认提供电源，可以不给单片机加电源，如图 1-31 所示。

（5）编辑元器件，设置各元器件参数。双击元器件，会弹出编辑元器件的对话框，依次按照要求编辑好各个元器件的参数。

图 1-30　选取电源、地极
等终端的对话框

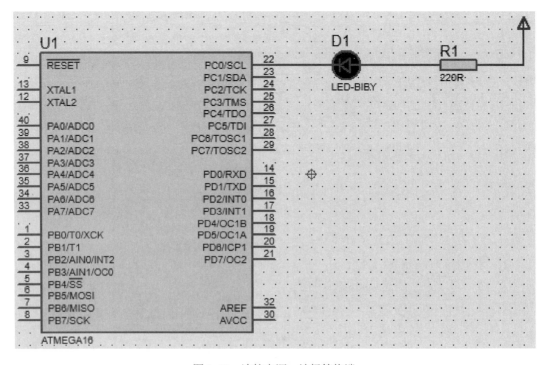

图 1-31　连接电源、地极等终端

1.2.5　项目硬件电路设计

利用 ATmega16 的 PA 端口作为输出端口，外接 LED0～LED7。根据项目中 LED 的连接方向，PA 端口对应引脚输出 1 时 LED 点亮，反之熄灭。电路中使用 220 Ω 的电阻限流，画出的电路图如图 1-32 所示。

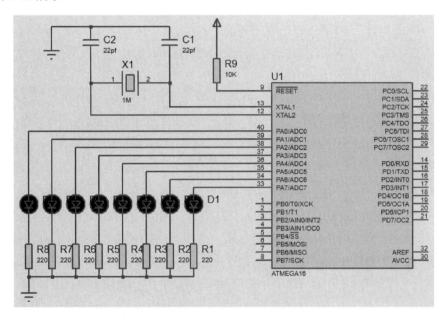

图 1-32　流水灯硬件电路图

1.3　项目 3：点亮 LED 的软件设计

1.3.1　WinAVR 编写程序及 Proteus 联合仿真

安装好 WinAVR 以后即可在 Windows 操作系统下开始基于 AVR-GCC 的单片机应用程序开发，WinAVR 提供 Programmers Notepad 用于源程序编辑，Mfile 用于创建或编辑 Make file 文件。

1.3.2　C 语言的基本结构

1. C 语言程序基本结构

C 语言程序由若干个函数组成，每个函数都可视为实现某个特定任务的子程序，组成一个程序的若干个函数保存在一个源文件中，也可以保存在几个源程序文件中，编译器编译时再将它们连接在一起。

C 语言源文件的扩展名为 ".c"，如可以是 LED.c、PWM.c、Timer.c 等带 ".c" 后缀的文件。一个 C 语言源程序有且只有一个名称是 main( ) 的主函数。程序执行都是从 main( ) 开始的。以下面这段程序代码为例介绍一下 C 语言中的基本知识。

```
#include <avr/io.h>              //加入预处理头文件
#include <util/delay.h>          //加入预处理头文件
#define INT8U  unsigned char     //宏定义
#define INT16U unsigned int
int main()                       //主函数
{                                //左大括号，函数体的开始
    INT8U b=0,direction=0;       //变量类型说明
    DDRA=0XFF;                   //寄存器赋值
    while(1)                     //循环语句
    {
        if(direction==0)         //条件判断，根据 direction 选择左移或右移
            PORTA=0X01<<b;       //代码有缩进，寄存器赋值
        else
            PORTA=0X80>>b;
        if(++b==8)               //条件判断
        {
            b=0;
            direction = !direction;
        }
        _delay_ms(60);           //调用函数
    }
}                                //右大括号，函数体结束
```

程序第一行"# include<avr/io.h>"，这种以"#"开头的指令叫预处理指令。不会生成可执行的程序代码，一般用来加入一些头文件。

程序中 main 是主函数，在 C 语言中所有的函数都必须先定义再调用，定义函数时名称后面有一对"( )"，里面可以为空，也可以是参数序列。函数名称前面通常要有返回值的类型，与通常的 main 函数返回值类型为空不同，WinAVR 的 C 语言中主函数的返回值类型为 int。

函数要执行的内容即为函数体，即用"{ }"括起来的若干条语句。程序是按照从书写次序依次执行的，在执行的过程中如遇到循环则反复执行某段程序，如遇到条件选择则在满足一定条件时，某些语句才会被执行。每条语句后面都要有";"作结束标记，通常一行只写一条语句，为增加程序的可读性，需要在程序中加注释，注释的内容不会被执行。

注释的方法有两种：一种是单行注释，只能注释一行，在语句";"后加"//"，然后在其后书写注释的内容；另一种是多行注释，在注释的内容前加"/*"，在注释的末尾加"*/"，这种方法可以跨行，适合比较多的注释内容。

2. 标识符及关键字

C 语言中的标识符，指程序中使用的变量名、函数名、标号等。除标准库的函数名由系统定义外，其余都由用户自定义。

（1）标识符命名规则。C 语言规定，标识符只能是大小写字母（A～Z，a～z）、数字（0～9）、下画线"_"组成的字符串，并且数字不能打头。

（2）使用标识符的注意事项如下：

① 标准 C 不限制标识符的长度；

② 标识符区分大小写，如"BIGGER"和"bigger"是两个不同的标识符；

③ 标识符的命名应具有一定的意义，以增加可读性，达到"见名知意"。

（3）关键字。关键字是 C 语言规定的具有特殊意义的特殊标识符，已被 C 语言占用，不能再次定义作其他用途。

3．数据类型

C 语言规定了一系列数据类型，并且严格区分，如表 1-4 所示。由于单片机的资源很有限，所以应该根据需求选择合适的数据类型。

表 1-4 数据类型

类　　型	位　　数	范　　围
有符号字符型[signed] char	8	$-128\sim127$
无符号字符型 unsigned char	8	$0\sim255$
有符号整型[signed]int	16	$-32\,768\sim32\,767$
无符号整型 unsigned int	16	$0\sim65\,535$
有符号短整型[signed] short[int]	16	$-32\,768\sim32\,767$
无符号短整型 unsigned short [int]	16	$0\sim65\,535$
有符号长整型[signed]long[int]	32	$-2\,147\,483\,648\sim2\,147\,483\,647$
无符号长整型 unsigned long[int]	32	$0\sim4\,294\,967\,295$
单精度浮点数 float	32	$-3.4\times10^{-38}\sim3.4\times10^{38}$
双精度浮点型 double	64	$-1.7\times10^{-308}\sim1.7\times10^{308}$

4．常量、变量

常量指在程序运行过程中，其值不会改变的量。根据数据类型的不同，可分为整型常量、字符常量、布尔常量等。

变量是指程序运行过程中，其值可以改变的量。在 C 语言中，使用一个变量之前必须对变量进行声明，使用变量时只需根据变量名称对其进行操作，不用关心变量的存储位置、存储空间等细节。

例如，"int　number;"声明了一个整数类型的变量，变量名为"number"。给变量赋值用"="操作符。例如，"number =100;"是将 100 赋值给 number 这个变量，执行该语句后，number 的值变为 100。

1.3.3　C 语言的 main 函数

C 语言程序中，main 函数是主函数，即程序执行的入口。程序的执行总是从 main 函数开始，如需调用其他函数，则在完成调用后需返回到主函数，最后由 main 函数结束整个程序。

1.3.4　C 语言的优势

C 语言程序是由一系列指令组成的，单片机要完成特定功能必须通过执行特定的程序来实现。单片机最终能够理解并执行的是以二进制代码表示的机器程序。机器程序用 0、1 组成的二进制序列表示，不便阅读和理解，故而越来越多的单片机开发者选择 C 语言进行开发。使用 C

语言开发单片机应用程序有以下优势：

（1）在熟悉单片机存储结构及相关寄存器的基础上，即可快速入门开发简单的应用程序；

（2）开发效率高，程序编写及调试时间相对要短；

（3）有丰富的库函数，C 语言的程序模块很容易移植到程序中，可进一步提高开发效率；

（4）寄存器管理、存储器寻址、数据类型等细节问题已封装成不同的函数，便于结构化程序设计，增强了程序的可读性；

（5）免费、公开的开发环境可大大降低开发成本。

C 语言移植性好，语言简洁，表达能力强，可进行结构化程序设计，还可以直接操作硬件，生成的代码质量较高。开发者不必过于关心单片机内部结构细节，对于初学者来说，使用 C 语言进行单片机开发是很好的选择。

1.3.5 ATmega16 I/O 端口的硬件设计

ATmega16 有 PA、PB、PC、PD 共 4 组 I/O 端口，每组 8 位，共 32 位，分别于芯片上的 32 个 I/O 引脚。所有的 I/O 端口都有复用功能，第一功能均作为数字通用 I/O 端口使用，复用功能分别用于中断、定时器/计数器、 USART、I²C、SPI、模拟比较、捕捉等应用。

对于 PA～PD 这 4 组端口，在不涉及第二功能时，其基本 I/O 功能是相同的。图 1-33 所示为 Atmega16 通用 I/O 端口的基本结构示意图。

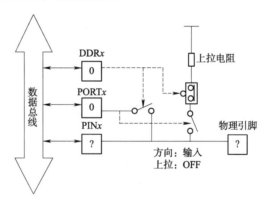

图 1-33　通用 I/O 端口的基本结构示意图

从图 1-33 中可以看出，每组 I/O 端口有 3 个 8 位通用寄存器，分别是方向控制寄存器 DDR*x*（Port *x* Data Direction Register）、端口数据寄存器 PORT*x*（Port *x* data Register）及引脚地址寄存器 PIN*x*（Port *x* Input Pins Address Register）（其中，*x*=A，B，C，D）。I/O 端口的工作方式和电气特征由 3 个 I/O 端口寄存器设置。

方向控制寄存器 DDR*x* 设定端口的输入/输出方向，即端口的工作方式是输出方式还是输入方式。DDR*x*=1 时，该端口为输出工作方式。此时端口数据寄存器 PORT*x* 中的数据通过一个推挽电路输出到外部引脚。

图 1-34 所示是通用 I/O 端口输出工作方式示意图。Atmega16 的输出采用推挽电路提高了 I/O 端口的输出能力，PORT*x*=1 时，端口的引脚为高电平，同时可提供 20mA 的输出电流。PORT*x*=0 时，端口的引脚为低电平，同时可吸收 40mA 电流。因此，Atmega16 的端口在输出方式下具有比较大的驱动能力，可以直接驱动 LED 等小功率外围元器件。

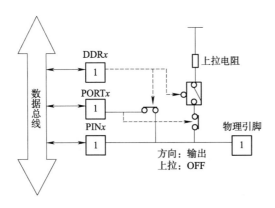

图 1-34　通用 I/O 端口输出工作方式示意图

当 DDRx=0 时，I/O 端口处于输入工作方式。此时引脚地址寄存器 PINx 中的数据指示的是外部引脚的实际电平，可以把物理引脚的电平信号读入 MCU，图 1-35 所示是通用 I/O 端口输入工作方式示意图。

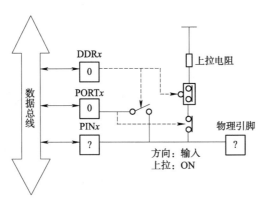

图 1-35　通用 I/O 端口输入工作方式示意图

此外，当 I/O 端口定义为输入时（DDRx=0），通过 PORTx 的控制，可设定内部的上拉电阻是否有效。表 1-5 所示是 Atmega16 的 I/O 引脚配置表。

表 1-5　Atmega16 的 I/O 引脚配置表

DDRxn	PORTxn	PUD	I/O 方向	上拉电阻	引脚状态说明
0	0	X	输入	无效	高阻态
0	1	0	输入	有效	外部引脚拉低时输出电流
1	0	X	输出	无效	输出低电平（吸收电流）
1	1	X	输出	无效	输出高电平（输出电流）

1.3.6　ATmega16 的 I/O 寄存器——软件设计接口

Atmega16 的 4 个端口都有各自对应的 3 个 I/O 寄存器。PA 端口的 3 个 I/O 寄存器为 PORTA、DDRA、PINA。其他 3 个端口的 I/O 寄存器和 PA 端口的设置类似，相应的寄存器为 PORTB、DDRB、PINB，PORTC、DDRC、PINC 和 PORTD、DDRD、PIND。（也可用 PORT*x*、DDR*x*、PIN*x* 代替相应的寄存器，*x* 表示 A、B、C、D。）

（1）PA 端口的端口数据寄存器——PORTA。PORTA 的各位定义、读/写操作，以及初始值为：

位	7	6	5	4	3	2	1	0
	PORTA7	PORTA6	PORTA5	PORTA4	PORTA3	PORTA2	PORTA1	PORTA0
读/写	R/W	R/W	R/W	R/W	R/W	R/W	R/W	R/W
初始值	0	0	0	0	0	0	0	0

（2）PA 端口的方向控制寄存器——DDRA。DDRA 的各位定义、读/写操作，以及初始值为：

位	7	6	5	4	3	2	1	0
	DDRA7	DDRA6	DDRA5	DDRA4	DDRA3	DDRA2	DDRA1	DDRA0
读/写	R/W	R/W	R/W	R/W	R/W	R/W	R/W	R/W
初始值	0	0	0	0	0	0	0	0

（3）PA 端口的引脚地址寄存器——PINA。PINA 的各位定义、读/写操作，以及初始值为：

位	7	6	5	4	3	2	1	0
	PINA7	PINA6	PINA5	PINA4	PINA3	PINA2	PINA1	PINA0
读/写	R	R	R	R	R	R	R	R
初始值	N/A	N/A	N/A	N/A	N/A	N/A	N/A	N/A

（4）特殊功能 I/O 寄存器——SFIOR。SFIOR 的各位定义、读/写操作，以及初始值为：

位	7	6	5	4	3	2	1	0
	ADTS2	ADTS1	ADTS0	—	ACME	PUD	PSR2	PSR10
读/写	R/W	R/W	R/W	R	R/W	R/W	R/W	R/W
初始值	0	0	0		0	0	0	0

其中，"R/W" 即 Read/Write，表示该位既能进行读操作，也能进行写操作，"R" 表示该位只能进行读操作；初始值为 "0" 表示上电复位后该位是低电平，"N/A" 表示该位的数值不可预测。

BIT2-PUD：Pull up disable 置位时，禁用上拉电阻，即使是将寄存器 DDR*xn* 和 PORT*xn* 配置为使能上拉电阻，I/O 端口的上拉电阻也被禁用。

使用 AVR 的 I/O 端口需要注意以下事项：

① 使用 AVR 的 I/O 端口时，首先要正确设置其工作方式，确定其工作为输出模式还是输入模式；

② 当 I/O 端口工作在输入方式，要读取外部引脚上的电平时，应读取 PIN*xn* 的值，而不是 PORT*xn* 的值；

③ 当 I/O 端口工作在输入方式，要根据实际情况使用或不使用内部的上拉电阻；

④ 一旦将 I/O 端口的工作方式由输出设置成输入方式后，必须等待一个时钟周期后才能正确地读到外部引脚 PIN*xn* 的值。

在将 Atmega16 单片机的 I/O 端口作为通用的数字端口使用的时候，首先要根据系统的硬件设计情况，设定各个 I/O 端口的工作方式——输入/输出工作方式，即先正确设置方向控制寄存器 DDR*x*，再进行 I/O 端口的读/写操作。当 I/O 端口定义为输入端口时，还应该注意是否需要将该端口内部的上拉电阻设为有效。在设计电路时，如果利用 Atmega16 单片机内部的 I/O 端口上拉电阻，则可节省外部的上拉电阻。

1.3.7　ATmega16 的寄存器及存储结构

1. ATmega16 的寄存器

（1）通用寄存器。ATmega16 有 32 个通用寄存器，其针对 ATmega16 的指令集进行了优化，支持以下的输入/输出方案，即：

① 输入为一个 8 位操作数，输出一个 8 位结果；

② 输入为两个 8 位操作数，输出一个 8 位结果；

③ 输入为两个 8 位操作数，输出一个 16 位结果；

④ 输入为一个 16 位操作数，输出一个 16 位结果。

将 32 个通用寄存器映射到用户数据空间的前 32 个单元，给每个单元指定一个地址，每个寄存器就都有一个对应的地址。图 1-36 所示为 ATmega16 的通用寄存器结构示意图。

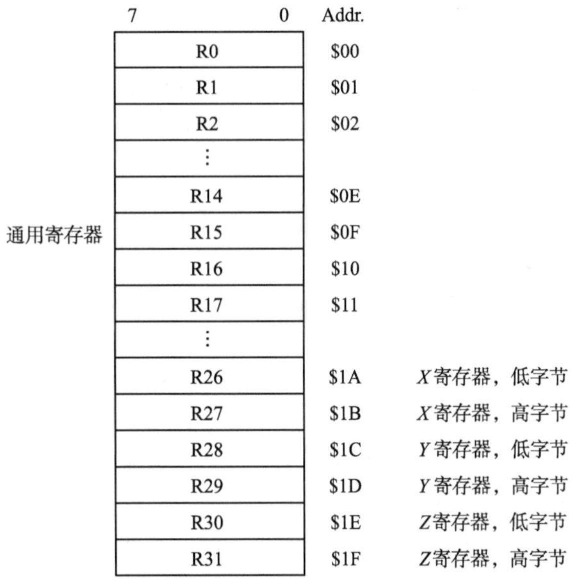

图 1-36　Atmega16 的通用寄存器结构示意图

在这些寄存器中，R26 和 R27、R28 和 R29、R30 和 R31 除了用作通用寄存器外，还可以两两进行组合，充当间接寻址用的地址指针 *X*、*Y*、*Z*，如图 1-37 所示，使用时要特别注意高字节对应高地址，低字节对应低地址。在不同的寻址模式中，可以用来表示固定偏移量，实现自动加1、减1。

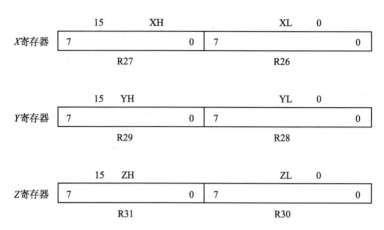

图 1-37   *X*、*Y*、*Z* 寄存器

（2）状态寄存器 SREG。ATmega16 的状态寄存器存放最近执行的算术指令的相关结果信息，根据这些信息来实现条件选择，其内部结构如表 1-6 所示。

表 1-6   ATmega16 的状态寄存器 SREG 内部结构

位	I	T	H	S	V	N	Z	C
读/写	R/W	R/W	R/W	R/W	R/W	R/W	R/W	R/W
初始值	0	0	0	0	0	0	0	0

表 1-6 中各字符位的含义如下。

I：全局中断触发使能位，为中断总控制开关。当 I 被置位 1 时，使能全局中断，单独的中断使能由其他独立的控制寄存器控制；如果 I 被清零，则禁止一切中断（异步工作方式下的 T/C2 中断唤醒 MCU 功能除外）。

T：位复制存储位，位复制指令 BLD 和 BST 利用 T 作为目的或源地址，BST 指令把寄存器的某一位复制到 T，而 BLD 把 T 复制到寄存器的某一位。

H：半进位标志位，也叫辅助进位标志。算术运算中，记录低 4 位向高 4 位产生的进位/借位。

S：符号标志位，S=N⊕V。正常情况下（不溢出）S=N，即运算结果的最高位作为符号是正确的。而产生溢出时，V=1，此时 N 就不能正确表示运算结果的正负了，但 S=N⊕V 依然正确。

V：溢出标志位，表示二进制的运算结果超出了带符号数所能表示的范围。

N：负数标志位，取自运算结果的最高位，等于 1 时表明运算结果为负。

Z：零标志位，表示运算结果是否为零。当置位 1 时，表示运算结果为零。

C：进位标志位，表示运算过程中最高位是否产生了进位/借位。等于 1 时，表示加法（减法）运算中最高位向前产生了进位（借位）。

2. ATmega16 的存储结构

ATmega16 的存储器空间由程序存储器（FLASH）、数据存储器（SDRAM）和 E²PROM 组成，它们是相互独立的。

（1）程序存储器。ATmega16 具有 16 KB 的在线编程 FLASH 用于存放程序指令代码。

FLASH 程序存储区被组织成 8 K×16 位的形式，分为引导程序区（BOOT）和应用程序区两个不同的部分，如图 1-38 所示。

0x0000
应用程序区
引导程序区
0x1FFF

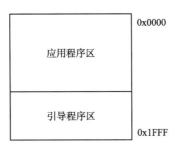

图 1-38　ATmega16 的 FLASH 程序存储区

（2）数据存储器。ATmega16 的数据存储器内部地址结构如图 1-39 所示，前 1 120 B 的区域包括了通用寄存器、I/O 寄存器及内部数据 SRAM，起始的 96 个地址用于通用寄存器与 64 个 I/O 寄存器，接着是 1 KB 的内部数据 SRAM。

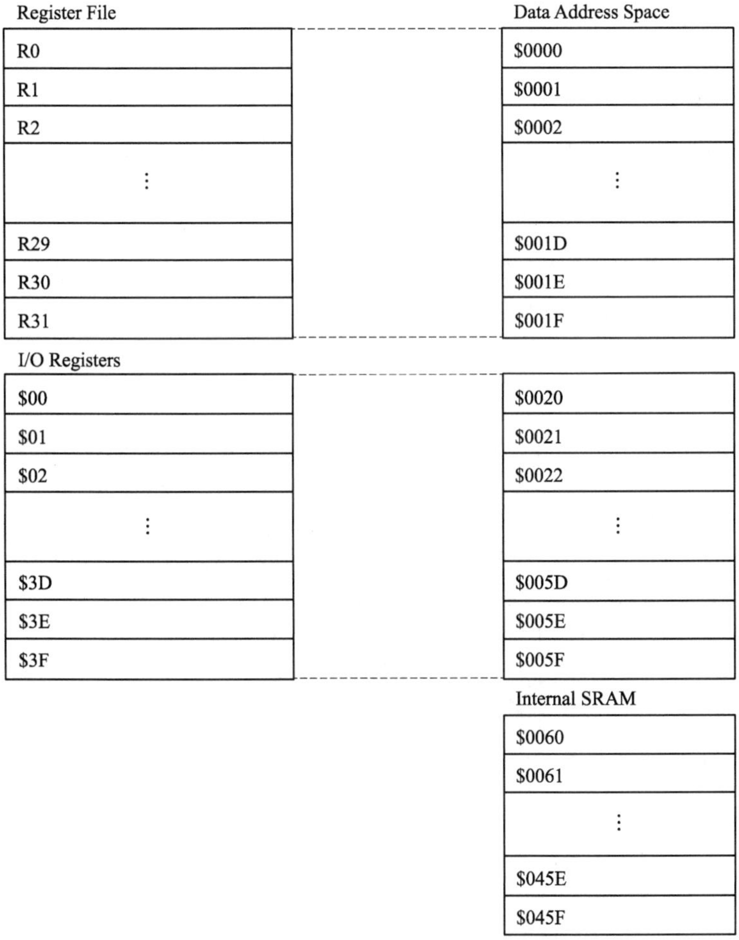

Register File
R0
R1
R2
R29
R30
R31
Data Address Space
$0000
$0001
$0002
$001D
$001E
$001F
I/O Registers
$00
$01
$02
$3D
$3E
$3F
$0020
$0021
$0022
$005D
$005E
$005F
Internal SRAM
$0060
$0061
$045E
$045F

图 1-39　ATmega16 的数据存储器内部地址结构

数据存储器的寻址方式分为 5 种：直接寻址、带偏移量的间接寻址、间接寻址、带预减量的间接寻址和带后增量的间接寻址。寄存器中的通用寄存器 R26 到 R31 为间接寻址的指针寄存器；直接寻址范围可达整个数据区；带偏移量的间接寻址则能够寻址到由 Y 和 Z 寄存器给定的基址附近的 63 个地址。在带预减量和带后增量的间接寻址中，X、Y 和 Z 寄存器自动增加或减少。

ATmega16 的全部 32 个通用寄存器、64 个 I/O 寄存器及 1 024 B 的内部数据 SRAM 可以通过这几种寻址方式进行访问。

（3）E²PROM。ATmega16 的 E²PROM 常常用来存放一些需要掉电后保存的数据，CPU 使用专门的指令对 E²PROM 进行访问操作。

1.3.8　单片机最小系统

单片机最小系统又称为单片机基本系统，是指用最少的元器件能使单片机工作起来的一个最基本的应用系统。在这种系统中，使用单片机一些基本的内部资源就能够满足硬件设计需求，不需扩展外部的存储器或 I/O 接口等元器件，通过用户编写的程序，单片机就能够达到控制的要求。

单片机最小系统通常包括：

（1）电源（+5 V）；

（2）外部复位电路，启动后让单片机从初始状态执行程序；

（3）外部振荡电路，单片机是一种时序电路，必须施加脉冲信号才能工作；

（4）基本的 I/O 接口。

ATmega16 的最小系统中，ATmega16 为系统核心，ATmega16 的第 12 脚和第 13 脚外接振荡电路（即时钟电路），第 9 脚外接复位电路。此外，还需要给单片机提供电源才能正常工作起来，因此给第 10 脚接上电源（+5 V），第 11 脚接地，如图 1-40 所示。

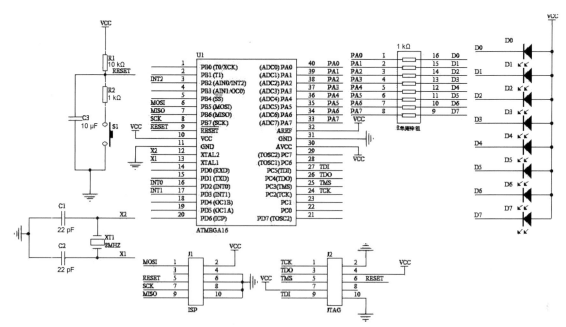

图 1-40　ATmega16 最小系统

单片机最小系统通电后，即进入了工作准备就绪状态。此时，4 组端口的端口数据寄存器 PORTx 处于 0x00 状态；方向控制寄存器 DDRx 处于 0x00（输入）状态；引脚地址寄存器 PINx 处于高阻状态。当然，要执行相应的任务，还必须通过程序来控制，没有固化程序的单片机系统就是一个"裸机"，无法完成任何实质性工作。

1. 外部复位电路的设计

复位是单片机本身的硬件初始化操作。例如，单片机在上电开机时都需要复位，以使 CPU 和其他内部功能部件都处于一个确定的初始状态，并从这个初始状态开始工作。ATmega16 内置了上电复位设计，在熔丝位里可以设置复位时的额外时间。ATmega16 的外部复位电路可以设计得很简单：直接接一只 10 kΩ的电阻到 VCC 即可，如图 1-41 所示。

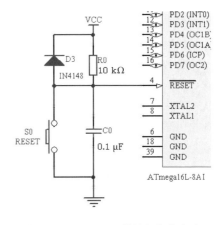

图 1-41　ATmega16 的外部复位电路

2. 外部振荡电路的设计

ATmega16 内部设有 RC 振荡电路，可以产生 1 MHz、2 MHz、4 MHz 和 8 MHz 的振荡频率，但不够准确。为了实现高速可靠的通信，在一些对时间参数要求较高的场合，需要外接振荡电路来工作，比如通过单片机的 UART 与其他的单片机系统或 PC 通信时，就需要外部振荡电路提供精确的通信波特率。可以通过熔丝位来选择使用内部或外部振荡电路。

为了电路的规范化，在使用 ATmega 系列单片机时，外部振荡电路两端最好接上 22 pF 左右的电容，而且要求两个电容大小相等。如果不需要太高精度的频率，可以使用内部 RC 振荡电路而省去外部振荡电路设计。晶振电路如图 1-42 所示。

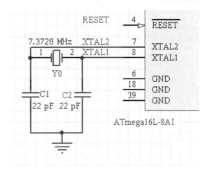

图 1-42　晶振电路

3. I/O 端口

ATmega16 有 PA、PB、PC、PD 共 4 个 8 位 I/O 端口，作为最小系统的硬件电路，需要将这 4 个 I/O 端口引出。

1.3.9　学生项目 1：闪烁的 LED

1. 项目背景

灯塔，建在海岸、港口或河道，为过往的船只指引方向。灯塔素有海上烽火台之称，也常用于海防瞭望和防范偷渡。能否利用单片机来模拟控制灯塔信号灯？

2. 项目构思

本项目利用 ATmega16 控制 1 只 LED，按照设定的时间间隔闪烁。

3. 基础知识

（1）I/O 端口的配置示例如下。

① 设置 I/O 端口为输入方式，程序代码如下：

```
DDRA=0x00;            //PA 端口全部设为输入，0x 表示的是十六进制数
PORTA=0xFF;           //PA 端口全部设内部上拉
X= PINA;              //读取 PA 端口的输入信号，赋值给变量 X
```

如果将 PORTA=0xFF 改成 PORTA=0x00 则不设内部上拉，无输入时处于高阻状态。

② 设置 I/O 端口为输出方式，程序代码如下：

```
DDRB=0xFF;            //PB 端口全部设为输出
PORTB=0xF0;           //PB 端口输出 11110000
```

③ 设置 I/O 端口为输入输出方式，程序代码如下：

```
DDRC=0x0F;            //将 PC 端口的高 4 位设为输入，低 4 位设为输出
PORTC=0xF0;           //打开 PC 端口高 4 位内部上拉电阻，低 4 位则直接输出 0000
```

（2）位操作。端口的位操作通常使用"移位""与""或""非""异或"等逻辑运算来实现，这些运算都是按位进行的，在单片机的控制系统中有很广泛的应用。在程序设计中，经常需要将某一个 I/O 端口的某一位或某几位清"0"、置"1"、取反，位操作可以很方便地实现这些功能。例如，操作 PB 端口的第 2 位的程序代码如下：

```
①将 PB2 置"1":    PORTB |= (1<<PB2);      // PORTB= PORTB | 0x04;
②将 PB2 清"0":    PORTB &=~ (1<<PB2);
③将 PB2 取反:     PORTB ^= (1<<PB2);
```

在头文件"avr/io.h"中，定义了如下语句：

```
#define PB2 2
```

这样，"(1<<PB2)"与"(1<<2)"相同，当采用宏后，可以更直观地看出是对 PB2 进行操作的。

为简化设计，增加可读性，可把"0B00001000"改写成"_BV(PD3)"，而"0B11110111"则可改写成"～_BV(PD3)"。

在标准库中，有如下定义。

```
#define  _BV(n)  1<<n               //BV-Bit Value
```

4. 项目设计

利用 PC 端口的 PC0 连接 LED，同时串联 220 Ω 的电阻用作限流电阻。设置 PC0 的工作方式为输出，改变 PC0 引脚的电平信号，控制 LED 亮灭。

5. 项目实现、运行

根据硬件电路设计，连接好电路，编写控制程序代码如下：

```
//------------------------------------------------------------------
// 名称: 闪烁的 LED
//------------------------------------------------------------------
// 说明: LED 按设定的时间间隔不断闪烁
//------------------------------------------------------------------
```

```
#define F_CPU 4000000UL
#include <avr/io.h>
#include <util/delay.h>
//-------------------------------------------------------------
// 主程序
//-------------------------------------------------------------
int main( )
{
    DDRC = 0XFF;                 //PC 端口设为输出
    while(1)
    {
        PORTC ^= _BV(PC0);       //用 "异或" 操作对 PC0 反复取反
        _delay_ms(120);          //延时时间 120 ms
    }
}
```

1.3.10　学生项目 2：循环点亮 8 只 LED

1. 项目背景

若干个灯泡按一定的时间间隔依次点亮就叫流水灯，用在建筑物上，夜间起到装饰的作用。例如在建筑物的棱角上装上流水灯，可起到变换闪烁的效果。

2. 项目构思

利用 ATmega16 控制 8 只 LED，编程使之循环滚动点亮，实现流水灯效果。

3. 项目设计

利用 ATmega16 的 PA 端口作输出端口，外接 D1～D8，即电路中使用 220 Ω 的电阻限流，画出电路图如图 1-43 所示。

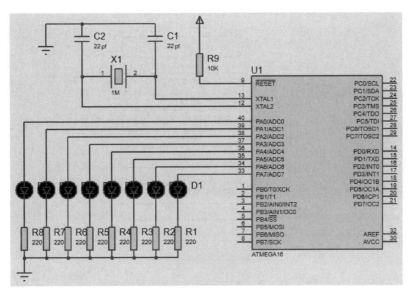

图 1-43　流水灯硬件电路图

根据项目中 LED 的连接方向，PA 端口的引脚输出为高电平时，对应的 LED 点亮，反之则熄灭。

4．项目实现、运行

根据硬件电路的设计，利用 ATmega16 控制 D1～D8 循环点亮，即开始的时候 D1 点亮，延时片刻后，点亮 D2，然后依次点亮 D3→D4→D5→D6→D7→D8→D1，重复循环。从现实规律上看，流水灯是左移或者右移来点亮的；而要实现流水灯的左移或右移控制，可以使用移位或数组两种方式设计驱动程序。

本项目采用数组实现流水灯控制，可将每一时刻的显示状态数据放在一个数组来实现，通过每次调用数组中的元素控制 LED 的显示状态，如表 1-7 所示。

表 1-7　数组中的元素控制 LED 的显示状态

PA7	PA6	PA5	PA4	PA3	PA2	PA1	PA0	输出数据	现象
0	0	0	0	0	0	0	1	0xFE	D1 点亮
0	0	0	0	0	0	1	0	0xFD	D2 点亮
0	0	0	0	0	1	0	0	0xFB	D3 点亮
0	0	0	0	1	0	0	0	0xF7	D4 点亮
0	0	0	1	0	0	0	0	0xEF	D5 点亮
0	0	1	0	0	0	0	0	0xDF	D6 点亮
0	1	0	0	0	0	0	0	0xBF	D7 点亮
1	0	0	0	0	0	0	0	0x7F	D8 点亮

画出循环点亮 8 只 LED 的程序流程图，如图 1-44 所示。

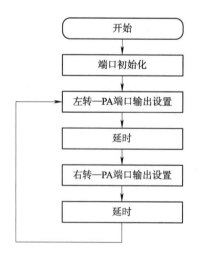

图 1-44　循环点亮 8 只 LED 的程序流程图

编写流水灯的程序：先定义延时函数、端口初始化函数、流水灯方向等。程序代码如下：

```
//-------------------------------------------------------------------
// 名称: 循环点亮 8 只 LED——流水灯设计
//-------------------------------------------------------------------
// 说明: LED 按设定的时间左右来回滚动显示
//-------------------------------------------------------------------
#include <avr/io.h>
#include <util/delay.h>
#define INT8U unsigned char
#define INT16U unsigned int
//-------------------------------------------------------------------
// 主程序
//-------------------------------------------------------------------
int main()
{
    INT8U b = 0, direction = 0;          //移动位数变量及移动方向变量
    DDRA = 0XFF;                         //PA 端口设为输出
    while(1)
    {
        if (direction == 0)             //根据 direction 选择左移或右移
            PORTA = 0X01 << b;          //最低位的 1 被左移 b 位
        else
            PORTA = 0X80 >> b;          //最高位 1 被右移 b 位（代码缩进）
        if(++b == 8)                    //如果移动到左端或右端
        {
            b=0;                        //b 归 0
            direction = !direction;     //改变方向
        }
        _delay_ms(60);
    }
}
```

5. 项目扩展

（1）PA 端口输出的数据不同，流水灯的显示效果不同。设置按键控制流水灯不同的方向；

（2）若使流水灯两端暂停如何解决？

（3）利用数组改写程序，实现流水灯从中间往两边循环亮起。

1.4　项目 4：ATmega16 熔丝位设定

熔丝，即电流保险丝，简称保险丝（fuse），在 IEC127 标准中定义为"熔断体（fuse-link）"，在电路中主要起过载保护作用。正确安置熔丝后，熔丝就会在电流异常升高到一定的高度和热度的时候，自身熔断切断电流，保护电路安全。熔丝保护电力设备不受过电流过热的伤害，避免电子设备因内部故障所引起的严重伤害。

在特定的引脚上加电压，当电流足够大的时候，就可以烧断里边对应的熔丝，烧断以后，片

内程序就不能再被读/写，只能运行。

熔丝位是在单片机中，某一个特定地址上可以读到的熔丝状态的一个位。“0”表示已熔断，“1”表示未熔断。要使用外部晶体，必须设置熔丝，否则芯片会使用默认的内部晶体。

1．ATmega16 的设置

ATmega16 使用熔丝来设定时钟、启动时间、BOOT 区设定、保密位、MCU 功耗和某些特殊功能的使能，设置不对就会锁死芯片。

ATmega16 中各熔丝位的具体定义以及出厂默认值如表 1-8 所示。其中，1 表示未被编程，0 表示已经被编程。

表 1-8　ATmega16 中各熔丝位的具本定义以及出厂默认值

	位　号	定　义	描　述	出厂默认值
熔丝位高字节	7	OCDEN	OCD 使能位	1（未编程，OCD 禁用）
	6	JTAGEN	JTAG 测试使能	0（编程，JTAG 使能）
	5	SPIEN	使能串行程序和数据下载	0（被编程，SPI 编程使能）
	4	CKOPT	振荡器选项	1（未编程）
	3	EESAVE	芯片擦除时 EEPROM 的内容保留	1（未被编程，EEPROM 不保留）
	2	BOOTSZ1	选择 Boot 区大小	0（被编程）
	1	BOOTSZ0	选择 Boot 区大小	0（被编程）
	0	BOOTRST	选择复位向量	1（未被编程）
熔丝位低字节	7	BODLEVEL	BOD 触发电平	1（未被编程）
	6	BODEN	BOD 使能	1（未被编程，BOD 禁用）
	5	SUT1	选择启动时间	1（未被编程）
	4	SUT0	选择启动时间	0（被编程）
	3	CKSEL3	选择时钟源	0（被编程）
	2	CKSEL2	选择时钟源	0（被编程）
	1	CKSEL1	选择时钟源	0（被编程）
	0	CKSEL0	选择时钟源	1（未被编程）

ATmega16 的出厂默认设置，如图 1-45 所示。

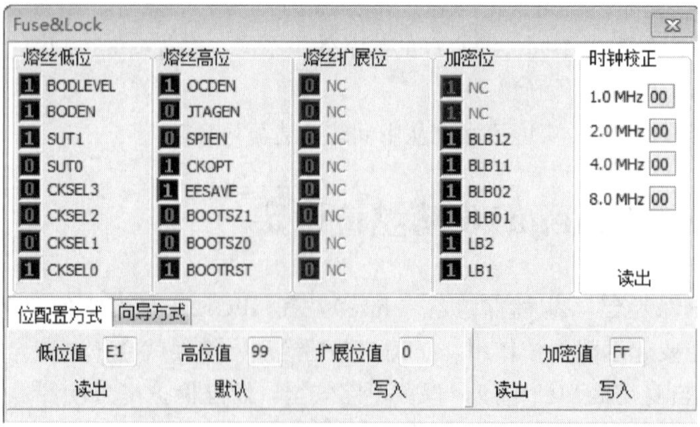

图 1-45　ATmega16 的出厂默认配置

2．熔丝位配置说明

（1）JTAG 和 OCD 使能位的定义和描述如表 1-9 所示。

表 1-9　JTAG 和 OCD 使能位

定　义	描　述	1	0
OCDEN	片上调试使能位	OCD 禁止	OCD 允许
JTAGEN	JTAG 测试使能位	JTAG 禁止	JTAG 允许

OCDEN 为 OCD 片上调试系统使能位，默认为 1，必须对 JTAGEN 熔丝位进行编程才能使能 JTAG 测试访问端口。此外还必须保持所有的锁定位处于非锁定状态，才能真正使单片机上调试系统工作。

在 JTAG 调试时，使能 OCDEN、JTAGEN 两位，并保持所有的锁定位处于非锁定状态；在实际使用时为降低功耗，不使能这两位。

注意事项如下：

① 一般出厂时不对 OCDEN 编程。这样会使能系统时钟的某些部分在所有的休眠模式下运行，增加功耗；

② 如果没有连接 JTAG 接口，应尽可能取消 JTAGEN 熔丝位的编程状态，以消除存在于 JTAG 接口之 TDO 引脚的静态电流。

（2）SPI 下载使能位的定义和描述如表 1-10 所示。

在 ISP 的软件里，SPIEN 是不能编辑的，默认为 0。

表 1-10　SPI 下载使能位的定义和描述

定　义	描　述	1	0
SPIEN	使能串行程序和数据下载	SPI 禁止	SPI 允许

（3）振荡器选项有以下几项。

① 在系统时钟选用外部晶振时，CKOPT 的作用是控制片内 OSC 振荡电路的振荡幅度。振荡幅度选择如表 1-11 所示。

② CKOPT 被编程时，振荡电路为全幅振荡，最大频率为 16 MHz，这种模式适合于噪声环境，以及需要通过 XTAL2 驱动第二个时钟缓冲器的情况。CKOPT 未被编程时，振荡电路为半幅振荡，最大频率为 8 MHz，可大大降低功耗。

表 1-11　振荡幅度选择

定义	描述	1	0
CKOPT	振荡器选项	半幅振荡	全幅振荡

③ 当系统时钟频率较低（小于 2 MHz）时，可将 CKOPT 设置为"1"以减少功耗。当系统时钟频率较高（大于 8 MHz）或要求抗干扰能力强时，应把 CKOPT 设为"0"。

④ 在系统时钟选择为低频晶体振荡器时，通过对熔丝位 CKOPT 的编程，可使能 XTAL1 和 XTAL2 的内部电容，从而去除外部电容。

⑤ 系统时钟选择使用内部 RC 振荡器时，不能对 CKOPT 进行编程。使用外部 RC 振荡器时，通过编程熔丝位 CKOPT，可以使能 XTAL1 和 GND 之间的片内 36 pF 电容，无须外部电容。

（4）执行芯片擦除时，E^2PROM 的内容保留选项如表 1-12 所示。

表 1-12 E^2PROM 的内容保留选项

定 义	描 述	1	0
EESAVE	擦除时 E^2PROM 的内容保留	不保留	保留

（5）Boot 区大小选项如表 1-13 所示。

表 1-13   Boot 区大小选项

BOOTSZ1	BOOTSZ0	Boot 区大小	页数	应用 Flash 区	Boot Loader Flash 区
1	1	128 字	2	$0000 - $1F7F	$1F80- $1FFF
1	0	256 字	4	$0000 - $1EFF	$1F00 - $1FFF
0	1	512 字	8	$0000 - $1DFF	$1E00 - $1FFF
0	0	1 024 字	16	$0000 - $1BFF	$1C00 - $1FFF

（6）复位向量选项如表 1-14 所示。

表 1-14   复位向量选项

定 义	描 述	1	0
BOOTRST	选择复位向量	应用区复位(地址 0x0000)	Boot Loader 复位

（7）掉电检测选项如表 1-15 所示。

表 1-15   掉电检测选项

定 义	描 述	1	0
BODLEVEL	BOD 电平选择	2.7 V	4.0 V
BODEN	BOD 功能控制	BOD 功能禁止	BOD 功能允许

如果 BODEN 使能启动掉电检测，则检测电平由 BODLEVEL 决定。一旦 VCC 下降到触发电平（2.7 V 或 4.0 V）以下，MCU 复位；当 VCC 大于触发电平后，经过 t_{TOUT} 延时后重新开始工作。

因 ATmega16L 的工作电压范围为 2.7～5.5 V，所以触发电平可选 2.7 V（BODLEVEL=1）或 4.0 V（BODLEVEL=0）；而 ATmega16 的工作电压范围为 4.5 ～ 5.5 V，所以只能选 BODLEVEL=0，BODLEVEL=1 不适用于 ATmega16。

（8）启动时间与时钟源选项如表 1-16 所示。

表 1-16　启动时间与时钟源选项

元器件时钟类型	时　钟　源	CKSEL3..0	SUT1..0	启 动 延 时	复位延时/ms
外部时钟	外部时钟	0000	00	6CK	0
			01	6CK	4.1
			10	6CK	65
内部 RC 振荡器	内部 RC 振荡 1 MHZ	0001	00	6CK	0
			01	6CK	4.1
			10	6CK	65
	内部 RC 振荡 2 MHZ	0010	00	6CK	0
			01	6CK	4.1
			10	6CK	65
	内部 RC 振荡 4 MHZ	0011	00	6CK	0
			01	6CK	4.1
			10	6CK	65
	内部 RC 振荡 8 MHZ	0100	00	6CK	0
			01	6CK	4.1
			10	6CK	65
外部 RC 振荡器	外部 RC 振荡 ≤0.9 MHZ	0101	00	18CK	0
			01	18CK	4.1
			10	18CK	65
			11	6CK	4.1
	外部 RC 振荡 0.9～3.0 MHZ	0110	00	18CK	0
			01	18CK	4.1
			10	18CK	65
			11	6CK	4.1
	外部 RC 振荡 3.0～8.0 MHZ	0111	00	18CK	0
			01	18CK	4.1
			10	18CK	65
			11	6CK	4.1
	外部 RC 振荡 8.0～12.0 MHZ	1000	00	18CK	0
			01	18CK	4.1
			10	18CK	65
			11	6CK	4.1

续表

元器件时钟类型	时 钟 源	CKSEL3..0	SUT1..0	启 动 延 时	复位延时/ms
外部低频晶振	低频晶振 (32.768 kHZ)	1001	00	1KCK	4.1
			01	1KCK	65
			10	32KCK	65
外部晶体/陶瓷振荡器	低频石英/陶瓷振荡器 (0.4～0.9 MHZ)	1010	00	258CK	4.1
			01	258CK	65
			10	1KCK	0
			11	1KCK	4.1
		1011	00	1KCK	65
			01	16KCK	0
			10	16KCK	4.1
			11	16KCK	65
	中频石英/陶瓷振荡器 (0.9～3.0 MHZ)	1100	00	258CK	4.1
			01	258CK	65
			10	1KCK	0
			11	1KCK	4.1
		1101	00	1KCK	65
			01	16KCK	0
			10	16KCK	4.1
			11	16KCK	65
	高频石英/陶瓷振荡器 (3.0～8.0 MHZ)	1110	00	258CK	4.1
			01	258CK	65
			10	1KCK	0
			11	1KCK	4.1
		1111	00	1KCK	65
			01	16KCK	0
			10	16KCK	4.1
			11	16KCK	65

SUT 1/0：当选择不同晶振时，SUT 有所不同。如果没有特殊要求推荐 SUT 1/0 设置复位启动时间稍长，使电源缓慢上升。

3. 熔丝位设定示例

熔丝位设定示例如表 1-46 所示。其中使用外部 16MHz 晶体，禁止 JTAG 功能，其他默认。

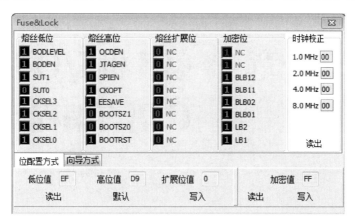

图 1-46 熔丝位设定示例

第 ② 章 》单片机 I/O 及 C 语言编程
★★★

2.1 项目5：单片机控制8只LED依次点亮

2.1.1 项目背景

本实验在学习了使用 ATmega16 控制发光二极管点亮和熄灭的基础上，通过硬件电路和软件程序，利用 ATmega16 控制 8 只 LED 左右来回循环滚动点亮，形成流水灯（也可称作跑马灯）。

2.1.2 基础知识

基础知识：单片机 I/O 端口、指令系统、C 程序基础、移位操作。

1. 单片机 I/O 端口

ATmega16 共有 32 个通用 I/O 端口，分为 4 个端口 PA、PB、PC、PD、每个端口都包含 8 个 I/O 端口，如图 2-1 所示，每个端口对应一个 8 位的二进制，对应的 I/O 引脚顺序由高到低排列。

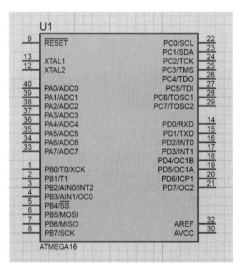

图 2-1 ATmega16 的 I/O 引脚图

每个 I/O 端口都可以单独设为输入或输出。I/O 端口除作为输入/输出端口外，还有第二功能，如 PA 端口也作为 A/D 转换的输入端口。

每个端口都具有输入、输出、方向控制 3 个寄存器。

以 PA 端口为例，其他端口相同，方向控制寄存器 DDRA，对应的 I/O 端口，1 设为输出，0 设为输入。端口数据寄存器 PORTA，对应的 I/O 端口，1 输出高电平，0 输出低电平。引脚地址寄存器 PINA，若对应的 I/O 端口为高电平，相应的位置 1，若为低电平则置 0。

ATmega16 的各引脚具体功能如表 2-1 所示。

表 2-1　ATmega16 的各引脚具体功能

引 脚 名 称	引脚功能说明
VCC	电源正
GND	电源地
PA 端口 (PA7～PA0)	PA 端口是 A/D 转换器的模拟输入端，为 8 位双向 I/O 端口，具有可编程的内部上拉电阻。其输出缓冲器具有对称的驱动特性，可以输出和吸收大电流。作为输入使用时，若内部上拉电阻使能，端口被外部电路拉低时将输出电流。在复位过程中，即使系统时钟还未起振，PA 端口也处于高阻状态
PB 端口 (PB7～PB0)	PB 端口为 8 位双向 I/O 端口，具有可编程的内部上拉电阻。其输出缓冲器具有对称的驱动特性，可以输出和吸收大电流。作为输入使用时，若内部上拉电阻使能，端口被外部电路拉低时将输出电流。在复位过程中，即使系统时钟还未起振，PB 端口也处于高阻状态。PB 端口也可以用作其他不同的特殊功能
PC 端口 (PC7～PC0)	PC 端口为 8 位双向 I/O 端口，具有可编程的内部上拉电阻。其输出缓冲器具有对称的驱动特性，可以输出和吸收大电流。作为输入使用时，若内部上拉电阻使能，端口被外部电路拉低时将输出电流。在复位过程中，即使系统时钟还未起振，PC 端口也处于高阻状态。如果 JTAG 接口使能，即使复位出现引脚 PC5(TDI)、PC3(TMS) 与 PC2(TCK) 的上拉电阻被激活，PC 端口也可以用作其他不同的特殊功能
PD 端口 (PD7～PD0)	PD 端口为 8 位双向 I/O 端口，具有可编程的内部上拉电阻。其输出缓冲器具有对称的驱动特性，可以输出和吸收大电流。作为输入使用时，若内部上拉电阻使能，则端口被外部电路拉低时将输出电流。在复位过程中，即使系统时钟还未起振，PD 端口也处于高阻状态。PD 端口也可以用作其他不同的特殊功能
RESET	复位输入引脚。持续时间超过最小门限时间的低电平将引起系统复位。持续时间小于门限时间的脉冲不能保证可靠复位
XTAL1	反向振荡放大器与片内时钟操作电路的输入端
XTAL2	反向振荡放大器的输出端
AVCC	AVCC 是 PA 端口与 A/D 转换器的电源。不使用 ADC 时，该引脚应直接与 VCC 连接。使用 ADC 时应通过一个低通滤波器与 VCC 连接
AREF	A/D 转换器的模拟基准输入引脚。

作为通用数字 I/O 端口使用时，所有 AVR I/O 端口都具有真正的读-修改-写功能。这意味着用 SBI 或 CBI 指令改变某些引脚的方向（或者是端口电平、禁止/使能上拉电阻）时不会无意地改变其他引脚的方向（或者是端口电平、禁止/使能上拉电阻）。

Atmega16 的 32 个通用 I/O 端口，有 PA～PD4 组，每组都是 8 位。其主要的寄存器有 DDRxn（x=A，B，C，D；n=0，1，…，7，下同），PORTxn 和 PINxn。I/O 组合设置如表 2-2 所示。

表 2-2　I/O 组合设置

DDRxn	PORTxn	I/O	上 拉 电 阻	说　　明
0	0	输入	否	I/O 三态输入
0	1	输入	是	I/O 端口带上拉电阻输入
1	0	输出	否	推挽 0 输出
1	1	输出	否	推挽 1 输出

DDR*x* 可读可写，在写操作时用于指定端口；在读操作时，从 DDR*x* 中读出来的是端口的方向设定值。DDR*x* 的初始值为 0x00。

PORTx 可读写。在写操作时，从 PORTX 写入的数据存入内部锁存器，以确定端口的工作状态或者将写入的数据送到外部数据总线。PORTx 的初始值为 0x00。

PIN*x* 用来访问端口的逻辑值，且只允许读操作。从 PIN*x* 读入的数据只是端口引脚的逻辑状态，其初始值为高阻态。

使用时注意事项有以下几项：

（1）用于高阻模拟信号输入时（例如 ADC 数/模转换器输入，模拟比较器输入），应将输入设为高阻态。

（2）按键输入或低电平中断触发信号输入时，可将输入设为弱上拉状态（上拉电阻 R_{up}=20～50 kΩ），省去外部上拉电阻。悬空（高阻态）将会很容易受干扰，并且由于 AVR 单片机使用 CMOS 工艺制造的特点，当输入悬空或模拟输入电平接近 VCC/2，将会消耗很多电流。

（3）作输出时具有很强的驱动能力（>20 mA），可直接推动 LED 或高灵敏继电器，而且高低驱动能力对称。尽量不要把引脚直接接到 GND/VCC，否则当设定不当时，I/O 端口将会输出/灌入 80 mA（VCC=5 V）的大电流，导致元器件损坏。

（4）功能模块（中断，定时器）的输入可以是低电平触发，也可以是上升沿触发或下降沿触发。

（5）复位时，内部上拉电阻将被禁用。休眠时，作输出的，输出状态维持不变；作输入的，一般无效，但如果使能了第二功能（中断使能），其输入功能有效，如外部中断的唤醒功能。

2．指令系统

AVR 单片机指令系统是 RISC 结构的精简指令集，CISC 结构存在指令系统不等长、指令数多、CPU 利用效率低、执行速度慢等缺陷。ATmega16 共有 131 条指令，按功能可分为五大类，它们是：

（1）算术和逻辑运算指令（28 条）；

（2）比较和跳转指令（36 条）；

（3）数据传送指令（35 条）；

（4）位操作和位测试指令（28 条）；

（5）MCU 控制指令（4 条）。

AVR 一条指令的长度大多数为 16 位，还有少部分为 32 位。AVR 的指令的一般格式为：

操作码	第1个操作数或操作数地址	第2个操作数或操作数地址

操作码用于指示 CPU 执行何种操作，是加法还是减法，是数据传送还是数据移位。一条指令可以只有操作码，或第 1 个操作数。AVR 的汇编语句的格式如下：

```
[标号:] 伪指令 [操作数] [;注释]
[标号:] 指令    [操作数] [;注释]
```

AVR 指令的寻址方式和寻址空间。指令的一个重要组成部分是操作数。在指令中，寻找参与运算数据地址的方式称为寻址方式。CPU 执行指令时，首先要根据地址获取参加操作的操作数，然后才能对操作数进行操作，操作的结果还要根据地址保存在相应的存储器或寄存器中。下面部分 AVR 的部分指令及寻址方式。

（1）单寄存器寻址。指令：INC Rd; 操作：Rd←Rd+1。

例：INC R5; 将寄存器 R5 内容加 1 回放。

（2）双寄存器寻址。指令：ADD Rd, Rr; 操作：Rd←Rd+Rr。

例：ADD R0, R1; 将 R0 和 R1 寄存器内容相加，结果回放 R0。

（3）I/O 寄存器直接寻址。指令：IN Rd, P; 操作：Rd←P。

例：IN R5, $3E; 读 I/O 空间地址为$3E 寄存器(SPH)的内容，放入寄存器 R5。

（4）数据存储器空间直接寻址。指令：LDS Rd, K; 操作：Rd←(K)。

例：LDS R18, $100; 读地址为$100 的 SRAM 中内容，传送到 R18 中。

（5）数据存储器空间的寄存器间接寻址。指令：LD Rd, Y; 操作：Rd←(Y)。

例：LD R16, Y; 设 Y=$0567，即把 SRAM 地址为$0567 的内容传送到 R16 中。

（6）程序存储器空间取常量寻址。

指令：LPM R0, Z; 操作：R0←(Z)，即把以 Z 为指针的程序存储器的内容送 R0。

若 Z=$0100，即把地址为$0080 的程序存储器的低字节内容送 R0。

若 Z=$0101，即把地址为$0080 的程序存储器的高字节内容送 R0。

指令：LPM R16, Z; 把以 Z 为指针的程序存储器的内容传送到 R16 中。

若 Z=$0100，即把地址为$0080 的程序存储器的低字节内容传送到 R16 中。

若 Z=$0101，即把地址为$0080 的程序存储器的高字节内容传送到 R16 中。

（7）程序存储器空间写数据寻址。

指令：SPM; 操作：(Z)←R1:R0，即把 R1:R0 内容写入以 Z 为指针的程序存储器单元。

（8）程序存储器空间直接寻址。

指令：JMP $0100; 操作：PC←$0100。程序计数器 PC 的值设置为$0100，接下来执行程序存储器$0100 单元的指令代码。

指令：CALL $0100; 操作：STACK←PC+2; SP← SP−2; PC←$0100。先将程序计数器 PC 的当前值加 2 后压进堆栈（CALL 指令为 2 个字长），堆栈指针计数器 SP 内容减 2，然后 PC 的值为$0100，接下来执行程序存储器$0100 单元的指令代码。

（9）程序存储器空间相对寻址。

指令：RJMP $0100; 操作：PC←PC+1+$0100。若当前指令地址为$0200（PC=$0200），即把$0301 传送到程序计数器 PC，接下来执行程序存储器$0301 单元的指令代码。

指令：RCALL $0100; 操作：STACK←PC+1，SP←SP−2，PC←PC+1+$0100。若当前指令地址为$0200（PC=$0200），先将程序计数器 PC 的当前值加 1 后压进堆栈，堆栈指针计数器 SP 内容减 2，然后 PC 的值为$0301，接下来执行程序存储器$0301 单元的指令代码。

（10）数据存储器空间堆栈寄存器 SP 间接寻址。

指令：PUSH R0; 操作：STACK←R0，SP←SP−1。若当前 SP=$10FF，则先把寄存器 R0 的内容传送到 SRAM 的$10FF 单元，再将 SP 内容减 1，即 SP=$10FE。

指令：POP R1; 操作：SP←SP+1，R1←STACK。若当前 SP=$10FE，先将 SP 内容加 1，再把 SRAM 的$10FF 单元内容传送到寄存器 R1，此时 SP=$10FF。

此外，在 CPU 响应中断和执行 CALL 一类的子程序调用指令（SP = SP−2），以及执行中断返回 IRET 和子程序返回 RET 一类的子程序返回指令中（SP = SP+2），都隐含着使用堆栈寄存器 SP 间接寻址的方式。

3. C 语言基础及 I/O 控制

用一个 C 语言程序点亮 LED。如图 2-2 所示为 ATmega16 控制 LED 的电路。

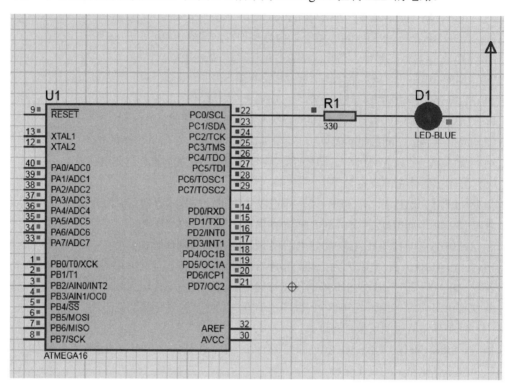

图 2-2　ATmega16 控制 LED 的电路

程序代码如下：

```
#include <inttypes.h>
#include <avr/io.h>
#include <avr/interrupt.h>
#include <avr/sleep.h>
int main()
{
    DDRC = 0b11111111;
    PORTC = 0b00000000;
}
```

通过上述代码，简单来说，一个 C 语言程序就是由若干头文件和函数组成。

#include <avr/io.h>就是一条预处理命令，它的作用是通知 C 语言编译系统在对 C 语言程序进行正式编译之前做一些预处理工作。

函数就是实现代码逻辑的一个小的单元。一个 C 语言程序有且只有一个主函数，即 main( ) 函数。C 语言程序就是执行主函数里的代码，也可以说这个主函数就是 C 语言中的唯一入口。

main( )前面的 int 就是主函数的类型。

下面这段程序代码是两条赋值语句，前者将单片机的 PC 端口设置为输出方向，后者将 PC 端口的输出设为低电平，这样让 LED 的两端形成电势差，LED 点亮。

```
DDRC = 0b11111111;
PORTC = 0b00000000;
```

（1）C 语言程序编写规范。一个说明或一个语句占一行，包含头文件、一个可执行语句结束都需要换行。

函数体内的语句要有明显缩进，通常以按一下〈Tab〉键为一个缩进。

括号要成对写，如果需要删除的话也要成对删除。

当一不可执行语句结束的时候末尾需要有分号。

代码中所有符号均为英文半角符号。

程序解释——注释。

注释是写给程序员看的，C 语言注释方法有下面两种。

```
多行注释:  /* 注释内容 */
单行注释:  //注释一行
```

C 语言的标识符——名字。

C 语言规定，标识符可以是字母（A～Z，a～z）、数字（0～9）、下画线_组成的字符串，并且第一个字符必须是字母或下画线。在使用标识符时还要注意以下几点：

① 标识符的长度最好不要超过 8 位；

② 标识符是严格区分大小写的，如 Imooc 和 imooc 是两个不同的标识符；

③ 标识符最好选择有意义的英文单词组成，做到"见名知意"，不要使用中文；

④ 标识符不能是 C 语言的关键字。

（2）变量及赋值。变量就是可以变化的量，而每个变量都会有一个名字（标识符）。变量占据内存中一定的存储单元。使用变量之前必须先定义变量，变量名和变量值是两个不同的概念。如图 2-3 所示为变量的存储结构。

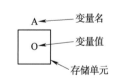

图 2-3 变量的存储结构

变量定义的一般形式为：数据类型 变量名；

多个类型相同的变量：数据类型 变量名, 变量名, 变量名…；

从如下程序代码可参考变量定义的形式。

```
int a, b, c;
char m, n;
unsigned char d1, d2;
a=0b11111111;           // 给变量a赋值二进制数
m=255;                  // 给变量a赋值十进制数
d1=0xFF;                // 给变量a赋值十六进制数
int num;                // 定义了一个整形变量，变量名字叫 num
num = 100;              // 给 num 变量赋值为 100
int a, b, c;            // 同时声明多个变量，然后分别赋值
```

```
a = 1;
b = 2;
c = 3;
printf("%d\n", num);      // 打印整型变量 num
```

注意：在定义中不允许连续赋值，如 int a=b=c=5; 是不正确的。

变量的赋值分为两种方式：先声明再赋值；声明的同时赋值。

（3）基本数据类型。C 语言中，数据类型可分为基本数据类型、构造数据类型、指针类型和空类型四大类。

基本数据类型中最常用的为整型、实数型（包括单精度浮点型和双精度浮点型）与字符型，如表 2-3 所示。

表 2-3　基本数据类型

数据类型	说　明	字　节	应　用	示　例
char	字符型	1	用于存储单个字符	char sex = 'M';
int	整型	2	用于存储整数	int height = 18;
float	单精度浮点型	4	用于存储小数	float price = 11.1;
double	双精度浮点型	8	用于存储数位更多的小数	double pi = 3.1415926;

整型数据类型是指不带小数的数字（int，short int，long int，unsigned int，unsigned short int，unsigned long int），如表 2-4 所示。

表 2-4　整型数据类型

数据类型	说　明	字　节	取 值 范 围
int	整型	2	（−32 768～32 767）$-2^{15}～2^{15}-1$
short int	短整型（int 可以省略）	2	（−32768～32767）$-2^{15}～2^{15}-1$
long int	长整型（int 可以省略）	4	（−2 147 483 648～2 147 483 647）$-2^{31}～2^{31}-1$
unsigned int	无符号整型	2	（0～65 535）$-0～2^{16}-1$
unsigned short int	无符号短整型（int 可以省略）	2	（0～65 535）$-0～2^{16}-1$
unsigned long int	无符号长整型（int 可以省略）	4	（0～4 294 967 295）$-0～2^{32}-1$

注：int，short int，long int 是根据编译环境的不同，所取范围不同。

而其中 short int 和 long int 至少是表中所写范围，但是 int 在表 2-4 中是以 16 位编译环境写的取值范围。

另外，C 语言中 int 的取值范围在于它占用的字节数，不同的编译器规定不一样。

ANSI 标准定义 int 是占 2 字节，TC 是按 ANSI 标准的，1 个 int 是占 2 字节的。但是在 VC 里，1 个 int 是占 4 字节的。

浮点数据是指带小数的数字。生活中有很多信息适合使用浮点数据来表示，比如：人的体重

（单位：千克）、商品价格、圆周率等等。因为精度的不同又分为 3 种（float，double，long double），如表 2-5 所示。

表 2-5　浮点数据类型

数 据 类 型	说　明	字　节	取 值 范 围
float	单精度型	4	$-3.4\times10^{-38}\sim3.4\times10^{38}$
double	双精度型	8	$-1.7\times10^{-308}\sim1.7\times10^{308}$
long double	长双精度型	16	$-1.2\times10^{-4\,932}\sim1.2\times10^{4\,932}$

注：C 语言中不存在字符串变量，字符串只能存在字符数组中。

（4）不可改变的常量。在程序执行过程中，值不发生改变的量称为常量。C 语言的常量可以分为直接常量和符号常量。

直接常量是可以直接拿来使用，无须说明的量，如

整型常量：13、0、−13；

实型常量：13.33、−24.4；

字符常量：'a'、'M'；

字符串常量："I love mooc! "。

在 C 语言中，可以用一个标识符来表示一个常量，称之为符号常量。符号常量在使用之前必须先定义，其一般形式为：

```
#define 标识符 常量值
```

下面的程序代码中，我们定义了一个符号常量 PA。

```
#define PA 1
int main()
{
    int a,b,c;
    char m,n;
    unsigned char d1,d2;
    a=0b11111111;
    m=255;
    d1=0xFF;
    d2=PA;
    n=(PA<<2);
}
```

在程序执行之前，代码中出现符号常量 PA 的地方都会替换成 1。程序执行过程中符号常量不可以被改变。

（5）运算符号。C 语言中运算符号分为：算术运算符、赋值运算符、关系运算符、逻辑运算符。

① 算术运算符是 C 语言中的基本运算符，如表 2-6 所示。

表 2-6　算术运算符

名　　称	运 算 符 号	举　　例
加法运算符	+	2+10=12
减法运算符	–	10–3=7
乘法运算符	*	2×10=20
除法运算符	/	30/10=3
求余运算符	%	23%7=2
自增运算符	++	int a = 1; a++
自减运算符	– –	int a = 1; a– –

除法运算中注意：如果相除的两个数都是整数，则结果也为整数，小数部分省略，如 8/3 = 2；而两数中有一个为小数，结果则为小数，如 9.0/2 = 4.500000。

求余运算中注意：该运算只适合用两个整数进行求余运算，如 10%3 = 1；而 10.0%3 则是错误的；运算后的符号取决于被模数的符号，如(–10)%3 = –1，而 10%(–3) = 1，%%表示这里就是一个%符。

注意：C 语言中没有乘方这个运算符，也不能用×、÷ 等算术符号。

自增与自减运算符：自增运算符为++，其功能是使变量的值自增 1；自减运算符为– –，其功能是使变量的值自减 1。它们经常使用在循环中。自增与自减运算符有 4 种形式，如表 2-7 所示。

表 2-7　自增与自减运算符

运算表达式	说　　明	运 算 规 则
++a	a 自增 1 后，再取值	先运算，再取值
– –a	a 自减 1 后，再取值	
a++	a 取值后，a 的值再自增 1	先取值，再运算
a– –	a 取值后，a 的值再自减 1	

② 赋值运算符。C 语言中赋值运算符分为简单赋值运算符和复合赋值运算符。复合赋值运算符就是在简单赋值符 "=" 之前加上其他运算符。如+=、–=、*=、/=、%=。

定义整型变量 a 并赋值为 3，a += 5；这个算式就等价于 a = a+5；将变量 a 和 5 相加之后再赋值给 a。

注意：复合赋值运算符中运算符和等号之间是不存在空格的。

③ 关系运算符。C 语言中的关系运算符如表 2-8 所示。

表 2-8　关系运算符

符　号	意　义	举　例	结　果
>	大于	10>5	1
>=	大于等于	10>=10	1
<	小或于	10<5	0
<=	小于或等于	10<=10	1
==	等于	10==5	0
!=	不等于	10!=5	1

关系表达式的值是真或假，在 C 语言程序用整数 1 或 0 表示。

注意：>=、<=、==、!=这种符号之间不能存在空格。

④ 逻辑运算符。C 语言中的逻辑运算符如表 2-9 所示。

表 2-9　逻辑运算符

符　号	意　义	举　例	结　果
&&	逻辑与	0&&1	0
||	逻辑或	0||1	1
!	逻辑非	!0	1

逻辑运算的值也有两种，分别为真或假，C 语言中用整型的 1 或 0 来表示。其求值规则如下。

与运算 &&：参与运算的两个变量都为真时，结果才为真，否则为假。例如：5>=5 && 7>5，运算结果为真。

或运算 ||：参与运算的两个变量只要有一个为真，结果就为真；两个量都为假时，结果为假。例如：5>=5||5>8，运算结果为真。

非运算!：参与运算的变量为真时，结果为假；参与运算的变量为假时，结果为真。例如：!(5>8)，运算结果为真。

运算符的优先级如表 2-10 所示。

表 2-10　运算符优先级

优 先 级	运　算　符
1	()
2	!、+（正号）、-（负号）、++、--
3	*、/、%
4	+（加）、-（减）
5	<、<=、=>、>
6	==、!=
7	&&
8	||
9	?:
10	=、+=、-=、*=、/=、%=

优先级为 1 的运算符优先级最高，优先级为 10 的运算符优先级最低。

4．位运算

在很多系统程序中常要求在位（bit）一级进行运算或处理。C 语言提供了位运算的功能，这使得 C 语言也能像汇编语言一样用来编写系统程序，适合进行单片机嵌入式程序设计。

所谓位运算，就是对比特（bit）位进行操作。

C 语言提供了 6 种位运算符，如表 2-11 所示。

表 2-11　位运算符

运 算 符	&	|	^	~	<<	>>
说明	按位与	按位或	按位异或	取反	左移	右移

（1）按位与运算（&）：一个比特（bit）位只有 0 和 1 两个取值，只有参与按位与运算的两个位都为 1 时，结果才为 1，否则为 0。例如 1&1 为 1，0&0 为 0，1&0 也为 0，这和逻辑运算符&&非常类似。

C 语言中不能直接使用二进制，按位与运算符两边的操作数可以是十进制、八进制、十六进制，它们在内存中最终都是以二进制形式存储的。按位与运算符就是对这些内存中的二进制位进行运算。其他的位运算符也是相同的道理。

例如，9 & 5 可以转换成如下运算：

```
  0000 0000   0000 0000   0000 0000   0000 1001    （9 在内存中的存储）
& 0000 0000   0000 0000   0000 0000   0000 0101    （5 在内存中的存储）
------------------------------------------------------------------------
  0000 0000   0000 0000   0000 0000   0000 0001    （1 在内存中的存储）
```

也就是说，按位与运算会对参与运算的两个数的所有二进制位进行运算，9 & 5 的结果为 1。

又如，–9 & 5 可以转换成如下运算：

```
  1111 1111   1111 1111   1111 1111   1111 0111    （–9 在内存中的存储）
& 0000 0000   0000 0000   0000 0000   0000 0101    （5 在内存中的存储）
------------------------------------------------------------------------
  0000 0000   0000 0000   0000 0000   0000 0101    （5 在内存中的存储）
```

所以–9 & 5 的结果是 5。

按位与运算是根据内存中的存储进行运算的，而不是数据的二进制形式；其他位运算符也一样。以–9&5 为例，–9 的在内存中的存储和–9 的二进制形式截然不同：

```
 1111 1111   1111 1111   1111 1111   1111 0111   （–9 在内存中的存储）
–0000 0000   0000 0000   0000 0000   0000 1001   （–9 的二进制形式，前面多余的 0 可以去掉）
```

按位与运算通常用来对某些位清零，或者保留某些位。例如要把 n 的高 16 位清零，保留低 16 位，可以进行 n & 0xFFFF 运算（0xFFFF 在内存中的存储为 0000 0000　0000 0000　1111 1111　1111 1111）。

（2）按位或运算（|）：参与按位或运算的两个二进制位有一个为 1 时，结果就为 1；两个都为 0 时，结果才为 0。例如 1|1 为 1，0|0 为 0，1|0 为 1，这和逻辑运算中的||非常类似。

例如，9 | 5 可以转换成如下运算：

```
  0000 0000    0000 0000    0000 0000    0000 1001    （9 在内存中的存储）
| 0000 0000    0000 0000    0000 0000    0000 0101    （5 在内存中的存储）
---------------------------------------------------------------------
  0000 0000    0000 0000    0000 0000    0000 1101    （13 在内存中的存储）
```

所以 9|5 的结果为 13。

又如，–9|5 可以转换成如下运算：

```
  1111 1111    1111 1111    1111 1111    1111 0111    （–9 在内存中的存储）
| 0000 0000    0000 0000    0000 0000    0000 0101    （5 在内存中的存储）
---------------------------------------------------------------------
  1111 1111    1111 1111    1111 1111    1111 0111    （–9 在内存中的存储）
```

所以–9|5 的结果是 –9。

按位或运算可以用来将某些位置 1，或者保留某些位。例如要把 n 的高 16 位置 1，保留低 16 位，可以进行 n | 0xFF00 运算（0xFF00 在内存中的存储形式为 1111 1111　1111 1111　0000 0000　0000 0000）。

（3）按位异或运算（^）：

参与^运算的两个二进制位不同时，结果为 1；相同时，结果为 0。例如 0^1 为 1，0^0 为 0，1^1 为 0。

例如，9^5 可以转换成如下运算：

```
  0000 0000    0000 0000    0000 0000    0000 1001    （9 在内存中的存储）
^ 0000 0000    0000 0000    0000 0000    0000 0101    （5 在内存中的存储）
---------------------------------------------------------------------
  0000 0000    0000 0000    0000 0000    0000 1100    （12 在内存中的存储）
```

所以 9^5 的结果为 12。

又如，–9^5 可以转换成如下运算：

```
  1111 1111    1111 1111    1111 1111    1111 0111    （–9 在内存中的存储）
^ 0000 0000    0000 0000    0000 0000    0000 0101    （5 在内存中的存储）
---------------------------------------------------------------------
  1111 1111    1111 1111    1111 1111    1111 0010    （–14 在内存中的存储）
```

所以–9^5 的结果是–14。

按位异或运算可以用来将某些二进制位反转。例如要把 n 的高 16 位反转，保留低 16 位，可以进行 n ^ 0xFF00 运算（0xFF00 在内存中的存储形式为 1111 1111　1111 1111　0000 0000　0000 0000）。

（4）取反运算（～）：取反运算符为单目运算符，具有右结合性，作用是对参与运算的二进制位取反。例如～1 为 0，～0 为 1，这和逻辑运算中的!非常类似。

例如，～9 可以转换为如下运算：

```
～ 0000 0000    0000 0000    0000 0000    0000 1001    （9 在内存中的存储）
---------------------------------------------------------------------
  1111 1111    1111 1111    1111 1111    1111 0110    （–10 在内存中的存储）
```

所以～9 的结果为 –10。

又如，～–9 可以转换为如下运算：

～ 1111 1111　1111 1111　1111 1111　1111 0111　（–9 在内存中的存储）

　0000 0000　0000 0000　0000 0000　0000 1000　（8 在内存中的存储）

所以～–9 的结果为 8。

（5）左移运算（<<）：左移运算符用来把操作数的各个二进制位全部左移若干位，高位丢弃，低位补 0。

例如，9<<3 可以转换为如下运算：

<<　0000 0000　0000 0000　0000 0000　0000 1001　（9 在内存中的存储）

　0000 0000　0000 0000　0000 0000　0100 1000　（72 在内存中的存储）

所以 9<<3 的结果为 72。

又如，(–9)<<3 可以转换为如下运算：

<<　1111 1111　1111 1111　1111 1111　1111 0111　（–9 在内存中的存储）

　1111 1111　1111 1111　1111 1111　1011 1000　（–72 在内存中的存储）

所以(–9)<<3 的结果为 –72。

如果数据较小，被丢弃的高位不包含 1，那么左移 n 位相当于乘以 2 的 n 次方。

（6）右移运算（>>）：右移运算符>>用来把操作数的各个二进制位全部右移若干位，低位丢弃，高位补 0 或 1。如果数据的最高位是 0，那么就补 0；如果最高位是 1，那么就补 1。

例如，9>>3 可以转换为如下运算：

>>　0000 0000　0000 0000　0000 0000　0000 1001　（9 在内存中的存储）

　0000 0000　0000 0000　0000 0000　0000 0001　（1 在内存中的存储）

所以 9>>3 的结果为 1。

又如，(–9)>>3 可以转换为如下运算：

>>　1111 1111　1111 1111　1111 1111　1111 0111　（–9 在内存中的存储）

　1111 1111　1111 1111　1111 1111　1111 1110　（–2 在内存中的存储）

所以(–9)>>3 的结果为–2。

如果被丢弃的低位不包含 1，那么右移 n 位相当于除以 2 的 n 次方（但被移除的位中经常会包含 1）。

下面程序代码为例演示通过 C 语言如何置位 PB 端口的引脚 0 和 1，清零引脚 2 和引脚 3，以及将引脚 4 到引脚 7 设置为输入，并且为引脚 6 和引脚 7 设置上拉电阻。然后将各个引脚的数据读回来。

```
unsigned char i;
/*定义上拉电阻和设置高电平输出*/
PORTB = (1<<PB7) | (1<<PB6) | (1<<PB1) | (1<<PB0);
/*为端口引脚定义方向*/
```

```
DDRB = (1<<DDB3) | (1<<DDB2) | (1<<DDB1) | (1<<DDB0);
/*为了同步插入 NOP 指令*/
_NOP();
/*读取端口引脚*/
i = PINB;
```

2.1.3 项目硬件电路设计

1. 相关硬件基本知识

本项目用到的相关硬件基本知识有发光二极管、数码管、限流电阻等。

（1）发光二极管。发光二极管（light emitting diode，LED）主要由支架、银胶、晶片、金线、环氧树脂 5 种物料所组成，是一种能够将电能转化为光能的半导体，它改变了白炽灯钨丝发光与节能灯三基色粉发光的原理，而采用电场发光。LED 被称为第四代照明光源或绿色光源，具有节能、环保、寿命长、体积小等特点，广泛应用于各种指示、显示、装饰、背光源、普通照明和城市夜景等领域。根据使用功能的不同，可以将其划分为信息显示、信号灯、车用灯具、液晶屏背光源、通用照明五大类。如图 2-4 所示为 LED 实物图，图 2-5 所示为 LED 构造图，图 2-6 所示为 LED 电路符号。

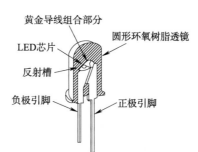

黄金导线组合部分
圆形环氧树脂透镜
LED芯片
反射槽
负极引脚
正极引脚

图 2-4　LED 实物图　　　图 2-5　LED 构造图　　　图 2-6　LED 电路符号

（2）数码管。数码管也称 LED 数码管（LED segment displays），是由多个发光二极管封装在一起组成"8"字形的元器件，引线已在内部连接完成。LED 数码管常用段数一般为 7 段，有的另加一个小数点，如图 2-7（a）所示。按发光二极管单元连接方式不同，数码管可分为共阳极数码管和共阴极数码管。共阳极数码管是指将所有发光二极管的阳极接到一起形成公共阳极（COM）的数码管，如图 2-7（b）所示，共阳极数码管在应用时应将公共阳极 COM 接到+5 V 电源，当某一字段发光二极管的阴极为低电平时，相应字段就点亮；当某一字段的阴极为高电平时，相应字段就不亮。共阴极数码管是指将所有发光二极管的阴极接到一起形成公共阴极（COM）的数码管，如图 2-7（c）所示，共阴极数码管在应用时应将公共阴极 COM 接到地线 GND 上，当某一字段发光二极管的阳极为高电平时，相应字段就点亮；当某一字段的阳极为低电平时，相应字段就不亮。

（3）限流电阻。限流电阻是由电阻串联于电路中，用以限制所在支路电流的大小，以防电流过大烧坏所串联的元器件，同时限流电阻也能起分压作用。限流电阻可以减小负载端电流，例如在发光二极管一端添加一个限流电阻可以减小流过发光二极管的电流，防止损坏 LED。

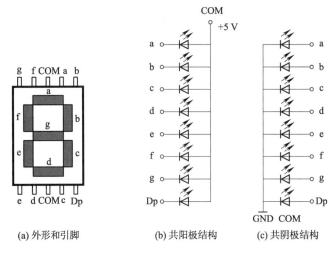

(a) 外形和引脚　　　　(b) 共阳极结构　　　　(c) 共阴极结构

图 2-7　数码管

2. 元器件选择

LED 8 只；

330 Ω电阻 8 只；

ATmega16 单片机 1 台。

3. 电路图设计（见图 2-8）

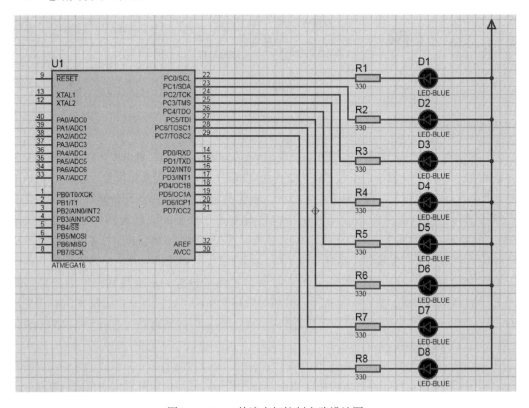

图 2-8　PC 口的流水灯控制电路设计图

2.1.4　项目驱动软件设计

1. 流水灯基本功能实现的程序

```
#include <inttypes.h>
#include <avr/io.h>
#include <avr/interrupt.h>
#include <avr/sleep.h>
#include <util/delay.h>

int main()
{
    DDRC = 0b11111111;
    PORTC = 0b11111111;

    PORTC = 0b11111110; // PC0 口输出低电平，点亮 D1
    _delay_ms(50);      // 延时 50 ms，需加入头文件 util/delay.h
    PORTC = 0b11111101; // PC1 口输出低电平，点亮 D2
    _delay_ms(50);
    PORTC = 0b11111011;
    _delay_ms(50);
    PORTC = 0b11110111;
    _delay_ms(50);
    PORTC = 0b11101111;
    _delay_ms(50);
    PORTC = 0b11011111;
    _delay_ms(50);
    PORTC = 0b10111111;
    _delay_ms(50);
    PORTC = 0b01111111;
    _delay_ms(50);
}
```

2. 使用位运算编程实现流水灯

从显示规律看，流水灯实质上由左移和右移控制实现。其中，D1→D2→D3→D4→D5→D6→D7→D8 为左移控制，D8→D7→D6→D5→D4→D3→D2→D1 为右移控制。可以使用移位指令或数组这两种方法进行设计。

移位指令：按位左移（<<）用于将一个操作数的各二进制位全部左移若干位，移位后，低位（空白位）补 0，高位（溢出位）舍弃；按位右移（>>）用于将一个操作数的各二进制位全部右移若干位，移位后，高（空白位）补 0，低位（溢出位）舍弃。由于移位指令在移位过程中，空白位自动用"0"填充，设定 LED 是低电平有效，因此可以将左移的移位初始数据置为 0x01，然后将该数据每次移位取反后送给 PORTB，送之前还需判断是否已经移位 8 次，若是，则退出移位操作。

表 2-12 所示为 8 只 LED 点亮状态表。

表 2-12　8 只 LED 点亮状态表

LED	D8	D7	D6	D5	D4	D3	D2	D1	PORTB 输出（十六进制）	功能说明
PB 端口	PB8	PB7	PB6	PB5	PB4	PB3	PB2	PB1		
PB 端口输出电平左移	1	1	1	1	1	1	1	0	0xFE	D1 点亮
	1	1	1	1	1	1	0	1	0xFD	D2 点亮
	1	1	1	1	1	0	1	1	0xFB	D3 点亮
	1	1	1	1	0	1	1	1	0xF7	D4 点亮
	1	1	1	0	1	1	1	1	0xEF	D5 点亮
	1	1	0	1	1	1	1	1	0xDF	D6 点亮
	1	0	1	1	1	1	1	1	0xBF	D7 点亮
	0	1	1	1	1	1	1	1	0x7F	D8 点亮

使用位运算编程实现流水灯的程序代码如下：

```
#include <inttypes.h>
#include <avr/io.h>
#include <avr/interrupt.h>
#include <avr/sleep.h>
#include <util/delay.h>

int main()
 {
    DDRC = 0b11111111;
    PORTC = 0b11111111;

    PORTC = ~(0x01);              // PC0 端口输出低电平，点亮 LED1
    _delay_ms(50);                // 延时 50ms，需加入头文件 util/delay.h
    PORTC = ~(0x01<<1);           // PC1 端口输出低电平，点亮 LED2
    _delay_ms(50);
    PORTC = ~(0x01<<2);
    _delay_ms(50);
    PORTC = ~(0x01<<3);
    _delay_ms(50);
    PORTC = ~(0x01<<4);
    _delay_ms(50);
    PORTC = ~(0x01<<5);
    _delay_ms(50);
    PORTC = ~(0x01<<6);
    _delay_ms(50);
    PORTC =~(0x01<<7);
    _delay_ms(50);
```

```
        }
```

2.1.5　学生项目：花样流水灯

通过流水灯项目的学习，可以得知关键的操作有两点：一是通过设置 PORT 端口寄存器的值来改变端口输出电平的高低，从而控制连接该端口的 LED 亮灭；二是使用延时函数_delay_ms(x)控制端口电平改变的时间间隔 x。在这个基础上，配合选择循环结构进行程序设计，可以按照自己的想法设计出各种各样的 LED 点亮方式及顺序，即为花样流水灯。

在电路图 2-8 的基础上，实现以下 3 种花样流水灯：

（1）使 LED2→4→6→8 的顺序闪烁 间隔 1 000 ms；

（2）使 LED 从 8 往 1 循环点亮 3 次，每次间隔 500 ms，然后熄灭；

（3）依次点亮 LED1 到 8，间隔 300 ms，再按 8→6→4→2 的顺序反方向依次点亮，然后 8个 LED 同步闪烁 3 次后熄灭。

2.2　项目 6：Proteus 仿真数码管显示数字 0～9

2.2.1　项目背景

本项目用 Proteus 软件设计硬件电路；用 WinAVR 设计程序，并进行调试。编程设置ATmega16 的 I/O 端口，驱动数码管显示数字 0～9。

数码管作为单片机应用系统中的显示元器件，应用广泛，一般用来显示数字和一些字母。而数组是 C 语言中重要的数据结构基础知识，用来存放一组数据，可以把一个时刻的数码管显示状态数据放在一个数组中，每次通过调用数组中的某一个元素内容来控制数码管的显示状态。

2.2.2　基础知识

1．循环结构

反复地执行某些语句就是程序设计中的循环，C 语言中有 3 种循环结构：while、do-while 和for。

（1）while 循环。while 循环的一般形式如下：

```
while(表达式)
{
    执行代码块；
}
```

其中，表达式表示循环条件；执行代码块为循环体。

while 语句的语义是：计算表达式的值，当值为真(非 0)时，执行循环中的执行代码块。

while 语句中的表达式一般是关系表达式或逻辑表达式，当表达式的值为假时不执行循环体；反之，则循环体一直执行。

一定要记着在循环体中改变循环变量的值，否则会出现死循环（无休止地执行）。

循环体如果包括有一个以上的语句，则必须用{}括起来，组成复合语句。

（2）do-while 循环。do-while 循环的一般形式如下：

```
do
{
    执行代码块;
}while(表达式);          //注意: 这里有分号
```

do-while 循环语句的语义是：它先执行循环中的执行代码块，然后再判断 while 中表达式是否为真，如果为真则继续循环；如果为假，则终止循环。因此，do-while 循环至少要执行一次循环语句。

注意：使用 do-while 语句时，while 括号后必须有分号。

（3）for 循环。for 循环的一般形式如下：

```
for(表达式1; 表达式2; 表达式3)
{
    执行代码块;
}
```

它的执行过程如下：

第一步：执行表达式 1，对循环变量作初始化。

第二步：判断表达式 2，若其值为真（非 0），则执行 for 循环体中执行代码块，然后向下执行，若其值为假（0），则结束循环。

第三步：执行表达式 3，如（i++）等对循环变量进行操作的语句。

执行 for 循环中的执行代码块后再执行第二步，第一步初始化只会执行 1 次。

循环结束，程序继续向下执行。

在 for 循环中：

① 表达式 1 是一个或多个赋值语句，它用来控制变量的初始值；

② 表达式 2 是一个关系表达式，它决定什么时候退出循环；

③ 表达式 3 是循环变量的步进值，定义控制循环变量每循环一次后按什么方式变化。

这 3 部分之间用分号分开。

使用 for 语句时应该注意：

① for 循环中的"表达式 1、2、3"均可不写为空，但两个分号（;;）不能缺省；

② 省略"表达式 1（循环变量赋初值）"，表示不对循环变量赋初始值；

③ 省略"表达式 2（循环条件）"，表示不作其他处理，循环一直执行（死循环）；

④ 省略"表达式 3（循环变量增减量）"，表示不作其他处理，循环一直执行（死循环）；

⑤ 表达式 1 可以是设置循环变量的初值的赋值表达式，也可以是其他表达式；

⑥ 表达式 1 和表达式 3 可以是一个简单表达式也可以是多个表达式以逗号分开；

⑦ 表达式 2 一般是关系表达式或逻辑表达式，但也可是数值表达式或字符表达式，只要其值非零，就执行循环体；

⑧ 各表达式中的变量一定要在 for 循环之前定义。

while、do-while 和 for 3 种循环在具体的使用场合上是有区别的，区别如下：

① 在知道循环次数的情况下，适合使用 for 循环；

② 在不知道循环次数的情况下，适合使用 while 或者 do-while 循环；

③ 如果有可能一次都不循环，应考虑使用 while 循环；

④ 如果至少循环一次，应考虑使用 do-while 循环。

但是从本质上讲，while、do-while 和 for 循环之间是可以相互转换的。

（4）多重循环。多重循环就是在循环结构的循环体中又出现循环结构。在实际开发中一般最多用到 3 层多重循环，因为循环层数越多，运行时间越长，程序越复杂，所以一般用 2～3 层多重循环就可以了。另外，不同循环之间也是可以嵌套的。

多重循环在执行的过程中，外层循环为父循环，内层循环为子循环，父循环一次，子循环需要全部执行完，直到跳出循环。父循环再进入下一次，子循环继续执行……

（5）结束语句之 break 语句。若循环 5 次的时候，需要中断不继续循环，在 C 语言中，可以使用 break 语句进行该操作。

使用 break 语句时注意：

① 在没有循环结构的情况下，break 语句不能用在单独的 if-else 语句中；

② 在多层循环中，一个 break 语句只跳出当前循环；

（6）结束语句之 continue 语句。若循环 5 次的时候，需要中断后继续循环，在 C 语言中，可以使用 continue 语句进行该操作。

continue 语句的作用是结束本次循环开始执行下一次循环。

break 语句与 continue 语句的区别是：

break 语句是跳出当前整个循环，continue 语句是结束本次循环开始下一次循环。

2. C 语言基础——数组

程序中也需要容器，只不过该容器有些特殊，它在程序中是一块连续的、大小固定并且里面的数据类型一致的内存空间，称为数组。可以将数组理解为大小固定，所放物品为同类的一个购物袋，在该购物袋中的物品是按一定顺序放置的。

下面来看一下如何声明一个数组：

```
数据类型 数组名称[长度];
```

数组不能只声明，还要初始化。C 语言中的数组初始化是有 3 种形式的，分别是：

```
数据类型 数组名称[长度 n] ={元素 1，元素 2,…，元素 n};
数据类型 数组名称[ ] ={元素 1，元素 2,…，元素 n};
数据类型 数组名称[长度 n]; 数组名称[0]=元素 1; 数组名称[1]=元素 2; 数组名称[n-1]=
元素 n;
```

将数据放到数组中之后又如何获取数组中的元素呢？获取数组元素的格式：

```
数组名称[元素所对应下标];
```

如：初始化一个数组 int arr[3] = {1, 2, 3}; 那么 arr[0]就是元素 1。

注意：

① 数组的下标均以 0 开始；

② 数组在初始化的时候，数组内元素的个数不能大于声明的数组长度；

③ 如果采用第一种初始化形式，元素个数小于数组的长度时，多余的数组元素初始化为 0；

④ 在声明数组后没有进行初始化的时候，静态（static）和外部（extern）类型的数组元素初始化元素为 0，自动（auto）类型的数组元素初始化值不确定。

数组可以采用循环的方式将每个元素遍历出来，而不用人为地每次获取指定某个位置上的元素，例如用 for 循环遍历一个数组：

```c
int main()
{
    int smg[3]={0x11,0x00,0x01};
    int i;
    int sum=0;
    for(i=0;i<3;i++)
        sum+=smg[i];
}
```

注意以下 2 点：

① 最好避免出现数组越界访问，循环变量最好不要超出数组的长度；

② C 语言的数组长度一经声明，长度就固定了，无法改变，并且 C 语言不提供计算数组长度的方法。

多维数组的声明格式：

数据类型 数组名称[常量表达式 1][常量表达式 2]…[常量表达式 n]；

如 int num[3][3]={{1, 2, 3}, {4, 5, 6}, {7, 8, 9}};定义了一个名称为 num，数据类型为 int 的二维数组。其中，第一个[3]表示第一维下标的长度，代表行；第二个[3]表示第二维下标的长度，代表列。表 2-13 所示为该二维数组。

表 2-13 二维数组

行＼列	第 0 列	第 1 列	第 2 列
第 0 行	num[0][0] = 1	num[0][1] = 2	num[0][2] = 3
第 1 行	num[1][0] = 4	num[1][1] = 5	num[1][2] = 6
第 2 行	num[2][0] = 7	num[2][1] = 8	num[2][2] = 9

多维数组的初始化与一维数组的初始化形式类似，分为 2 种：

数据类型 数组名称[常量表达式 1][常量表达式 2]…[常量表达式 n] = {{值 1, …, 值 n}, {值 1, …, 值 n}, …, {值 1, …, 值 n}};

数据类型 数组名称[常量表达式 1][常量表达式 2]…[常量表达式 n]; 数组名称[下标 1][下标 2]…[下标 n] = 值;

多维数组初始化要注意以下事项：

① 采用第一种初始化时,数组声明必须指定列的维数，因为系统会根据数组中元素的总个数来分配空间，当知道元素总个数以及列的维数后，会直接计算出行的维数；

② 采用第二种初始化时，数组声明必须同时指定行和列的维数。

二维数组声明的时候，可以不指定行的数量，但是必须指定列的数量。

多维数组也是存在遍历的，和一维数组遍历一样，也是需要用到循环。不一样的就是多维数组需要采用嵌套循环。

注意：多维数组的每一维下标均不能越界。

2.2.3 项目硬件电路设计

1. 相关硬件基本知识

本项目用到的相关硬件基本知识有数码管、共阴极编码、共阳极编码等。由于前面已对这些知识进行过介绍了，此处不再赘述。

控制数码管的关键代码如下。

使用 PD 端口驱动数码管显示 1：

```
DDRD = 0b11111111
PORTD = 0b11111001
```

使用 PD 端口驱动数码管显示 2：

```
DDRD = 0b11111111
PORTD = 0b10100100
```

2. 元器件选择

7 段带小数点共阳极数码管 1 只；

330 Ω电阻 8 只；

ATmega16 单片机 1 台。

3. 电路图设计（见图 2-9）

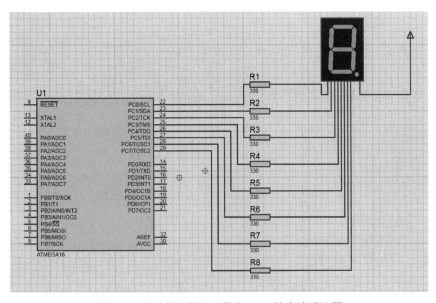

图 2-9　驱动数码管显示数字 0～9 的电路设计图

2.2.4 项目驱动软件设计

表 2-14 所示为数码管显示数字 0～9 的编码表。

表 2-14　数码管显示数字 0～9 编码表

字　形	0	1	2	3	4	5	6	7	8	9
共阳	C0	F9	A4	B0	99	92	82	F8	80	90
共阴	3F	06	5B	4F	66	6D	7D	07	7F	6F

驱动数码管显示数字 0～9 的程序代码如下：

```c
#include <inttypes.h>
#include <avr/io.h>
#include <avr/interrupt.h>
#include <avr/sleep.h>
#include <util/delay.h>

int main()
{
    DDRC = 0xFF;
    PORTC = 0xFF;
    PORTC = 0xC0;
    _delay_ms(300);
    PORTC = 0xF9;
    _delay_ms(300);
    PORTC = 0xA4;
    _delay_ms(300);
    PORTC = 0xB0;
    _delay_ms(300);
    PORTC = 0x99;
    _delay_ms(300);
    PORTC = 0x92;
    _delay_ms(300);
    PORTC = 0x82;
    _delay_ms(300);
    PORTC = 0xF8;
    _delay_ms(300);
    PORTC = 0x80;
    _delay_ms(300);
    PORTC = 0x90;
    _delay_ms(300);
}
```

2.2.5 学生项目：数码管循环显示数字 0～9

1. 驱动数码管循环显示数字 0～9 的程序

```
#include <inttypes.h>
#include <avr/io.h>
#include <avr/interrupt.h>
#include <avr/sleep.h>
#include <util/delay.h>

int main()
{
    DDRC = 0xFF;
    PORTC = 0xFF;
    while(1)
    {
        PORTC = 0xC0;
        _delay_ms(300);
        PORTC = 0xF9;
        _delay_ms(300);
        PORTC = 0xA4;
        _delay_ms(300);
        PORTC = 0xB0;
        _delay_ms(300);
        PORTC = 0x99;
        _delay_ms(300);
        PORTC = 0x92;
        _delay_ms(300);
        PORTC = 0x82;
        _delay_ms(300);
        PORTC = 0xF8;
        _delay_ms(300);
        PORTC = 0x80;
        _delay_ms(300);
        PORTC = 0x90;
        _delay_ms(300);
    }
}
```

2. 使用数组优化代码

```
#include <inttypes.h>
#include <avr/io.h>
#include <avr/interrupt.h>
#include <avr/sleep.h>
```

```
#include <util/delay.h>

int main()
{
    unsigned char s[10]={0xC0,0xF9,0xA4,0xB0,0x99,0x92,0x82,0xF8,0x80,0x90};
    int i;
    DDRC = 0xFF;
    PORTC = 0xFF;
    while(1)
    {
        for(i=0;i<10;i++)
        {
            PORTC = s[i];
            _delay_ms(300);
        }

    }
}
```

2.3 项目 7：按键控制 LED 亮灭

2.3.1 项目背景

设计电路并编程设置 ATmega16 的 I/O 端口，实现对按键状态的读取，控制 LED 的亮灭。当按下开关按键时 LED 亮，再按一下 LED 熄灭。

2.3.2 基础知识

1. 选择结构

（1）if 条件语句。简单 if 语句的基本结构如下：

```
if(表达式)
{
    执行代码块；
}
```

其语义是：如果表达式的值为真，则执行其后的语句；否则，不执行该语句。

注意：if()后面没有分号，直接写{}。

（2）简单 if-else 语句。简单 if-else 语句的基本结构如下：

```
if(表达式)
{
    执行代码块 1；
}
```

```
else
{
    执行代码块 2;
}
```

其语义是：如果表达式的值为真，则执行代码块 1；否则，执行代码块 2。

注意：if() 后面没有分号，直接写 {}，else 后面也没有分号，直接写 {}。

（3）多重 if-else 语句。多重 if-else 语句的基本结构如下：

```
if(表达式 1)
{
    执行代码块 1;
}
else if(表达式 m)
{
    执行代码块 m;
}
else
{
    执行代码块 n;
}
```

其语义是：依次判断表达式的值，当出现某个值为真时，则执行对应代码块，否则执行代码块 n。

注意：当某一条件为真的时候，则不会向下执行该分支结构的其他语句。

（4）嵌套 if-else 语句。嵌套 if-else 语句的意思，就是在 if-else 语句中，再写 if-else 语句。基本结构如下：

```
if(表达式)
{
    if(表达式)
    {
        执行代码块 1;
    }
    else
    {
        执行代码块 2;
    }
}
else
{
    执行代码块 3;
}
```

（5）switch 语句。switch 语句的基本结构如下：

```
switch(表达式)
{
    case 常量表达式 1: 执行代码块 1; break;
    ⋮
    case 常量表达式 m: 执行代码块 m; break;
    default: 执行代码块 m+1;
}
```

使用 switch 语句时还应注意以下 6 点：

① 在 case 后的各常量表达式的值不能相同，否则会出现错误；

② 在 case 子句后如果没有 break，会一直往后执行直到遇到 break，才会跳出 switch 语句；

③ switch 后面的表达式语句只能是整型或者字符类型；

④ 在 case 后，允许有多个语句，可以不用{}括起来；

⑤ 各 case 和 default 子句的先后顺序可以变动，而不会影响程序执行结果；

⑥ default 子句可以省略不用。

2．C 语言中的指针

指针是 C 语言中广泛使用的一种数据类型。运用指针编程是 C 语言最主要的风格之一。利用指针变量可以表示各种数据结构；能很方便地使用数组和字符串；并能像汇编语言一样处理内存地址，从而编出精练而高效的程序。指针极大地丰富了 C 语言的功能。

定义指针的一般形式为：

```
类型说明符 *变量名；
```

其中，*表示这是一个指针变量，变量名即为定义的指针变量名，类型说明符表示本指针变量所指向的变量的数据类型。

例如：

```
int *a;      //定义了一个指针变量a，用于指向整型变量
float *b;    //定义了一个指针变量b，用于指向单精度浮点型变量
```

指针变量一旦定义，其类型不能修改，即指针变量 a 只能用于存储整型变量的地址。

任何变量定义后，必须赋值后才能使用，参与运算。

方法一：int x, *p=&x;   // 指针变量初始化

方法二：int x, *p; p=&x;   // 使用赋值语句

其中，&为地址运算符；"&变量名"表示该变量在内存中存储单元的地址值。这样符合赋值运算中，赋值号两侧类型一致的要求。故如下的书写形式是错误的：

```
int *p; p=1000;      // p 为地址量，1000 为普通数值，类型不符
int x, *p; *p=&x;    // *p 为整型变量的值，&x 为地址量，类型不符
```

指针变量的运算。指针变量的运算符有以下 2 种。

① 取地址运算符&：取地址运算符&是单目运算符，其结合性为自右至左，其功能是取变量的地址。

② 取内容运算符*：取内容运算符*是单目运算符，其结合性为自右至左，用来表示指针变

量所指的变量。

在运算符*之后跟的变量必须是指针变量。需要注意的是，指针运算符*和指针变量说明中的指针说明符*不是一回事。在指针变量说明中，"*"是类型说明符，表示其后的变量是指针类型。而表达式中出现的"*"，则是一个运算符用以表示指针变量所指的变量。

例如：

```
int a=5, *p=&a;
printf ("%d", *p);
```

运行结果为：5。即*p 代表变量 a 的值。

把一个指针变量的值赋予指向相同类型变量的另一个指针变量。

例如：

```
int a, *pa=&a, *pb;
pb=pa;  //把 a 的地址赋予指针变量
```

由于 pa、pb 均为指向整型变量的指针变量，因此可以相互赋值。

指针变量与 0 比较。设 p 为指针变量，则 p==0 表示 p 是空指针，它不指向任何变量；p!=0 表示 p 不是空指针。空指针是由对指针变量赋予 0 值而得到的。

例如：

```
#define NULL 0
int *p=NULL;
```

对指针变量赋予 0 值和不赋值是不同的。指针变量未赋值时，可以是任意值，是不能使用的；否则，将造成意外错误。而指针变量赋予 0 值后，则可以使用，只是它不指向具体的变量而已。

把数组的首地址赋予指向数组的指针变量。

例如：

```
int a[5], *pa;
pa=a;    //数组名表示数组的首地址，故可赋予指向数组的指针变量 pa
```

也可写为：

```
pa=&a[0];  //数组第一个元素的地址也是整个数组的首地址，也可赋予 pa
```

当然也可采取初始化赋值的方法：

```
int a[5], *pa=a;
```

把字符串的首地址赋予指向字符类型的指针变量。

例如：

```
char *pc; pc="c language";
```

或用初始化赋值的方法写为：

```
char *pc="C Language";
```

这里应说明的是，并不是把整个字符串装入指针变量，而是把存放该字符串的字符数组的首地址装入指针变量。

把函数的入口地址赋予指向函数的指针变量。

例如：

```
int (*pf)(); pf=f; //f 为函数名
```

指向数组的指针变量称为数组指针变量。那么，指针可以指向数组的什么位置？有如下定义：

```
int a[10], *p;
```

指向首元素：

```
p=&a[0]; 或 p=a;
```

一个数组是由连续的一块内存单元组成的。数组名就是这块连续内存单元的首地址。有上述赋值后，p 也可以称作是 a 数组的数组名，与 a 同义，同样可以引用数组元素。即 p、&p[0]、a、&a[0] 等价，都是指数组 a 的首地址；而 *p、p[0]、*a、a[0] 也等价，都是首元素 a[0] 变量的值。当指针指向首元素时，也相当于指向该数组。

指向其他元素：

```
p=&a[i]; 或 p=a+i;   // i 为数组元素下标
```

有上述赋值后，p、&p[i]、a+i、&a[i] 等价，都是指数组 a[i] 的地址；而 *p、p[i]、*(a+i)、a[i] 也等价，都是数组元素 a[i] 变量的值。

2.3.3 项目硬件电路设计

1. 相关硬件基本知识

本项目用到的相关硬件基本知识有按键、软件去抖动等。

（1）I/O 端口作输入

ATmega16 单片机所接按键的 I/O 口设置如图 2-10 所示。

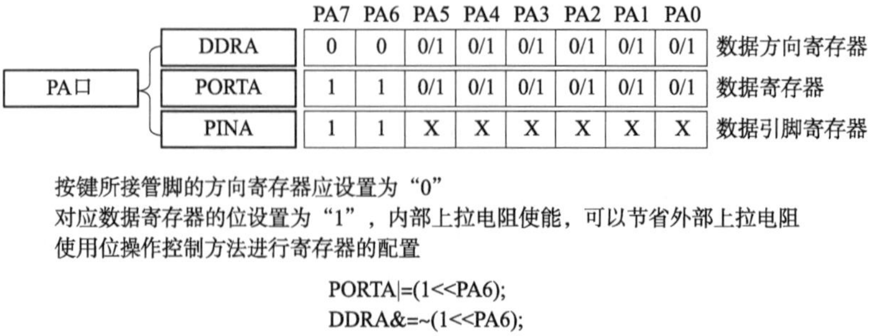

		PA7	PA6	PA5	PA4	PA3	PA2	PA1	PA0	
	DDRA	0	0	0/1	0/1	0/1	0/1	0/1	0/1	数据方向寄存器
PA口	PORTA	1	1	0/1	0/1	0/1	0/1	0/1	0/1	数据寄存器
	PINA	1	1	X	X	X	X	X	X	数据引脚寄存器

按键所接管脚的方向寄存器应设置为"0"
对应数据寄存器的位设置为"1"，内部上拉电阻使能，可以节省外部上拉电阻
使用位操作控制方法进行寄存器的配置

PORTA|=(1<<PA6);
DDRA&=~(1<<PA6);

图 2-10　Atmega16 I/O 口设置

（2）按键及按键去抖动，图 2-11 所示为按键的外形及参数。

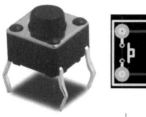

使用环境条件：
周围空气温度−25 ℃ ~ +40 ℃

主要技术参数：
开关额定值：36 V/10 A，110 V/10 A，220 V/5 A，
380 V/2.7 A，660 V/1.8 A，DC 6 V/4 A，12 V/4 A，
24 V/4 A，48 V/4 A，110 V/2 A，220 V/1 A，440 V/0.6 A。

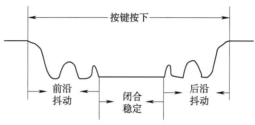

图 2-11　按键的外形及参数

按键是最常用的单片机输入设备，可以通过按键输入数据或命令，实现人机通信。按键的闭合与否通常用高、低电平来进行检测，按键闭合时，该键为低电平；按键断开时，该键为高电平。默认状态下，按键的两个触点处于断开状态，按下按键时它们才闭合。

按键的闭合和断开都是利用其机械弹性，由于机械弹性的作用，按键在闭合与断开的瞬间均有抖动过程，抖动时间的长短由按键的机械特性决定，一般为 5~10 ms。在触点抖动期间检测按键的导通与断开状态，可能导致判断出错，即按键一次按下或释放被错误地认为是多次操作。为了克服按键触点机械抖动所致的错误，使 CPU 对键的一次闭合仅做一次键输入处理，必须采取去抖动措施。

去抖动的方法分为硬件方法和软件方法两种。软件去抖动方法就是检测到有按键按下时，执行一个 5~10 ms 的延时子程序后，再确认按键是否保持闭合状态，若仍闭合，则确认为此按键被按下，消除抖动影响。图 2-12 所示为软件去抖动流程图。

软件去抖动的程序代码如下：

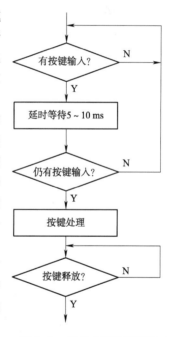

图 2-12　软件去抖动流程图

```c
//判断是否有按键按下?
if( PIND != 0xFF)
{
    //延时 5~10ms
    _delay_ms(10);
    //仍有按键按下?
    if( PIND != 0xFF)
    {
```

```
......
        }
    }
```

2．元器件选择

button 按键 1 个；

330Ω电阻 1 只；

10kΩ电阻 1 只；

ATmega16 单片机 1 台；

LED 1 只。

3．电路设计（见图 2-13 和图 2-14）

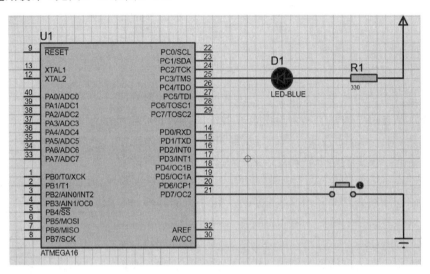

图 2-13　按键的经济接法电路

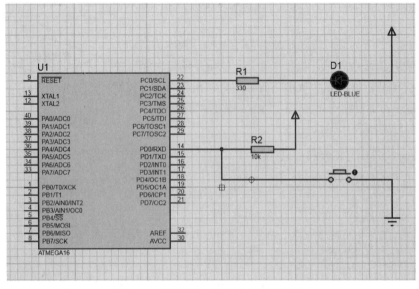

图 2-14　按键的一般接法电路设计图

2.3.4　项目驱动软件设计

1.　按键点亮 LED 的程序代码

```c
#include <inttypes.h>
#include <avr/io.h>
#include <avr/interrupt.h>
#include <avr/sleep.h>
#include <util/delay.h>

int main()
{
    DDRC = 0xFF;                //设置 PC 端口为输出
    PORTC = 0xFF;
    DDRD = 0x00;                //设置 PD 端口为输入
    PORTD = 0xFF;

    while(1)
    {
        if(PIND != 0xFF)
        {
            _delay_ms(15);          //延时 15ms，软件去抖
            if(PIND != 0xFF)
            {
                PORTC = 0x00;       //将 PC 端口输出低电平，点亮 LED
            }
        }
    }
}
```

2.　按键控制 LED 亮灭

当 PORTC = 0x00 时，PC 端口输出低电平，LED 亮，当 PORTC = 0xff 时，PC 端口输出高电平，LED 灯灭。所以只要检验并改变当前 PC 端口的值，就可以控制 LED 灯亮灭。按键控制 LED 亮灭的程序代码如下：

```c
#include <inttypes.h>
#include <avr/io.h>
#include <avr/interrupt.h>
#include <avr/sleep.h>
#include <util/delay.h>

int main()
{
    DDRC = 0xFF;                //设置 PC 端口为输出
    PORTC = 0xFF;
```

```
        DDRD = 0x00;                        //设置 PD 端口为输入
        PORTD = 0xFF;
        while(1)
        {
            if(PIND != 0xFF)
            {
                _delay_ms(15);              //延时 10 ms，软件去抖
                if(PIND != 0xFF)
                {
                    if(PORTC != 0x00)
                        PORTC = 0x00;        //将 PC 端口输出低电平，点亮 LED
                    else
                        PORTC = 0xff;        //将 PC 端口输出高电平，熄灭 LED
                }
            }
        }
    }
```

2.3.5　学生项目：转向灯

随着社会的发展，道路上的汽车越来越多。从安全设计考虑，应关注汽车在行驶过程中对路人的引导指示方面。其中，汽车的各种灯就是安全警示的一个方面，转向灯、头灯、尾灯和警示灯等能够帮助路人识别汽车的动向。其中，转向灯能提示路人该车要进行左转还是右转，小心避让。本项目就利用 ATmega16 来实现汽车的转向灯功能。

设计汽车转向灯系统，需要用到 2 个 LED，可以选取不同颜色，代表左转向灯和右转向灯，还需要 3 个按键，一个用来控制左转向灯闪烁，一个用来控制右转向灯闪烁，最后一个用来让转向灯停止闪烁。

在 2-15 电路图的基础上，增加相关元器件完成电路图设计，然后编写程序实现汽车转向灯功能。具体要求如下：

（1）按键 1 关联 LED1，按键 2 为停止键，按键 3 关联 LED2；

（2）按下按键 1，LED1 闪烁，此时再按下按键 1 或按键 3 无变化，只有按下按键 2，LED1才停止闪烁；

（3）按下按键 3，LED2 闪烁，此时再按下按键 1 或按键 3 无变化，只有按下按键 2，LED2才停止闪烁。

2.4　项目 8：键盘按键显示在数码管上

2.4.1　项目背景

设计电路设置 ATmega16 的 I/O 端口，连接 1 个数码管和若干个按键，对按键进行编码，例

如：按键 1 代表数字 0，按键 2 代表数字 1，…，按键 10 代表数字 9。编程实现当某一个按键被按下时，其对应的数字显示在数码管上。

2.4.2　基础知识

C 语言提供了大量的库函数，如 delay.h 提供延时函数。自定义函数的一般格式：

```
[数据类型说明] 函数名称（[参数]）
{
    执行代码块;
    return (表达式);
}
```

注意：

① []包含的内容可以省略，数据类型说明省略，默认是 int 类型函数，参数省略表示该函数是无参函数，参数不省略表示该函数是有参函数；

② 函数名称遵循标识符命名规范。

自定义函数尽量放在 main( )函数之前，如果要放在 main( )函数后面的话，需要在 main( )函数之前先声明自定义函数，声明格式为：

```
[数据类型说明] 函数名称([参数]);
```

（1）函数调用。需要用到自定义函数的时候，就得调用它，那么在调用的时候就称为函数调用。

在 C 语言中，函数调用的一般格式为：

```
函数名([参数]);
```

注意：

① 对无参函数调用的时候可以将[]包含的内容省略；

② []中可以是常数、变量或其他构造类型数据及表达式，多个参数之间用逗号分隔。

（2）有参与无参。在函数中不需要函数参数的称为无参函数；在函数中需要函数参数的称为有参函数。

有参和无参函数的一般格式如下：

```
无参数一般格式
[数据类型说明] 函数名称（）
{
    执行代码块;
    return 表达式;
}
```

```
有参数一般格式
[数据类型说明] 函数名称（[参数]）
{
    执行代码块;
    return (表达式);
}
```

有参函数和无参函数的唯一区别在于：函数（) 中多了一个参数列表。

① 有参函数更为灵活，输出的内容可以随着参数的改变而随意变动，只要在 main( )函数中传递一个参数就可以了。

② 而在无参函数中输出的相对就比较固定，当需要改动的时候还需要到自定义的方法内改变循环变量的值。

（3）形参与实参。函数的参数分为形参和实参两种。

形参是在定义函数名和函数体的时候使用的参数，目的是用来接收调用该函数时传入的参数。

实参是在调用时传递该函数的参数。

函数的形参和实参具有以下特点。

形参只有在被调用时才分配内存单元，在调用结束时，即刻释放所分配的内存单元。因此，形参只有在函数内部有效。函数调用结束返回主调函数后则不能再使用该形参变量。

实参可以是常量、变量、表达式、函数等。无论实参是何种类型的量，在进行函数调用时，它们都必须具有确定的值，以便把这些值传送给形参。因此应预先用赋值等办法使实参获得确定值。

在参数传递时，实参和形参在数量上、类型上、顺序上应严格一致，否则会发生类型不匹配的错误。

（4）函数的返回值。函数的返回值是指函数被调用之后，执行函数体中的程序段所取得的并返回给主调函数的值。

函数的返回值要注意以下几点。

① 函数的值只能通过 return 语句返回主调函数。

return 语句的一般格式为：

```
return 表达式;
```

或者为：

```
return (表达式);
```

② 函数值的类型和函数定义中函数的类型应保持一致。

如果两者不一致，则以函数返回类型为准，自动进行类型转换。

③ 没有返回值的函数，返回类型为 void。

注意：void( )函数中可以有执行代码块，但是不能有返回值；void( )函数中如果有 return 语句，该语句只能起到结束函数运行的功能。其格式为：

```
return ();
```

（5）局部变量与全局变量。C 语言中的变量，按作用域范围可分为两种，即局部变量和全局变量。

局部变量也称为内部变量。局部变量是在函数内作定义说明的，其作用域仅限于函数内，离开该函数后再使用这种变量是非法的。在复合语句中，也可定义变量，其作用域只在复合语句范围内。

全局变量也称为外部变量，它是在函数外部定义的变量。它不属于哪一个函数，它属于一个源程序文件，其作用域是整个源程序。

（6）变量存储类别：C 语言根据变量的生存周期来划分，可以分为静态存储方式和动态存储方式。

静态存储方式：在程序运行期间分配固定的存储空间的方式。静态存储区中存放了在整个程序执行过程中都存在的变量，如全局变量。

动态存储方式：在程序运行期间根据需要进行动态的分配存储空间的方式。动态存储区中存放的变量是根据程序运行的需要而建立和释放的，通常包括：函数形式参数；自动变量；函数调用时的现场保护和返回地址等。

C 语言中存储类别又分为 4 类：自动（auto）、静态（static）、寄存器的（register）外部的（extern）。

用关键字 auto 定义的变量为自动变量，auto 可以省略，auto 不写则隐含定为"自动存储类别"，属于动态存储方式。

用 static 修饰的为静态变量，如果定义在函数内部，称之为静态局部变量；如果定义在函数外部，称之为静态外部变量。

注意：静态局部变量属于静态存储类别，在静态存储区内分配存储单元，在程序整个运行期间都不释放；静态局部变量在编译时赋初值，即只赋初值一次；如果在定义局部变量时不赋初值，则对静态局部变量来说，编译时自动赋初值 0（对数值型变量）或空字符（对字符变量）。

为了提高效率，C 语言允许将局部变量的值放在 CPU 的寄存器中，这种变量称为"寄存器变量"，用关键字 register 进行声明。

注意：只有局部自动变量和形参可以作为寄存器变量；一个计算机系统中的寄存器数目有限，不能定义任意多个寄存器变量；局部静态变量不能定义为寄存器变量。

用关键字 extern 声明的变量是外部变量。外部变量的意义是某函数可以调用在该函数之后定义的变量。

（7）内部函数与外部函数。

在 C 语言中不能被其他源文件调用的函数称为内部函数 ，内部函数由 static 关键字来定义，因此又被称为静态函数，格式为：

```
static [数据类型] 函数名([参数])
```

这里的 static 是对函数的作用范围的一个限定，限定该函数只能在其所处的源文件中使用，因此在不同文件中出现相同的函数名称的内部函数是没有问题的。

在 C 语言中能被其他源文件调用的函数称为外部函数 ，外部函数由 extern 关键字来定义，格式为：

```
extern [数据类型] 函数名([参数])
```

C 语言规定，在没有指定函数的作用范围时，系统会默认是外部函数，因此当需要定义外部函数时 extern 也可以省略。

2.4.3　项目硬件电路设计

图 2-15 所示为设计的数码管显示按键电路设计图。

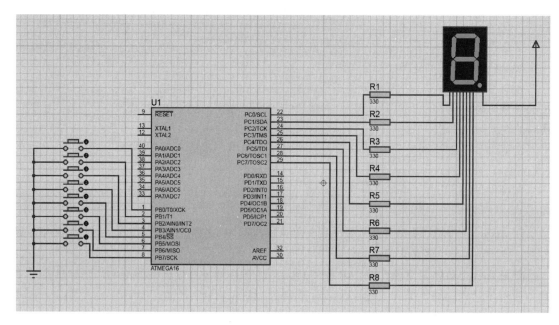

图 2-15　数码管显示按键电路设计图

2.4.4　项目驱动软件设计

1. 数码管显示按键的程序

```c
#include <inttypes.h>
#include <avr/io.h>
#include <avr/interrupt.h>
#include <avr/sleep.h>
#include <util/delay.h>

int main()
{
    unsigned char s[10]={0xC0,0xF9,0xA4,0xB0,0x99,0x92,0x82,0xF8,0x80,0x90};

    DDRC = 0xFF;
    PORTC = 0xFF;

    DDRB = 0x00;
    PORTB = 0xFF;

    while(1)
    {
        if(PINB != 0xFF)
        {   _delay_ms(15);
            if(PINB != 0xFF)
            {
```

```
                    switch(PINB)
                    {
                            case 0b11111110: PORTC = 0xC0; break;
                            case 0b11111101: PORTC = 0xF9; break;
                            case 0b11111011: PORTC = 0xA4; break;
                            case 0b11110111: PORTC = 0xB0; break;
                            case 0xEF: PORTC = 0x99; break;
                            case 0xDF: PORTC = 0x92; break;
                            case 0xBF: PORTC = 0x82; break;
                            case 0x7F: PORTC = 0xF8; break;
                    }
                }
            }
        }
    }
```

2. 使用函数优化代码

函数的思想核心就是模块化和代码复用，在本例中，可以设计一个功能模块用函数封装起来。

按照 IPO（输入—处理—输出）的思想来构造函数。

输入：PINB 的值

处理：判断 PINB 的值，确定是哪个按键被按下，初始状态 PINB 的值为 0b11111111，如果某一个按键被按下，其相应的 PIN 寄存器的值就变为 0，由此确定被按下的按键

输出：根据按键编码，如按键 1 代表数字 0，按键 2 代表数字 1，…，按键 10 代表数字 9。将被按下按键对应的数字显示在数码管上

使用函数优化后的程序代码如下：

```
#include <inttypes.h>
#include <avr/io.h>
#include <avr/interrupt.h>
#include <avr/sleep.h>
#include <util/delay.h>

int segButton( )
{
    unsigned char s[10]={0xC0,0xF9,0xA4,0xB0,0x99,0x92,0x82,0xF8,0x80, 0x90};

    switch(PINB)
    {
            case 0b11111110: PORTC = 0xC0; break;
            case 0b11111101: PORTC = 0xF9; break;
            case 0b11111011: PORTC = 0xA4; break;
            case 0b11110111: PORTC = 0xB0; break;
            case 0xEF: PORTC = s[4]; break;
```

```
                    case 0xDF: PORTC = s[5]; break;
                    case 0xBF: PORTC = s[6]; break;
                    case 0x7F: PORTC = s[7]; break;
        }
    }


int main()
{
    DDRC = 0xFF;
    PORTC = 0xFF;

    DDRB = 0x00;
    PORTB = 0xFF;

    while(1)
    {
        if(PINB != 0xFF)
        {   _delay_ms(15);
            if(PINB != 0xFF)
            {
                SegButton( );
            }
        }
    }
}
```

2.4.5 学生项目：数码管显示 4×4 矩阵键盘

当按键数量较多时，为了减少 I/O 端口的占用，通常将按键排列成矩阵形式。在矩阵式键盘中，每条水平线和垂直线在交叉处不直接连通，而是通过一个按键加以连接，图 2-16 是矩阵键盘实物图及电路接法，一个端口（如 PA 端口）就可以构成 4×4=16 个按键，比直接将端口线用于键盘多出了一倍，而且线数越多，区别越明显，比如再多加一条线就可以构成 20 键的键盘，而直接用端口线则只能多出 1 键（9 键）。由此可见，在需要的键数比较多时，采用矩阵键盘是合理的。

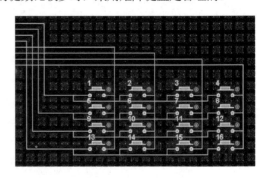

图 2-16 矩阵键盘实物图及电路接法

项目设计要求如下。

使用 ATmega16 PA 端口的 PA0～PA7 连接 4×4 矩阵键盘，PC 端口控制一个数码管，当 4×4 矩阵键盘中的某一按键被按下时，数码管上显示对应的键号。例如，1 号键被按下时，数码管显示 "1"，10 号键被按下时显示 "0"，11～16 号键可以任意设定一些字符，比如 14 号键被按下时，数码管显示 "E"。

项目难点提示：单片机通过读取 PA 端口各引脚的电平，对矩阵键盘进行扫描，确定是哪一个按键被按下，再根据读取的数据去查找数组中相应的按键值，最终通过 PC 端口送到数码管显示出来。

确定被按下按键的方法常用的有两种。

（1）逐行扫描：通过高 4 位轮流输出低电平来对矩阵键盘进行逐行扫描，当低 4 位接收到的数据不全为 1 时，说明有按键被按下，然后通过接收到的数据是哪一位为 0 来判断是哪一个按键被按下。

（2）行列扫描：通过高 4 位全部输出低电平，低 4 位输出高电平，当接收到的数据中低 4 位不全为高电平时，说明有按键被按下，然后通过接收的数据值，判断是哪一列有按键被按下；然后再反过来，高 4 位输出高电平，低 4 位输出低电平，然后根据接收到的高 4 位的值判断是哪一行有按键按下，这样就能够确定是哪一个按键被按下了。

第3章 » 单片机外部中断应用

★★★

3.1 中断的基本概念

3.1.1 什么是中断

我们以生活中的例子来解释什么是中断。上课的例子：教员正在上课，此时有学员举手提出问题，教员先暂停讲课，去回答学员提出的问题，回答完毕之后再继续上课。值班的例子：值班员正在值班室整理报纸信件，突然电话铃响了，此时值班员暂停手中的工作，去接电话，处理完毕之后再回来继续整理。由这些例子我们可以看到，所谓中断就是打断当前正常的工作，转去执行其他"更为紧急"的事情，中断执行过后，再继续做原来的事情。

仔细研究生活中的中断，有助于我们理解单片机中的中断。单片机在执行程序的过程中，有一些事情是突然发生的，需要马上进行处理，在某些实时性要求非常高的场合，要求的响应速度甚至可以达到微秒级。此时，依靠顺序执行程序将无法满足实时性的需求，所以在单片机系统中就引入了中断这样一个机制。

下面给出中断的定义。中断是指 CPU 正在执行程序的过程中，外部发生的某事件向 CPU 发出了中断请求信号，要求 CPU 暂停当前程序的执行而转去执行相应的服务处理程序（称为中断服务程序），并在执行完中断服务程序后自动返回原程序执行的过程。中断处理过程如图 3-1 所示。

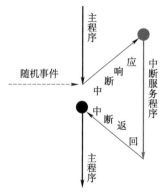

图 3-1 中断处理过程

3.1.2 中断的意义

中断可以实现实时处理。利用中断，MCU（微控制单元）可以及时响应并处理来自内部的功能模块或外围设备的中断请求，并为其服务，以满足实时处理和控制的要求。

中断可以实现分时操作，提高 MCU 的执行效率。在嵌入式系统的应用中，可以通过分时操作的方式启动多个内部功能部件和外设同时工作。当外设或内部功能部件向 MCU 发出中断请求时，MCU 才转去为它服务。这样，利用中断功能，MCU 就可以同时执行多个中断服务程序，提高了 MCU 的效率。

中断可以进行故障处理。对系统在运行过程中出现的无法预料的情况或故障，如掉电，可以通过中断系统及时向 MCU 发出请求，作为紧急故障进行处理。

中断可以进行待机状态的唤醒。在单片机嵌入式系统的应用中，为了降低电源的功耗，当系统处于待机状态时，可以让单片机工作在休眠的低功耗方式下。如果想恢复到正常工作方式，通常使用中断信号来唤醒。

3.1.3　中断优先级和中断嵌套

通常，一个单片机中会存在着多个中断源，MCU 可以接收若干个中断源发出的中断请求。但在同一时刻，MCU 只能响应一个中断请求。为了解决当系统中的多个中断源同时申请中断时，MCU 如何响应中断，以及响应哪个中断的问题，就引出了中断优先级的概念。

在单片机中为每一个中断源指定一个特定的中断优先级。一旦有多个中断源同时发出中断请求，MCU 会先响应中断优先级高的中断源的中断请求，然后再响应中断优先级低的中断源的中断请求。中断优先级反映了各个中断源的重要程度，同时也为分析中断嵌套提供了基础。

当低优先级的中断服务程序正在执行时，如果有高优先级的中断源发出中断请求，那么 CPU 会暂停执行当前低优先级的中断服务程序，转而去响应高优先级的中断源的中断请求，待高优先级的中断服务程序执行完毕后，再返回原来的低优先级的中断服务程序断点处继续执行，这个过程称为中断嵌套，其处理过程如图 3-2 所示。

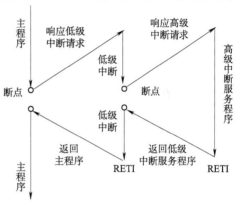

图 3-2　中断嵌套处理过程示意图

3.2　中断源和中断向量

3.2.1　中断源

中断源是指能够向单片机发出中断请求信号的部件和设备。在一个系统中，往往存在着多个中断源。对单片机来说，中断源又可以分为内部中断源和外部中断源。

在单片机内部集成的多个功能模块，如定时器、串行接口、模/数转换器(ADC)等，它们在正常工作时常常不需要 CPU 的参与，而当处于某种状态或达到某一规定值时就需要程序进行控制，此时它们会向 CPU 发出中断请求信号，请求 CPU 进行相应的处理，由于这一类中断源位于单片机内部，因此称作内部中断源。定时器溢出中断、ADC 完成中断等都是由内部中断源发出的中断请求。

系统中的外围设备也可以作为中断源，这时要求它们能够产生一个中断信号，该信号可以送到单片机的外部中断请求引脚供 CPU 检测。这些中断源位于单片机的外部，因此称为外部中断源。可用作外部中断源的有输入/输出设备、控制对象以及故障源等。

3.2.2　中断向量

CPU 检测到中断源发出的请求信号之后，如果单片机的中断控制系统允许响应中断，则

CPU 会自动转移，执行一个固定的程序空间地址中的指令。这个固定的地址就被称为中断入口地址，也叫作中断向量。中断入口地址往往是由单片机内部硬件决定的。通常，一个单片机会有若干个中断源，每个中断源都有自己的中断向量。

3.3　ATmega16 的中断系统

3.3.1　ATmega16 的中断源和中断向量

AVR 单片机（简称 AVR）一般拥有数十个中断源，每个中断源都有独立的中断向量。默认情况下，AVR 从程序存储区的最低端开始放置中断向量，即从 Flash 地址的 0x0000 位置开始，这部分区域称作中断向量区。

各种型号的中断向量区的大小是不同的。ATmega16 一共有 21 个中断源，每个中断向量占据 4 个字节。ATmega16 的中断向量表如表 3-1 所示。

表 3-1　ATmega16 的中断向量表

向　量　号	中断向量名	程序地址	中　断　源	描　述
1		$000	RESET	外部引脚电平引发的复位，上电复位，掉电检测复位，看门狗复位，以及 JTAG AVR 复位
2	INT0_vect	$002	INT0	外部中断请求 0
3	INT1_vect	$004	INT1	外部中断请求 1
4	TIMER2_COMP_vect	$006	TIMER2_COMP	定时器/计数器 2 比较匹配
5	TIMER2_OVF_vect	$008	TIMER2_OVF	定时器/计数器 2 溢出
6	TIMER1_CAPT_vect	$00A	TIMER1_CAPT	定时器/计数器 1 事件捕捉
7	TIMER1_COMPA_vect	$00C	TIMER1_COMPA	定时器/计数器 1 比较匹配 A
8	TIMER1_COMPB_vect	$00E	TIMER1_COMPB	定时器/计数器 1 比较匹配 B
9	TIMER1_OVF_vect	$010	TIMER1_OVF	定时器/计数器 1 溢出
10	TIMER0_OVF_vect	$012	TIMER0_OVF	定时器/计数器 0 溢出
11	SPI_STC_vect	$014	SPI_STC	SPI 串行传输结束
12	USART_RXC_vect	$016	USART_RXC	USART，Rx 结束
13	USART_UDRE_vect	$018	USART_UDRE	USART 数据寄存器空
14	USART_TXC_vect	$01A	USART_TXC	USART，Tx 结束
15	ADC_vect	$01C	ADC	ADC 转换结束
16	EE_RDY_vect	$01E	EE_RDY	E^2PROM 就绪
17	ANA_COMP_vect	$020	ANA_COMP	模拟比较器
18	TWI_vect	$022	TWI	两线串行接口

续表

向　量　号	中断向量名	程序地址	中　断　源	描　　述
19	INT2_vect	$024	INT2	外部中断请求 2
20	TIMER0_COMP_vect	$026	TIMER0_COMP	定时器/ 计数器 0 比较匹配
21	SPM_RDY_vect	$028	SPM_RDY	保存程序存储器内容就绪

在这 21 个中断源中，RESET 是系统复位中断，它是 AVR 中唯一一个不可屏蔽的中断源，当 ATmega16 由于各种原因复位之后，程序将会重新执行。

INT0、INT1 和 INT2 是 3 个外部中断，它们分别由芯片的外部引脚 PD2、PD3 和 PB2 上的电平变化或状态触发。通过对 MCU 控制寄存器和 MCU 控制与状态寄存器的配置，外部中断可以定义为由 PD2、PD3、PB2 引脚上电平的上升沿、下降沿、逻辑电平变化，或者低电平来触发（注意：INT2 仅支持上升沿和下降沿触发），这为外部硬件电路和设备向 AVR 申请中断服务提供了很大方便。

TIMER2_COMP、TIMER2_OVF、TIMER1_CAPT、TIMER1_COMPA、TIMER1_COMPB、TIMER1_OVF、TIMER0_OVF 和 TIMER0_COMP 这 8 个中断是来自于 ATmega16 内部 3 个定时器/计数器触发的内部中断。当定时器/计数器在不同的工作模式时，这些中断的发生条件和具体意义是不同的。

USART_RXC、USART_TXC、USART_UDRE 是来自于 ATmega16 内部的通用同步/异步串行接收和发送器 USART 的 3 个内部中断。当 USART 串口完整接收一个字节、成功发送一个字节以及发送数据寄存器为空时，这 3 个中断会分别被触发。

SPI_STC 是内部 SPI 串行接口传送结束中断，ADC 是 ADC 单元完成一次 A/D 转换的中断，EE_RDY 是片内的 E²PROM 就绪中断，ANA_COMP 是片内的模拟比较器输出引发的中断，TWI 为内部两线串行接口的中断，SPM_RDY 是片内的 Flash 写操作完成中断。

3.3.2　ATmega16 的中断控制

1．中断的优先级

AVR 中，一个中断在中断向量区中的位置决定了它的优先级，位于低地址的中断其优先级高于高地址的中断。对于 ATmega16 来说，RESET 具有最高的优先级，INT0 其次，SPM_RDY 的中断优先级最低。

2．中断标志

AVR 有两种不同机制的中断：带有中断标志位的中断和不带中断标志位的中断。

在 AVR 中，大多数的中断都属于带中断标志的中断。中断标志指的是每个中断源在其相应的寄存器中都有自己的一个中断标志位。当中断条件满足的时候，AVR 的硬件就会将相应的中断标志位置 1，表示向 MCU 发出中断请求。当中断被禁止或 MCU 不能立即响应中断时（例如，有别的中断正在执行），则该中断标志位会一直保持，直到中断允许并得到响应为止。已经建立的中断标志实质上就是一个中断请求信号，如果暂时不能被响应，则该中断标志会一直保持，此时中断被"挂起"。如果有多个中断被挂起，一旦中断允许之后，各个被挂起的中断将按照优先级依次得到中断响应。

在 AVR 中，还有少数中断不带中断标志位，如配置为低电平触发的外部中断。这类中断只要条件满足，就会一直向 MCU 发出中断申请，它们不产生标志位，因此不能被"挂起"。如果由于等待时间过长而得不到响应，则可能会因为中断条件的结束而失去一次中断服务的机会。而如果这个低电平维持时间过长，则会使中断服务完成后再次响应，使 MCU 重复响应同一个中断请求。

AVR 对中断采用两级控制方式，有一个总的中断允许控制位（SREG 中的全局中断标志位 I "SREG.7"），同时每一个中断源都设置了独立的中断允许控制位(在各中断源所属模块的控制寄存器中)。

3. 中断嵌套

AVR 在响应一个中断的过程中，会通过硬件自动将全局中断标志位 I 清零，这样就阻止了 MCU 再响应其他的中断。因此，在通常情况下，AVR 是不能实现中断嵌套的。如果系统中必须要应用中断嵌套，则可以在中断服务程序中使用指令将全局中断允许位打开，以间接的方式来实现中断的嵌套。

4. ATmega16 的中断响应过程

（1）当一个中断满足响应条件后，MCU 便可以执行中断响应。

（2）将 SREG 中的全局中断标志位 I 清零，禁止响应其他中断。

（3）将被响应中断的标志位清零(仅对部分中断有此操作)。

（4）将中断的断点地址（即当前程序计数器 PC 的值）压入堆栈，并将 SP 寄存器中堆栈指针减 2。

（5）给出中断入口地址。程序计数器 PC 自动装入中断入口地址，执行相应的中断服务程序。

（6）保护现场。为了使中断处理不影响主程序的运行，需要把断点处有关寄存器的内容和标志位的状态压入堆栈区进行保护。现场保护要在中断服务程序开始处通过编程实现。

（7）中断服务。执行相应的中断服务，进行必要的处理。

（8）恢复现场。在中断服务结束之后返回主程序之前，把保护在堆栈区的现场数据从堆栈区中弹出，送到原来的位置。

（9）从栈顶弹出两字节的数据，给程序计数器 PC，并将 SP 寄存器中的堆栈指针加 2。

（10）置位 SREG 中的全局中断标志位 I，允许响应其他中断。

3.3.3 ATmega16 的外部中断

ATmega16 有 3 个外部中断源：INT0、INT1 和 INT2，它们由芯片上 PD2、PD3 和 PB2 引脚上的电平变化或状态作为触发信号，如表 3-2 所示。表 3-2 中的"√"表示某外部中断具有该种触发方式。

表 3-2   外部中断的 4 种中断触发方式

触 发 方 式	INT0	INT1	INT2	说　　明
上升沿触发	√	√	√	
下降沿触发	√	√	√	
任意电平触发	√	√	—	
低电平触发	√	√	—	无中断标志

MCU 对 INT0 和 INT1 引脚的上升沿或下降沿变化的识别（触发），需要 I/O 时钟信号的存在（由 I/O 时钟同步检测），属于同步边沿触发的中断类型。

MCU 对 INT2 引脚上升沿或下降沿变化的识别（触发）以及低电平的识别（触发）是通过异步方式检测的，不需要 I/O 时钟信号的存在。因此，这类触发类型的中断经常作为外部唤醒源，用于将处在 Idle 模式以及处在各种其他休眠模式的 MCU 唤醒。这是由于除了在空闲(Idle)模式时，I/O 时钟信号还保持继续工作，在各种其他休眠模式下，I/O 时钟信号均处在暂停状态。

如果设置了允许响应外部中断的请求，那么即便是引脚 PD2、PD3、PB2 设置为输出方式工作，引脚上的电平变化也会产生外部中断触发请求。这一特性为用户提供了使用软件产生中断的途径。

3.3.4　外部中断相关寄存器

ATmega16 通过操作相应的寄存器控制外部中断，这些寄存器包括 MCU 控制寄存器（MCUCR）、MCU 控制与状态寄存器（MCUCSR）、通用中断控制寄存器（GICR）和通用中断标志寄存器（GIFR）。

1. MCU 控制寄存器（MCUCR）

ATmega16 的 MCU 控制寄存器包含中断触发控制位与通用 MCU 功能，其内部位结构如表 3-3 所示。

表 3-3　ATmega16 的 MCU 控制寄存器

位	SM2	SE	SM1	SM0	ISC11	ISC10	ISC01	ISC00
读/写	R/W	R/W	R/W	R/W	R/W	R/W	R/W	R/W
初始值	0	0	0	0	0	0	0	0

（1）位 3、位 2：ISC11、ISC10 控制外部中断 INT1 的中断触发方式，如表 3-4 所示。

表 3-4　外部中断 INT1 的中断触发方式

ISC11	ISC10	INT1 中断
0	0	低电平触发中断
0	1	INT1 引脚上任意的逻辑电平变化都将引发中断
1	0	下降沿触发中断
1	1	上升沿触发中断

（2）位 1、位 0：ISC01、ISC00 控制外部中断 INT0 的中断触发方式，如表 3-5 所示。

表 3-5　外部中断 INT0 的中断触发方式

ISC01	ISC00	INT0 中断
0	0	低电平触发中断
0	1	INT0 引脚上任意的逻辑电平变化都将引发中断
1	0	下降沿触发中断
1	1	上升沿触发中断

MCU 对 INT0、INT1 引脚上电平值的采样在边沿检测前。如果选择脉冲边沿触发或电平变化中断的方式，那么在 INT0、INT1 引脚上持续时间大于一个时钟周期的脉冲变化将触发中断，过短的脉冲则不能保证触发中断。如果选择低电平触发中断，那么低电平必须保持到当前指令执行完成才触发中断。在使用低电平触发方式时，中断请求将一直保持到引脚上的低电平消失为止。也就是说，只要中断的输入引脚保持低电平，那么将会一直触发产生中断。

2．MCU 控制和状态寄存器 MCUCSR

ATmega16 的 MCU 控制和状态寄存器用于选择外部中断 INT2 的触发方式，其内部位结构如表 3-6 所示。

表 3-6 Atmega16 的 MCU 控制和状态寄存器

位	JTD	ISC2	—	JTRF	WDRF	BORF	EXTRF	PORF
读/写	R/W	R/W	R	R/W	R/W	R/W	R/W	R/W
初始值	0	0	0	0	0	0	0	0

MCUCSR 中和外部中断相关的位是 ISC2，这是外部中断 INT2 触发方式的控制位。如果 SREG 寄存器的全局中断标志位 I 和 GICR 相应的中断屏蔽位被置位的话，外部中断 2 由外部 I/O 引脚 INT2 上的信号触发。若 ISC2 置"0"，则 INT2 引脚上加载的下降沿触发中断；若 ISC2 置"1"，则 INT2 引脚加载的上升沿触发中断。INT2 的边沿触发方式是异步的，只要 INT2 引脚上产生宽度大于 50ms 的脉冲就会引发中断。

3．通用中断控制寄存器（GICR）

通用中断控制寄存器用于对 Atmega16 的中断事件进行管理，其内部位结构如表 3-7 所示。

表 3-7 通用中断控制寄存器

位	INT1	INT0	INT2	—	—	—	IVSEL	IVCE
读/写	R/W	R/W	R/W	R	R	R	R/W	R/W
初始值	0	0	0	0	0	0	0	0

（1）位 7：INT1 为外部中断 1 的中断使能位。

（2）位 6：INT0 为外部中断 0 的中断使能位。

（3）位 5：INT2 为外部中断 2 的中断使能位。

当 SREG 寄存器中的全局中断标志 I 为"1"，且 GICR 中相应的中断允许位置 1，那么当外部中断触发时，MCU 会响应相应的中断请求。

4．通用中断标志寄存器（GIFR）

Atmega16 的通用中断标志寄存器用于记录外部中断的状态，其内部位结构如表 3-8 所示。

表 3-8　通用中断标志寄存器

位	INTF1	INTF0	INTF2	—	—	—	—	—
读/写	R/W	R/W	R/W	R	R	R	R	R
初始值	0	0	0	0	0	0	0	0

（1）位 7：INTF1 为外部中断 1 中断标志位。

（2）位 6：INTF0 为外部中断 0 中断标志位。

（3）位 5：INTF2 为外部中断 2 中断标志位。

当外部中断引脚上的有效事件满足中断触发条件后，INTF1、INTF0 和 INTF2 位会变为
"1"。如果此时 SREG 的全局中断标志位 I 为 "1"，且 GICR 中的 INTFx 置 "1"，则 MCU 将
响应中断请求，跳至相应的中断向量处开始执行中断服务程序，同时硬件自动将 INTFx 标志
位清零。也可以用软件将 INTFx 标志位清零，写逻辑 "1" 到 INTFx 将其清零。当外部中断
0 和 1 设置为低电平触发的时候，相应的标志位 INTF0 和 INTF1 始终为 0，这是因为低电平
触发方式是不带中断标志位的。

5. 状态寄存器（SREG）

状态寄存器的内部位结构如表 3-9 所示。

表 3-9　状态寄存器

位	I	T	H	S	V	N	Z	C
读/写	R/W	R/W	R/W	R/W	R/W	R/W	R/W	R/W
初始值	0	0	0	0	0	0	0	0

位 7：全局中断标志位 I。

全局中断标志位 I 置位时使能全局中断。单独的中断使能由其他独立的控制寄存器控制。如
果全局中断标志位 I 清零，则不论单独中断标志置位与否，都不会产生中断。任意一个中断发生
后全局中断标志位 I 清零，而执行 RETI 指令后全局中断标志位 I 恢复置位以使能中断。全局中
断标志位 I 也可以通过 SEI 和 CLI 指令来置位和清零。

3.3.5　中断服务程序

1. WinAVR 的中断服务程序

在高级语言的开发环境中，都扩展和提供了相应的编写中断服务程序的方法，通常不必考虑
中断现场保护和恢复的处理，因为编译器在编译中断服务程序代码时，会在生成的目标代码中自
动加入相应的中断现场保护和恢复的指令。

在 WinAVR 版本下，中断服务函数写法如下：

```
ISR(中断向量名称)
{
    //中断发生后要执行的语句
}
```

2．ICCavr 的中断服务程序

（1）外部中断 0 服务函数的写法如下：

```
#pragma interrupt_handler int0_isr:iv_INT0
void int0_isr(void)
{
    //external interrupt on INT0
}
```

（2）外部中断 1 服务函数的写法如下：

```
#pragma interrupt_handler int1_isr:iv_INT1
void int1_isr(void)
{
    //external interrupt on INT1
}
```

（3）外部中断 2 服务函数的写法如下：

```
#pragma interrupt_handler int2_isr:iv_INT2
void int2_isr(void)
{
    //external interrupt on INT2
}
```

3．Volatile 限定词

英语单词"volatile"的意思是"易失的，易改变的"。在程序中使用这个限定词的含义是向编译器指明变量的内容可能会由于其他程序的修改而变化。通常在程序中申明一个变量时，编译器会尽量把它存放在通用寄存器中。当 CPU 把其值放到寄存器中后就不会再关心对应内存中的值。若此时其他程序（如内核程序或一个中断）修改了内存中它的值，寄存器中的值并不会随之更新。为了解决这种情况就创建了 volatile 限定词，让代码在引用该变量时一定要从指定位置取得其值。

下面是使用 volatile 变量的几个例子：

（1）并行设备的硬件寄存器（如状态寄存器）；

（2）一个中断服务子程序中会访问到的非自动变量（Non-automatic variables）；

（3）多线程应用中被几个任务共享的变量。

3.4　项目 9：中断报警控制

设计一个报警系统，利用 ATmega16 的外部中断源，用开关模拟报警信号，当触发报警时，使用蜂鸣器实现报警。

3.4.1　项目硬件电路设计

项目总体电路原理如图 3-3 所示。

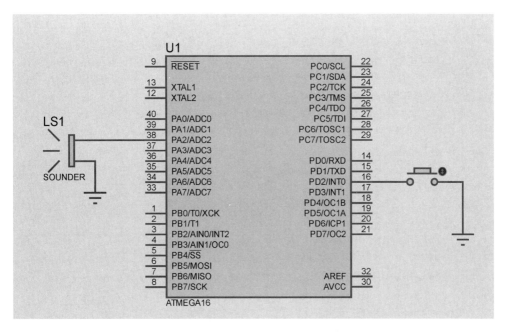

图 3-3　项目总体电路原理

3.4.2　项目驱动软件设计

1．项目程序架构

软件设计流程图如图 3-4 所示。

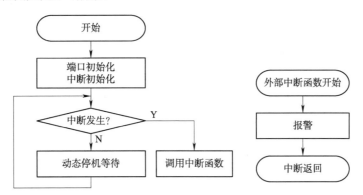

图 3-4　软件设计流程图

2．参考程序

实现本项目的程序代码如下：

```
#include<iom16v.h> //包含标准库文件
#include<AVRdef.h> //包含的库文件里有 CLI()、SEI()函数
#define uint unsigned int
#define uchar unsigned char
void Alarm(uint t)
```

```
{
    uint i;
    for(i = 0; i<200; i++)
    {
        PORTA|=(1<<PA2);
        delay_nms(t);  //由参数控制形成不同的频率输出
        PORTA&=~(1<<PA2);
    }
}
void int0_sfr_init(void)
{
    CLI();  //先关闭所有中断
    MCUCR=0X03;  //上升沿产生中断
    GICR|=(1<<INT0);//外部中断 0 使能
    SEI();//打开全局中断
}
#pragma interrupt_handler int0_sevce:2
void int0_sevce(void)
{
    uint i;
    for(i=0;i<5;i++)//设定报警次数
    {
        Alarm(3);
        Alarm(50);
    }
}
void delay_nms(uint nms)
{
    uint i,j;
    for(i=nms;i>0;i--)
        for(j=110;j>0;j--);
}
void main(void)
{
    PORTA&=~(1<<PA2);
    DDRA|=(1<<PA2);
    int0_sfr_init();
    while(1)
    {
    }
}
```

3.4.3　学生项目 1：中断计数器

项目要求：使用 INT0 进行中断计数。要求每次按下计数键时触发 INT0 中断，中断程序累加计数，计数值显示在 3 只数码管上，按下清零键时数码管清零。

供参考的硬件电路图如图 3-5 所示。

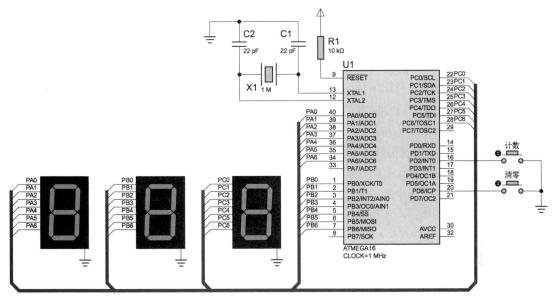

图 3-5 硬件电路图

3.4.4 学生项目 2：中断控制发光二极管

项目要求：通过按键对发光二极管进行控制，要求第一次按下按键二极管点亮，第二次按下按键，二极管熄灭，如此循环。

供参考的硬件电路图如图 3-6 所示。

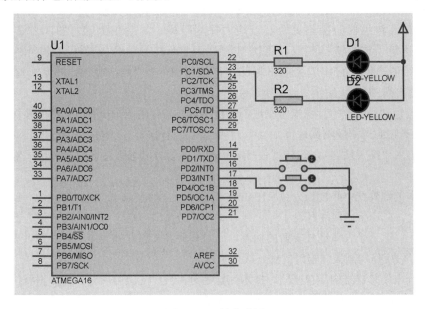

图 3-6 硬件电路图

3.4.5　实验板项目

项目一：振动报警器

项目要求：使用振动传感器设计一个报警器。利用 ATmega16 的外部中断源，当触发报警时，由蜂鸣器报警。

项目二：人体热释电检测报警器

项目要求：使用人体热释电传感器设计一个报警器。利用 ATmega16 的外部中断源，当有人进入传感器的探测范围时触发报警，由蜂鸣器报警。

项目三：门磁检测报警器

项目要求：使用无线门磁传感器设计一个报警器。利用 ATmega16 的外部中断源，当门被非法打开或移动时触发报警，由蜂鸣器报警。

项目四：按键控制继电器照明

设计继电器照明电路。当按键按下时打开照明灯，当按键弹起时，关闭照明灯。

【拓展】

传感器简介

1. 人体热释电传感器

顾名思义该传感器探测是否有人体通行和通过，由于它的廉价性，使得它的应用范围非常广泛。楼道里的灯，天台的报警设施等，都是利用这个来进行报警和检测。

人体热释电传感器主要由一种高热电系数的材料组成，如锆钛酸铅系陶瓷、钽酸锂、硫酸三甘肽等制成的尺寸为 2 mm×1 mm 的探测元器件。在每个传感器内装入一个或两个探测元器件，并将两个探测元器件以反极性串联，以抑制由于自身温度升高而产生的干扰。由探测元器件将探测并接收到的红外辐射转变成微弱的电压信号，经装在传感内的场效应管放大后向外输出。为了提高传感器的探测灵敏度以增大探测距离，一般在传感器的前方装设一个菲涅尔透镜，该透镜用透明塑料制成，将透镜的上、下两部分各分成若干等份，制成一种具有特殊光学系统的透镜，它和放大电路相配合，可将信号放大至 70 dB 以上，这样就可以测出 20 m 范围内人的行动。

菲涅尔透镜利用透镜的特殊光学原理，在传感器前方产生一个交替变化的"盲区"和"高灵敏区"，以提高它的探测接收灵敏度。当有人从透镜前走过时，人体发出的红外线就不断地交替从"盲区"进入"高灵敏区"，这样就使接收到的红外信号以忽强忽弱的脉冲形式输入，从而强化其能量幅度。

人体辐射的红外线中心波长为 9～10 μm，而探测元器件的波长灵敏度在 0.2～20 μm 范围内几乎稳定不变。在传感器顶端开设了一个装有滤光片的窗口，这个滤光片可通过光的波长范围为 7～10 μm，正好适合于人体红外辐射的探测，而对其他波长的红外线由滤光片予以吸收，这样便形成了一种专门用作探测人体辐射的红外线传感器。

人体热释电传感器结构简单坚固，技术性能稳定，被广泛应用于红外检测报警、红外遥控、光谱分析等领域，是目前使用最广的红外传感器。

2. 振动传感器

振动传感器在测试技术中是关键部件之一，它的作用主要是将机械量接收下来，并转换为与之成比例的电量。因为它也是一种机电转换装置，所以我们有时也称它为换能器、拾振器等。

振动传感器并不是直接将原始要测的机械量转变为电量，而是将原始要测的机械量作为振动传感器的输入量，然后由机械接收部分加以接收，形成另一个适合于变换的机械量，最后由机电变换部分再变换为电量。因此一个传感器的工作性能是由机械接收部分和机电变换部分的工作性能来决定的。

一般来说，振动传感器在机械接收原理方面，只有相对式、惯性式两种，但在机电变换方面，由于变换方法和性质不同，其种类繁多，应用范围也极其广泛。

3. 无线门磁传感器

无线门磁传感器用来探测门、窗、抽屉等是否被非法打开或移动。它一般安装在门内侧的上方或边上，由两部分组成：较小的部件为永磁体，内部有一块永久磁铁，用来产生恒定的磁场，较大的是无线门磁主体，它内部有一个常开型的干簧管，当永磁体和干簧管靠得很近时（小于 5 mm），无线门磁传感器处于工作守候状态，当永磁体离开干簧管一定距离后，无线门磁传感器立即发射包含地址编码和自身识别码（也就是数据码）的 315 MHz 的高频无线电信号，接收板就是通过识别这个无线电信号的地址码来判断是否是同一个报警系统的，然后根据自身识别码（也就是数据码），确定是哪一个无线门磁报警。门磁探测器按传输方式分为有线和无线两种；按其安装方式分为内嵌和外装等，虽然外观不同，但其原理和作用相同。

4. 红外对管

红外对管是红外线发射管与光敏接收管（或者红外线接收管、红外线接收头）配合在一起使用时的总称。在光谱中波长大于 0.76 μm 的一段称为红外线。

红外线发射管是由红外发光二极管矩阵组成的发光体，用红外辐射效率高的材料（常用砷化镓）制成 PN 结，正向偏压向 PN 结注入电流激发红外光，其光谱功率分布为中心波长 830～950 nm。红外发光二极管表现为正温度系数，电流越大温度越高，温度越高电流越大，其功率和电流大小有关，但正向电流超过最大额定值时，功率反而下降。

光敏接收管是一个具有光敏特征的 PN 结，属于光敏二极管，具有单向导电性，因此工作时需加上反向电压。无光照时，有很小的饱和反向漏电流（暗电流）。此时光敏接收管不导通。当光照时，饱和反向漏电流马上增加，形成光电流，在一定的范围内它随入射光强度的变化而增大。

第 4 章 » 单片机定时器应用设计
★ ★ ★

4.1 项目10：定时器制作计数器

4.1.1 项目背景

计数器在人们的日常生活、工业生产、体育比赛中都经常出现，是一种常见的用于计数显示数值的电子设备。本项目利用 ATmega16 内部的定时器/计数器 0，设计一个电子计数器，由外部按键模拟信号源，记录按键触发次数，并通过数码管显示。

4.1.2 基础知识

1. 定时器/计数器

（1）定时器/计数器基础概念。

定时器/计数器最基本的功能就是对脉冲信号进行自动计数，也就是说计数的过程由硬件完成，不需要 CPU 的干预。但是 CPU 可以通过指令设置定时器/计数器的工作方式，并根据定时器/计数器的计数值或工作状态做出必要的处理和响应。在单片机内部，一般都有由专门的硬件电路构成可编程的定时器/计数器。ATmega16 有 2 个 8 位定时器/计数器（T/C0、T/C2）和 1 个 16 位定时器/计数器（T/C1），每一个定时器/计数器都支持脉冲宽度调制（PWM）输出功能。

定时器/计数器有关的概念如下。

① 定时器/计数器长度：计数单元的长度，ATmega16 内配置了 2 个 8 位定时器/计数器，计数范围是 $0 \sim 2^8 - 1$（$0 \sim 255$）和 1 个 16 位的定时器/计数器，计数范围是 $0 \sim 2^{16} - 1$（$0 \sim 65\,535$）。

② 脉冲信号源：可以是单片机内部提供的信号源，也可以是外部的信号源，通过对信号源进行分频设置，即可获得不同的计数频率。

③ 计数器类型：可以是加 1、减 1 计数器，单向、双向计数器。

④ 计数初值、溢出值：计数初值就是计数器从什么值开始计数，计数器溢出值就是计数到什么值时发出信号给 CPU 告知数已计到。这两个值都可以通过配置相应的寄存器来设置。

（2）定时器工作原理。在之前的项目中延时是由单片机的 CPU 对执行的指令数计数来实现计时的（即软件完成）。这种计时方法使得单片机的 CPU 在延时过程中无法处理其他任务，不利于过程控制。为此，需要一个专门处理时间的模块，也就是定时器/计数器来执行数数工作，它可以在程序执行的过程中同时工作，从而节省了宝贵的 CPU 资源。设置好定时间隔后，单片机就可以执行其他任务了，当定时间隔到时，定时器就通过中断来告知单片机，单片机在接收到定时中断信号后，就知道定时时间到了。也就是说，定时器通过定时中断信号来让 CPU 获知时间。

以 8 位定时器/计数器为例，其长度是一个字节，最大只能数到 255。数到最大值后，其值会自动循环回 0 并重新开始计数，这个过程通常被称为溢出，该溢出信号可用来产生中断，通知单片机时间到。比如，分频后的时钟脉冲周期为 1 μs，计时器的值就会循环一圈，单片机每 256 μs 就会收到一个定时中断信号。如果定时器只能按照这种方式工作，它只能产生某一个固定的定时间隔，使用不灵活。而在不同的实践运用中，需要不同的定时间隔，一般采用调整计数初值或比较匹配法两种方法来灵活控制定时间隔。

① 调整计数初值。假设计数器从 0 开始，以 10 作为一个循环，当数值达到 9 后，如果继续计数，它的值将会返回 0，如图 4-1 所示。现在用该计数器对脉冲周期 1 ms 的信号计数，如果我们想计时 8 ms，显然，应该设置计数器数 8 次后就溢出，以产生定时中断信号。为此，让计数器从 2 开始计数，这样 8 个脉冲后，计数器溢出，得到一个 8 ms 的定时信号。需要注意的是，溢出后计数器的值将归于 0，这将使得下一次溢出需要 10 ms，如果需要每次都定时 8 ms 的话，就需要每次溢出后，都要将计数初值设置为 2，保证每计数 8 次溢出一次。

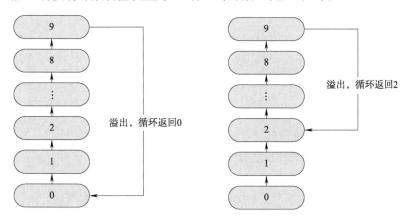

图 4-1 调整计数初值定时间隔

该方法通过调整计数初值达到了设置定时间隔的目的，但需要在每次计数溢出后，重新设置一下计数器的初值。

因为单片机的定时器通常是对时钟信号进行计数，但时钟信号的频率非常之高（典型值在 1 MHz 以上），为了增大定时间隔，我们还常对时钟信号进行分频。如果单片机的时钟频率为 f_{osc}，分频系数设置为 N（8、64、256 等分频），计数器最大计数值记为 Max，当定时间隔为Δt 时，计数初值 Start 可由下式确定。

$$\text{Start} = (\text{Max}+1) - \Delta t \times \frac{f_{osc}}{N} \tag{4-1}$$

例如，已知单片机的时钟频率 f_{osc} = 8 MHz，分频系数 N 为 64，计数器最大计数值为 255，试确定定时间隔 2ms 的计数初值。根据上式有 Start = $255+1-2\times10^{-3}\times8\times10^{6}/64$=6，即计数初值设为 6。

采用调整计数初值来实现定时间隔调节，需要在每次计数器溢出时重新设置计数初值，这个任务通常是在定时中断服务函数中软件实现的。这种方法会造成一定程度的定时不准确，因为它丢失了从溢出到重新设置计数初值中间这段时间。为了解决这个问题，ATmega16 引入比较匹配法，可以很容易实现多个定时间隔。

② 比较匹配法。比较匹配法在原定时器硬件基础上再增加一个或多个比较器，定时器在对时钟脉冲计数的过程中，硬件每计一个脉冲后就将计数值与比较器中预先设定值进行比较，如果两者的值相同，就触发特定的中断来通知单片机，同时再由硬件将定时器清零。改变比较器中的预置值即可改变定时间隔。

假定计数器以 10 作为一个循环，时钟脉冲的周期为 1ms，采用比较匹配法来实现定时间隔5 ms。定时间隔 5 ms 需要计数 5 次，为此将比较器的预置值设定为 4，这样从 0 数到 4 刚好 5次。比较匹配时，将计数器清零，又开始下一次计数循环。这个过程可用图 4-2 描述。

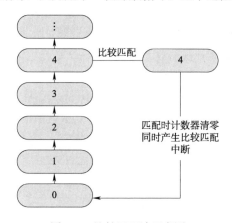

图 4-2　比较匹配法示意图

综上，可以推出比较器预置值的计算方法。若单片机的时钟频率为 f_{osc}，分频系数设置为N，当定时间隔为 Δt 时，比较器的预置值 OCR 由下式给出：

$$OCR = \Delta t \times f_{osc} / N - 1 \tag{4-2}$$

例如，已知单片机的时钟频率 $f_{osc} = 8$ MHz，分频系数为 64，计数器最大计数值为 255，试确定定时间隔，2 ms 的比较器预置值。则有 $OCR = 2 \times 10^{-3} \times 8 \times 10^{6} / 64 - 1 = 249$，即比较器预置值OCR 为 249。

2．8 位定时器/计数器

ATmega16 中有 2 个 8 位定时器/计数器，它们都是通用的多功能定时器/计数器，其主要特点如下：

（1）单通道计数器；

（2）比较匹配清零计数器(自动重装特性)；

（3）可产生无输出抖动（glitch-free）的、相位可调的脉冲宽度调制（PWM）信号输出频率发生器；

（4）外部事件计数器（仅 T/C0）；

（5）10 位时钟预分频器；

（6）溢出和比较匹配中断源（TOV0、OCF0 和 OV2、OCF2）；

（7）允许使用外部引脚的 32768Hz 晶体作为独立的计数时钟源（仅 T/C2）。

由于 T/C0、T/C2 的主要结构和大部分功能是相同或类似的，因此，下面主要以 T/C0 为例介绍 8 位定时器/计数器的结构和应用，并简单介绍 T/C2 的异步操作。

1）T/C0 的组成结构

T/C0 是一个通用的 8 位定时器/计数器，既可以使用内部时钟作为计数源，也可以使用外部时钟作为计数源，图 4-3 为 T/C0 的硬件结构框图。图中给出了 MCU 可以操作的寄存器及相关的标志位。在 T/C0 中，有 2 个 8 位寄存器：计数寄存器（TCNT0）和输出比较寄存器（OCR0）。其他相关的寄存器还有 T/C0 控制寄存器（TCCR0）、中断标志寄存器（TIFR）和 T/C 中断屏蔽寄存器（TIMSK）。

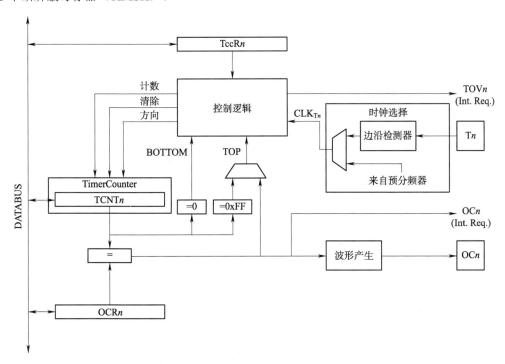

图 4-3　T/C0 的硬件结构框图

T/C0 的计数器事件输出信号有 2 个（计数器计数溢出 TOV0 和比较匹配相等 OCF0），这两个事件的输出信号都可以申请中断，中断请求信号 TOV0、OCF0 可以在 TIFR 中找到，同时在 TIMSK 中，可以找到与 TOV0、OCF0 对应的两个相互独立的中断屏蔽控制位 TOIE0、OCIE0。

（1）T/C0 时钟源。T/C0 时钟源可由来自外部引脚 T0 的信号提供，也可来自芯片的内部。图 4-4 中含有 T/C0 时钟源的内部功能示意。

① T/C0 时钟源的选择。T/C0 时钟源的选择由 TCCR0 中的 3 个标志位 CS0[2:0]确定，共有 8 种选择。其中包括无时钟源（停止计数），外部引脚 T0 的上升沿或下降沿，以及内部系统时钟经过一个 10 位预分频器分频的 5 种频率的时钟信号（1/1、1/8、1/64、1/256、1/1 024）。T/C0 与 T/C1 共享一个预分频器，但它们时钟源的选择是独立的。

② 使用内部时钟源。T/C0 使用内部时钟作为计数源时，通常用作定时器和波形发生器使用。因为系统的时钟频率是已知的，所以通过计数器的计数值就可以知道时间值。

AVR 在定时器/计数器和内部时钟之间增加了一个预分频器，分频器对系统时钟信号进行不同比例的分频，分频后的时钟信号提供给定时器/计数器使用。利用预分频器，定时器/计数器可以从内部时钟获得几种不同频率的计数脉冲信号，使用非常灵活。预分频器的硬件结构如图 4-4 所示，T/C0 与 T/C1 共享一个预分频器，但它们时钟源的选择是独立的。

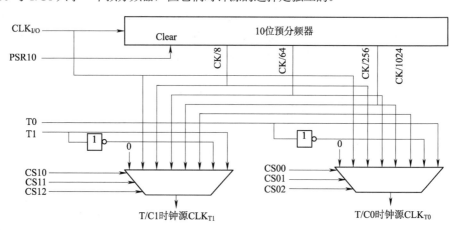

图 4-4 T/C0 时钟源与 10 位预分频器

③ 使用外部时钟源。当 T/C0 使用外部时钟作为计数源时，通常作为计数器使用，用于记录外部脉冲的个数。图 4-5 为 T/C0 外部时钟源的检测采样逻辑功能图。

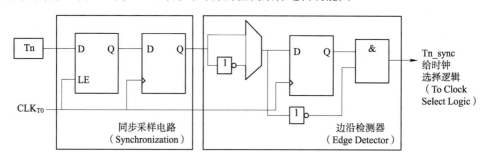

图 4-5 T/C0 外部时钟源的检测采样逻辑功能图

外部引脚 T0（PB0）上的脉冲信号可以作为 T/C0 的计数时钟源。PB0 引脚内部有一个同步采样电路（Synchronization），它在每个系统时钟周期都对 T0 引脚上的电平进行同步采样，然后将同步采样信号送到边沿检测器（Edge Detector）中。同步采样电路在系统时钟的上升沿将引脚信号电平打入寄存器，当检测到一个正跳变或负跳变时产生一个计数脉冲 CLK_{T0}。

由于 T0 引脚内部的同步采样和边沿检测电路的存在，引脚电平的变化需要经过 5～35 个系统时钟后才能在边沿检测的输出端上反映出来。因此，要使外部时钟源能正确地被引脚 T0 检测采样，外部时钟源的最高频率不能大于 fm10/2.5，脉冲宽度也要大于 1 个系统时钟周期。另外，外部时钟源是不进入预分频器进行分频的。

（2）T/C0 计数单元。T/C0 计数单元是一个可编程的 8 位双向计数器，图 4-6 为它的逻辑功能图，图中符号所代表的意义如下：

① 计数（count）：TCNT0 加 1 或减 1；

② 方向（direction）：加或减的控制。

③ 清除（clear）：TCNT0 清零。

④ 计数时钟（CLK_{T0}）：T/C0 时钟源。

⑤ 顶部值（TOP）：表示 TCNT0 计数值到达上边界。

⑥ 底部值（BOTTOM）：表示 TCNT0 计数值到达下边界（零）。

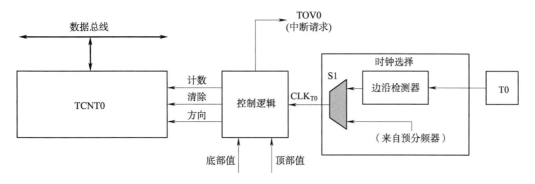

图 4-6　T/C0 计数单元逻辑功能图

T/C0 根据计数器的工作模式，在每一个 CLK$_{T0}$ 到来时，计数器进行加 1、减 1 或清零操作。CLK$_{T0}$ 的来源由标志位 CS0[2:0]设定。当 CS0[2:0]为 0 时，计数器停止计数。

T/C0 的计数值保存在 TCNT0 中，MCU 可以在任何时间访问（读/写）TCNT0。MCU 写入 TCNT0 的值将立即覆盖其中原有的内容，同时也会影响到计数器的运行。

计数器的计数序列取决于 TCCR0 中标志位 WGM0[1:0]的设置。WGM0[1:0]的设置直接影响到计数器的计数方式和 OC0 的输出，同时也影响和涉及 T/C0 的 TOV0 置位。TOV0 可用于产生中断申请。

2）T/C0 工作模式

ATmega16 的 T/C0 有 4 种工作模式，分别是普通模式、CTC（比较匹配时清零）模式、快速 PWM 模式和相位修正 PWM 模式，通过 TCCR0 的标志位 WGM0[1:0]选择。

（1）普通模式（WGM0[1:0]=0）。普通模式为 T/C0 最简单的工作模式。在此模式下，T/C0 为单向加 1 计数器，一旦 TCNT0 的值达到 0xFF（顶部值）后，由于数值溢出在下一个计数脉冲到来的时候恢复为 0x00，并继续单向加 1 计数。在 TCNT0 由 0xFF 转变为 0x00 的同时，TOV0 置 1，用于申请 T/C0 溢出中断。MCU 响应了 T/C0 的溢出中断后，硬件将自动把 TOV0 清零。

考虑到 T/C0 在正常的计数过程中，当 TCNT0 由 0xFF 返回 0x00 时，能将 TOV0 置 1（注意：不能清零）；而当 MCU 响应 T/C0 的溢出中断时，硬件会自动把 TOV0 清零。因此 TOV0 也可作为计数器的第 9 位使用，使 T/C0 变成 9 位计数器。但这种提高定时器分辨率的方法，需要通过软件配合实现。

与其他工作模式相比，T/C0 工作在普通模式时，不会产生任何其他的特殊状态，用户可以随时改变 TCNT0 的值。此外，在普通模式下，每次计数溢出之后都是从 0x00 开始重新计数，而不是从计数初值开始计数，如要从计数初值开始计数需要在计数溢出之后重新写入计数初值。

（2）CTC 模式（WGM2[1:0]=2）。T/C0 工作在 CTC 模式下时，计数器为单向加 1 计数器，在 CTC 模式下具有一个比较寄存器 OCR，用于调节计数器的分辨率。当 TCNT0 的值与 OCR0 的设定值相等（此时 OCR0 的值为计数顶部值），就将 TCNT0 清零，然后继续向上加 1 计数。在 TCNT0 与 OCR0 匹配的同时，OCF0 置 1。OCF0 可用于申请中断，一旦 MCU 响应比较匹配中断，用户可在中断服务程序中修改 OCR0 的值。图 4-7 所示为 CTC 模式的计数时序图。

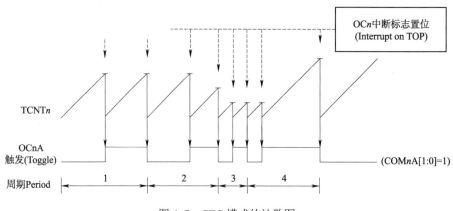

图 4-7 CTC 模式的计数图

CTC 模式通常用来得到波形输出，可以设置成在每次比较匹配发生时改变单片机对应引脚的逻辑电平来实现。通过设置 OCR0 的值，可以方便地控制比较匹配输出的频率，也简化了外部事件计数操作。

在 CTC 模式下利用比较匹配输出单元产生波形输出时，应设置 OC0 的输出方式为触发方式（COM0[1:0]=1）。波形输出引脚 OC0（PB3）输出波形的最高频率为 $f_{OC0}=f_{clk\_io}/2$ (OCR0=0x00)。

其他的频率输出由下式确定：

$$f_{OC0} = \frac{f_{CPU}}{2 \times N \times (1 + OCR0)} \tag{4-3}$$

式中 N 的取值为 1、8、64、256 或 1 024。

此外，与普通模式相同，当 TCNT0 计数值由 0xFF 转到 0x00 时，TOV0 也会置位。

当 OC0 的输出方式为触发方式时（COM0[1:0]=1），T/C0 将产生占空比为 50%的方波。当设置 OCR0=0x00 时，T/C0 将产生占空比为 50%的最高频率方波，最高频率为 $f_{OC0}=f_{clk\_io}/2$。

（3）快速 PWM 模式(WGM0[1:0]=3)。T/C0 工作在快速 PWM 模式下时，可以产生高频的 PWM 波形。当 T/C0 工作在此模式下时，计数器为单程向上加 1 计数器，从底部值（0x00）一直加到顶部值(0xFF)，然后在下一个计数脉冲到来时立即回到 BOTTOM 重新开始。

在设置正向比较匹配输出（COM0[1:0]=2）方式中，当 TCNT0 的计数值与 OCR0 的值比较匹配时，OC0 清零；当计数器的值由 0xFF 返回 0x00 时，置位 OC0。而在设置反向比较匹配输出（COM0[1:0]=3）方式中，当 TCNT0 的计数值与 OCR0 的值比较匹配时，置位 OC0；当计数器的值由 0xFF 返回 0x00 时，OC0 清零。

通过 OCR0 可以方便地控制、调整占空比。此高频特性使得快速 PWM 模式十分适合于功率调节、整流和 DAC 应用。快速 PWM 模式的计数时序图如图 4-8 所示。

T/C0 工作于快速 PWM 模式时，计数器的值一直增加到 TOP，然后在紧接着的时钟周期清零。计数器值达到 TOP 时，T/C0 溢出标志位置位。如果中断使能，可以在中断服务程序中更新比较值。

OC0 输出的 PWM 波形的频率 f_{OC0PWM} 可以通过下式计算：

$$f_{OC0PWM} = \frac{f_{osc}}{N \times 256} \tag{4-4}$$

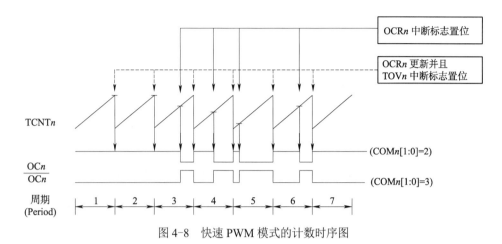

图 4-8　快速 PWM 模式的计数时序图

式中，N 代表分频系数（1、8、64、256 或 1 024）。

快速 PWM 模式适合于要求输出 PWM 频率较高，但频率固定，占空比调节精度要求不高的应用场合。通过设置 OCR0 的值，可以获得不同占空比的脉冲波形。OCR0 的一些特殊值会产生极端的 PWM 波形。当 OCR0 的设置值为 0x00 时，会产生周期为 MAX+1 的窄脉冲序列。而设置 OCR0 的值为 0xFF 时，OC0 的输出为恒定的高（低）电平。

当 OC0 的输出方式为触发方式时（COM0[1:0]=1），T/C0 将产生占空比为 50% 的 PWM 波形。此时设置 OCR0 的值为 0x00 时，T/C0 将产生占空比为 50% 的最高频率 PWM 波形，频率为 $f_{OC0} = f_{CLKI/O}/2$。这种特性类似与 CTC 模式下的 OC0 取反操作，不同之处在于快速 PWM 模式具有双缓冲。

（4）相位修正 PWM 模式（WGM0[1:0]=1）。

相位修正 PWM 模式可以产生高精度相位可调的 PWM 波形。此模式基于双斜坡操作，计数器为双程计数器，重复地从 BOTTOM(0x00) 计到 TOP(0xFF)，在下一个计数脉冲到达时，改变计数方向，从 TOP 倒退到 BOTTOM，如图 4-9 所示。

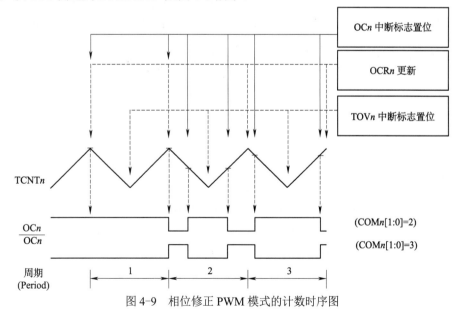

图 4-9　相位修正 PWM 模式的计数时序图

此模式也需要 OCR0 配合，波形输出是在计数器往 TOP 计数时，若发生了计数器与 OCR0 的匹配，MCU 将对应的波形输出引脚清零为低电平；而在计数器往 BOTTOM 计数时，若发生计数器与 OCR0 的匹配，波形输出引脚将置高电平，当然也可以正好相反。

与快速 PWM 模式的单斜坡（加法器）相比，相位修正 PWM 模式的双斜坡操作（加法器+减法器）可获得的最大频率要小，但是由于其对称性，相位可调的特性（即 OC0 的逻辑电平改变不是固定在 TCNT0=0x00 处），非常适合于电动机控制一类的应用。

相位修正 PWM 模式下，计数器不断累加直到 TOP，然后开始减计数。当计数器达到 BOTTOM 时，TOV0 置位，此标志位可用来申请中断，修改 OCR0 值等。工作于相位修正 PWM 模式时 PWM 频率 f_{OC0PWM} 可以由下式获得：

$$f_{OC0PWM} = \frac{f_{osc}}{N \times TOP} \tag{4-5}$$

式中，N 代表分频系数（1、8、64、256 或 1 024）。

通过设置 OCR0 的值，可以获得不同占空比的脉冲波形。OCR0 的一些特殊值会产生极端的 PWM 波形。当 COM0[1:0]=2 且 OCR0 的值为 0xFF 时，OC0 的输出为恒定的高电平；而 OCR0 的值为 0x00 时，OC0 的输出为恒定的低电平。

3）T/C0 相关寄存器

（1）计数寄存器（TCNT0）的内部位结构如表 4-1 所示。

表 4-1 计数寄存器

位	7	6	5	4	3	2	1	0
读/写控制	R/W	R/W	R/W	R/W	R/W	R/W	R/W	R/W
初始值	0	0	0	0	0	0	0	0

TCNT0 可以直接被 MCU 读/写访问。写 TCNT0 寄存器将在下一个定时器时钟周期中阻碍比较匹配。因此，在计数器运行期间修改 TCNT0 的内容，有可能将丢失一次 TCNT0 与 OCR0 的匹配比较操作。

（2）输出比较寄存器（OCR0）的内部位结构如表 4-2 所示。

表 4-2 输出比较寄存器

位	7	6	5	4	3	2	1	0
读/写控制	R/W	R/W	R/W	R/W	R/W	R/W	R/W	R/W
初始值	0	0	0	0	0	0	0	0

OCR0 中的数据用于同 TCNT0 中的计数值进行匹配比较。在 T/C0 运行期间，比较匹配单元一直将 TCNT0 的计数值同 OCR0 的内容进行比较。一旦 TCNT0 的计数值与 OCR0 的数据匹配相等，将产生一个输出比较匹配相等的中断申请，或改变 OC0 的输出逻辑电平。

（3）T/C 中断屏蔽寄存器（TIMSK）的内部位结构如表 4-3 所示。

表 4-3　T/C 中断屏蔽寄存器

位	7	6	5	4	3	2	1	0
位名	OCIE2	TOIE2	TICIE1	OCIE1A	OCIE1B	TOIE1	OCIE0	TOIE0
读/写	R/W	R/W	R/W	R/W	R/W	R/W	R/W	R/W
初始值	0	0	0	0	0	0	0	0

① 位 1：OCIE0，T/C0 输出比较匹配中断允许标志位。当 OCIE0 置 1，且全局中断使能时，将使能 T/C0 的输出比较匹配中断。当 T/C0 的比较匹配发生，即 TIFR 中的 OCF0 置位时，中断服务程序得以执行。

② 位 0：TOIE0，T/C0 溢出中断允许标志位。当 TOIE0 置 1，且全局中断使能时，将使能 T/C0 溢出中断。当 T/C0 发生溢出，即 TIFR 中的 TOV0 置位时，中断服务程序得以执行。

（4）中断标志寄存器（TIFR）的内部位结构如表 4-4 所示。

表 4-4　中断标志寄存器

位	7	6	5	4	3	2	1	0
位名	OCF2	TOV2	ICF1	OCF1A	OCF1B	TOV1	OCF0	TOV0
读/写	R/W	R/W	R/W	R/W	R/W	R/W	R/W	R/W
初始值	0	0	0	0	0	0	0	0

① 位 1：OCF0，T/C0 比较匹配输出的中断标志位。当 T/C0 输出比较匹配成功，即 TCNT0=OCR0 时，OCF0 位置 1。此位在中断服务程序里硬件清零，也可以对其写 1 来清零。当全局中断使能，OCIE0（T/C0 比较匹配中断使能）和 OCF0 置位时，中断服务程序得到执行。

② 位 0：TOV0，T/C0 溢出中断标志位。当 T/C0 溢出时，TOV0 置位。执行相应的中断服务程序时此位硬件清零。此外，TOV0 也可以通过写 1 来清零。当全局中断使能，TOIE0（T/C0 溢出中断使能）和 TOV0 置位时，中断服务程序得到执行。在相位修正 PWM 模式中，当 T/C0 的值为 0x00 并改变计数方向时，TOV0 自动置位。

（5）T/C0 控制寄存器（TCCR0）的内部位结构如表 4-5 所示。

表 4-5　T/C0 控制寄存器

位	7	6	5	4	3	2	1	0
位名	FOC0	WGM00	COM01	COM00	WGM01	CS02	CS01	CS00
读/写	W	R/W	R/W	R/W	R/W	R/W	R/W	R/W
初始值	0	0	0	0	0	0	0	0

TCCR0 用于选择计数器的计数源、工作模式和比较输出的方式等。

① 位 7：FOC0，强制输出比较。FOC0 只在 T/C0 被设置为非 PWM 模式下工作时才有效。但为了保证与未来元器件的兼容性，在使用 PWM 时，写 TCCR0 要对其清零。当 FOC0 写 1 时，会强加在波形发生器上一个比较匹配信号，使比较匹配输出引脚 OC0 按照 COM01、COM00

两位的设置输出相应的电平。要注意，FOC0 不会引发任何中断，也不影响 TCNT0 和 OCR0 的值。读 FOC0 的返回值永远为 0。

② 位 3，位 6：WGM01 和 WGM00，定时器工作模式控制位。这两位控制 T/C0 的计数和工作方式、计数器顶部值及确定波形发生器的工作模式（见表 4-6）。

表 4-6 T/C0 的波形产生模式

模式	WGM01	WGM00	T/C0 的工作模式	TOP	OCR0 更新	TOV0 置位
0	0	0	普通模式	0xFF	立即	MAX
1	0	1	相位修正 PWM	0xFF	TOP	BOTTOM
2	1	0	CTC 模式	OCR0	立即	MAX
3	1	1	快速 PWM 模式	0xFF	TOP	MAX

③ 位 5，位 4：COM01 和 COM00，比较匹配输出方式位。这两位用于控制 OC0 的输出方式。如果 COM01 和 COM00 中的任意一位置位，OC0 以比较匹配输出的方式进行工作，OC0 替代 PB3 引脚的通用 I/O 端口功能。同时 PB3 的方向控制位 DDRB3 要置 1 以使能输出驱动器。当 PB3 作为 OC0 输出引脚时，其输出方式取决于 COM01、COM00 和 WGM01、WGM00 的设定，见表 4-7～4-9。

表 4-7 普通模式和非 PWM 模式(WGM=0、2)下的 COM01 和 COM00 的定义

COM01	COM00	说　明
0	0	PB3 为通用 I/O 引脚(OC0 与引脚不连接)
0	1	比较匹配时触发 OC0(OC0 为原 OC0 的取反)
1	0	比较匹配时清零 OC0
1	1	比较匹配时置位 OC0

表 4-8 快速 PWM 模式(WGM=3)下的 COM01 和 COM00 的定义

COM01	COM00	说　明
0	0	PB3 为通用 I/O 引脚(OC0 与引脚不连接)
0	1	保留
1	0	比较匹配时清零 OC0，计数值为 0xFF 时置位 OC0
1	1	比较匹配时置位 OC0，计数值为 0xFF 时清零 OC0

表 4-9 相位修正 PWM 模式(WGM=1)下的 COM01 和 COM00 的定义

COM01	COM00	说　明
0	0	PB3 为通用 I/O 引脚(OC0 与引脚不连接)
0	1	保留
1	0	向上计数过程中比较匹配时清零 OC0;向下计数过程中比较匹配时置位 OC0
1	1	向上计数过程中比较匹配时置位 OC0;向下计数过程中比较匹配时清零 OC0

位 2，位 1，位 0：CS02、CS01 和 CS00，T/C0 的时钟源选择。这 3 个标志位用于选择设定 T/C0 的时钟源，如表 4-10 所示。

表 4-10　T/CO 时钟分频选择

CS02	CS01	CS00	说　明
0	0	0	无时钟源(T/C0 停止)
0	0	1	1/1(不经过分频器)
0	1	0	1/8(来自预分频器)
0	1	1	1/64(来自预分频器)
1	0	0	1/256(来自预分频器)
1	0	1	1/1024(来自预分频器)
1	1	0	外部 T0 引脚,下降沿驱动
1	1	1	外部 T0 引脚,上升沿驱动

（6）特殊功能寄存器（SFIOR）的内部位结构如表 4-11 所示。

表 4-11　特殊功能寄存器

位	7	6	5	4	3	2	1	0
位名	ADTS2	ADTS1	ADTS0	—	ACME	PUD	PSR2	PSR10
读/写	R/W	R/W	R/W	R	R/W	R/W	R/W	R/W
初始化值	0	0	0	0	0	0	0	0

位 0：PSR10，T/C1 与 T/C0 预分频器复位。置位时 T/C1 与 T/C0 的预分频器复位。操作完成后这一位由硬件自动清零。写入零时不会引发任何动作。T/C1 与 T/C0 共用同一预分频器，且预分频器复位对两个定时器均有影响。该位总是读为 0。

4）T/C2 相关寄存器

与定时器/计数器 0 相同，定时器 2 也是一个通用单通道 8 位定时器/计数器，在结构和功能上二者完全一致，都包括两个中断源，有 4 种工作模式。需要注意的是 T/C2 的溢出和比较匹配中断源为 TOV2 与 OCF2，在计数过程中，相关寄存器名称也略有不同。计数寄存器为 TCNT2，输出比较寄存器为 OCR2，控制寄存器为 TCCR2。除了名称以外，在对以上寄存器的配置方法上，T/C0 和 T/C2 完全一致。以下介绍 T/C2 的异步状态寄存器（ASR）的。异步状态寄存器的内部位结构如表 4-12 所示。

表 4-12　异步状态寄存器

位	7	6	5	4	3	2	1	0
位名	—	—	—	—	AS2	TCN2UB	OCR2UB	TCR2UB
读/写	R/W	R/W	R/W	R/W	R/W	R/W	R/W	R/W
初始值	0	0	0	0	0	0	0	0

（1）位 3：AS2，异步 T/C2。当 AS2 为 0 时，T/C2 由系统时钟驱动；AS2 为 1 时，T/C2 由连

接到 TOSC1 引脚的晶体振荡器驱动。改变 AS2 有可能破坏 TCNT2、OCR2 与 TCCR2 的内容。

（2）位 2：TCN2UB，T/C2 更新中。T/C2 工作于异步模式时，写 TCNT2 将引起 TCN2UB 置位。当 TCNT2 从暂存寄存器更新完毕后，TCN2UB 由硬件清零。TCN2UB 为 0 表示 TCNT2 可以写入新值。

（3）位 1：OCR2UB，输出比较寄存器 2 更新中。T/C2 工作于异步模式时，写 OCR2 将引起 OCR2UB 置位。当 OCR2 从暂存寄存器更新完毕后，OCR2UB 由硬件清零。OCR2UB 为 0 表示 OCR2 可以写入新值。

（4）位 0：TCR2UB，T/C2 控制寄存器更新中。T/C2 工作于异步模式时，写 TCCR2 将引起 TCR2UB 置位。当 TCCR2 从暂存寄存器更新完毕后，TCR2UB 由硬件清零。TCR2UB 为 0 表示 TCCR2 可以写入新值。

5）T/C2 的异步操作

T/C2 工作于异步模式时要考虑如下几点。

（1）在同步和异步模式之间的转换有可能造成 TCNT2、OCR2 和 TCCR2 数据的损毁。安全的步骤如下：

① 清零 OCIE2 和 TOIE2 以关闭 T/C2 的中断；

② 设置 AS2 以选择合适的时钟源；

③ 对 TCNT2、OCR2 和 TCCR2 写入新的数据；

④ 切换到异步模式，等待 TCN2UB、OCR2UB 和 TCR2UB 清零；

⑤ 清除 T/C2 的中断标志；按照需要使能中断。

（2）振荡器最好使用 32.768kHz 手表晶振。给 TOSC1 提供外部时钟，可能会造成 T/C2 工作错误。系统主时钟必须比晶振高 4 倍以上。

（3）写 TCNT2、OCR2 和 TCCR2 时数据首先送入暂存器，2 个 TOSC1 时钟正跳变后才锁存到对应的寄存器。在数据从暂存器写入目的寄存器之前不能执行新的数据写入操作。3 个寄存器具有各自独立的暂存器，因此写 TCNT2 并不会干扰 OCR2 的写操作。ASR 用来检查数据是否已经写入到目的寄存器。

（4）如果要用 T/C2 作为 MCU 省电模式或扩展 Standby 模式的唤醒条件，则在 TCNT2、OCR2A 和 TCCR2A 更新结束之前不能进入这些休眠模式，否则 MCU 可能会在 T/C2 设置生效之前进入休眠模式。这对于用 T/C2 的比较匹配中断唤醒 MCU 尤其重要，因为在更新 OCR2 成 TCNT2 时比较匹配是禁止的。如果在更新完成之前（OCR2UB 为 0）MCU 就进入了休眠模式，那么比较匹配中断永远不会发生，MCU 也永远无法唤醒了。

（5）如果要用 T/C2 作为省电模式或扩展 Standby 模式的唤醒条件，必须注意重新进入这些休眠模式的过程。中断逻辑需要一个 TOSC1 周期进行复位。如果从唤醒到重新进入休眠的时间小于一个 TOSC1 周期，中断将不再发生，元器件也无法唤醒。如果用户怀疑自己程序是否满足这一条件，可以采取如下方法：

① 对 TCCR2、TCNT2 或 OCR2 写入合适的数据；

② 等待 ASR 相应的更新忙标志清零；

③ 进入省电模式或扩展 Standby 模式。

（6）若选择了异步模式，T/C2 的 32.768kHz 振荡器将一直工作，除非进入省电模式或扩展 Standby 模式。应该注意到此振荡器的稳定时间可能长达 1 s。因此，建议在元器件上电复位，或从省电模式或扩展 Standby 模式唤醒时至少等待 1 s 后再使用 T/C2。同时，由于启动过程时钟的不稳定性，唤醒时所有 T/C2 的内容都可能不正确，不论使用的是晶体还是外部时钟信号，都必须重新给这些寄存器赋值。

（7）使用异步时钟时，省电模式或扩展 Standby 模式的唤醒过程为：中断条件满足后，在下一个定时器时钟唤醒过程启动。也就是说，在处理器可以读取计数器的数值之前计数器至少又累加了一个时钟。唤醒后 MCU 停止 4 个时钟，接着执行中断服务程序。中断服务程序结束之后开始执行 SLEEP 语句之后的程序。

（8）从省电模式唤醒之后的短时间内读 TCNT2 可能返回不正确的数据。因为 TCNT2 是由异步的 TOSC 时钟驱动的，而读 TCNT2 必须通过一个与内部 I/O 时钟同步的寄存器来完成。同步发生于每个 TOSC1 的上升沿。从省电模式唤醒后 I/O 时钟重新激活，而读到的 TCNT2 数值为进入休眠模式前的值，直到下一个 TOSC1 上升沿的到来。从省电模式唤醒时 TOSC1 的相位是完全不可预测的，而且与唤醒时间有关。因此，读 TCNT2 的推荐序列如下：

① 写一个任意数值到 OCR2 或 TCCR2；

② 等待相应的更新忙标志清零；

③ 读 TCNT2。

（9）在异步模式下，中断标志的同步需要 3 个处理器周期加一个定时器周期。在处理器可以读取引起中断标志置位的计数器数值之前，计数器至少又累加了一个时钟。输出比较引脚的变化与定时器时钟同步，而不是处理器时钟。

4.1.3　项目硬件电路设计

要使用定时器/计数器的计数功能，用 T/C0 计数，需要使用 PB0 的第二功能 T0，PB0 端口连接按键，项目总体电路原理如图 4-10 所示。

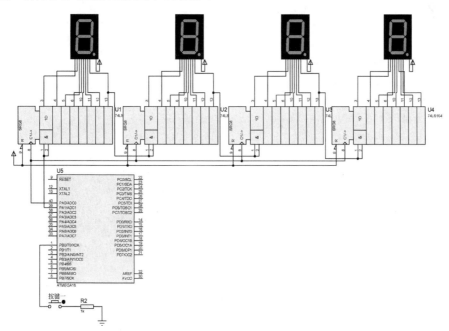

图 4-10　项目总体硬件原理

4.1.4 项目驱动软件设计

1．项目程序架构

计数功能不需要编写相应软件实现，只需要对 TCCR0 进行相应配置，将 PB0 端口的第二功能 T0 作为外部输入使用，就能通过外部按键实现对 TCNT0 的加 1 功能，也就实现了计数，如图 4-11 所示。最后通过显示子函数将 TCNT0 的值显示出来即可。

TCNT0 计数到顶部值后，下一次计数会从"0"开始。

2．参考程序

实现本项目的程序代码如下：

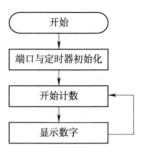

图 4-11　软件设计流程图

```c
#include <avr/io.h>
#include <util/delay.h>

#define dath PORTA|=_BV(1)
#define datl PORTA&=~_BV(1)
#define clkh PORTA|=_BV(0)
#define clkl PORTA&=~_BV(0)
volatile int i=0;
const unsigned char led_table[16]={0xC0,0xF9,0xA4,0xB0,0x99,0x92,0x82,
0xF8,0x80,0x90,0x88,0x83,0xC6,0xA1,0x86,0x8E};

void display(unsigned char no)
{
    unsigned char j,data;
    data=led_table[no];
    for(j=0;j<8;j++)
    {
        clkl;
        if(data&0x80)
            dath;
        else
            datl;
        clkh;
        data<<=1;
    }
}
void show()
{
    uint8_t a,b,c,d;
    a=i%10;          //取得 i 的个位
    b=i%100/10;      //取得 i 的十位
    c=i/100%10;      //取得 i 的百位
    d=i/1000;        //取得 i 的千位
```

```
        play(a);          //显示数值 a
        play(b);
        play(c);
        play(d);
        _delay_ms(300);   //延时，观察显示结果
}

int main()
{

        DDRA|=0x03;       //配置输出 PA0 PA1 用于串行显示
        DDRB&=~0X01;      //PB0 输入
        PORTB|=0x01;      //PB0 内部上拉
        TCCR0=0x07;       //外部 T0 引脚，上升沿驱动
        TCNT0=0x10;
        while(1)
        {
            i=TCNT0;
            show();
        }

}
```

4.1.5　学生项目：电子跑表

1．项目背景

利用 ATmega16 内部的定时器/计数器 0 制作一个简单的电子跑表，由 4 个 LED 数码管显示时间，最高计时可达 9min59.9s，并由相应的"开始/停止"键控制。

2．项目硬件电路设计

这里省略了 ATmega16 外部应接的电源电路等部分外围电路，显示部分原理图和之前的串行显示一致，两个按键分别接到外部中断 1 和外部中断 2 对应的 PD3 和 PB2 上，在复位端有手动复位按键。用 ATmega16 实现一个 60 Hz 的时钟发生器：4 个 LED 数码管显示时间，最高计时可达 9min59.9s；按下"开始"键开始计时，按下"暂停"键时停止计时，LED 显示静止。第 3 次按下"开始"按键时将继续上一次计时。定时器显示电路原理如图 4-12 所示。

3．项目驱动软件设计

本程序使用了定时器 0 的普通模式，在计数寄存器达到顶端值后触发溢出中断。配置 TCCR0 使用内部 8 MHz 晶振，256 分频。假设我们需要 T/C0 计时 4 ms，这样在溢出 25 次后我们就得到了 0.1 s。根据式（4-1）有

$$Start = 256 - 4 \times 10^{-3} \times 8 \times 10^{6}/256 = 131$$

这样我们计算出 TCNT0 的初值为 131，转换成十六进制数为 0x83。通过程序在溢出 25 次后将百毫秒变量 dsec_counter 自加 1，由百毫秒变量就可以分别计算得到秒、分钟的值，最后通过串显函数将结果显示出来。也可以自行设置计时间隔，通过修改计数寄存器的初值来实现相应的定时间隔。图 4-13 所示为电子跑表显示流程图。

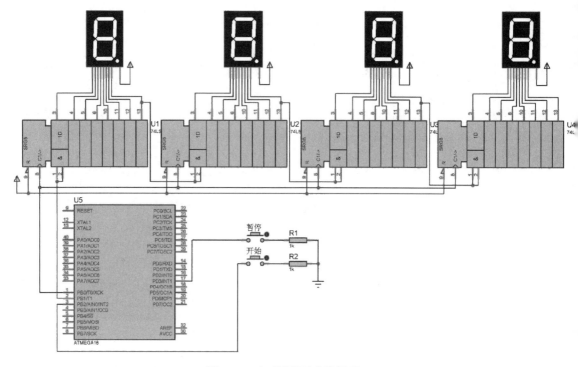

图 4-12　定时器显示电路原理

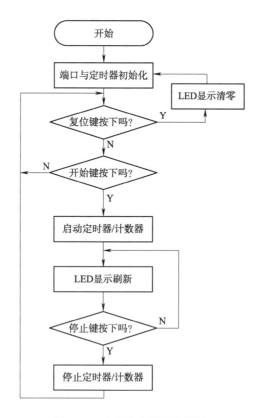

图 4-13　电子跑表显示流程图

4．参考程序

实现本项目的程序代码如下：

```c
#include <avr/io.h>
#include <util/delay.h>
#include <avr/interrupt.h>
#define dath PORTB|=_BV(1)
#define datl PORTB&=~_BV(1)
#define clkh PORTB|=_BV(0)
#define clkl PORTB&=~_BV(0)
const unsigned char led_table[16]={0xC0,0xF9,0xA4,0xB0,0x99,0x92,0x82,
0xF8,0x80,0x90,0x88,0x83,0xC6,0xA1,0x86,0x8E};

unsigned char Seg_buff[4];
unsigned int msec,dsec,sec;
volatile char Flag=0;       //控制显示由于为在中断函数中改变则应加 volatile 关键字
//串行显示函数
void display(unsigned char data)
{
    unsigned char j;
    for(j=0;j<8;j++)
    {
        clkl;
        if(data&0x80)
            dath;
        else
            datl;
        clkh;
        data<<=1;
    }
}
/*中断 1 服务函数停止跑表*/
ISR(INT1_vect)
{
    Flag=0;
}
/*中断 2 服务函数 启动跑表*/
ISR(INT2_vect)
{
    Flag=1;
}
/*定时器 0 服务函数 定时 4ms 并计算跑表逻辑*/
ISR(TIMER0_OVF_vect)
{
    TCNT0=0x03;
    if(Flag)
```

```c
        {
            msec++;
            if(msec>25)
            {
                dsec++;
                if(dsec>5999) dsec=0;
                msec=0;
            }
            Seg_buff[0]=dsec%10;
            sec=dsec/10;
            Seg_buff[1]=sec%60%10;
            Seg_buff[2]=sec%60/10;
            Seg_buff[3]=sec/60;
        }
}
int main()
{
    DDRB|=0x03;
    PORTB|=0x04;
    DDRD&=0xf7;
    PORTD|=0x08;

    cli();
//中断部分初始化
    GICR|=0xa0;
    MCUCR|=0x08;
    MCUCSR|=0x40;
    GIFR|=_BV(5);
//定时器部分初始化
    TCCR0=0x04;  //内部 8MHz 晶振 256 分频
    TCNT0=0x83;  //4ms 溢出一次 0x83 = 131 溢出值 256-131 =125
    TIMSK=0x01;  //溢出中断使能
    sei();

    while(1)
    {
        if(Flag)      //控制显示与否
        {
            play(led_table[Seg_buff[0]]);
            play(led_table[Seg_buff[1]]&0x7f);
            play(led_table[Seg_buff[2]]);
            play(led_table[Seg_buff[3]]&0x7f);
            _delay_ms(300);
        }
    }
}
```

4.2　项目 11：PWM 模式控制调光灯

4.2.1　项目背景

利用 ATmega16 内部的定时器/计数器的 PWM 功能，对 LED 进行调光控制，通过外部信号触发，改变 PWM 的占空比，实现 LED 渐明渐暗显示效果。

4.2.2　基础知识

1. PWM 的基本概念

PWM 是脉冲宽度调制的英文缩写。实际上 PWM 波也是一个连续的方波，但在一个周期中，其高电平和低电平的占空比是不同的。一个典型的 PWM 波如图 4-14 所示。

图 4-14 中，T 是 PWM 波的周期；T_1 是高电平的宽度；VCC 是高电平值。当该 PWM 波通过一个积分器（低通滤波器）后，可以得到其输出的平均电压为：

$$V = \frac{\text{VCC} \times T_1}{T}$$

式中：T_1/T 称为 PWM 波的占空比。控制调节和改变 T_1 的宽度，即可改变 PWM 波的占空比，得到不同的平均电压输出。因此，在实际应用中，常利用 PWM 波的输出实现 D/A 转换，调节电压或电流控制改变电动机的转速，实现变频控制等功能。

一个 PWM 波的参数有频率、占空比和相位（在一个 PWM 周期中，高低电平转换的起始时间），其中频率和占空比为主要的参数。图 4-15 为 3 个占空比都为 2/3 的 PWM 波，尽管它们输出的平均电压是一样的，但图 4.15(b) 中 PWM 波的频率比图 4.15(a) 的高 1 倍，相位相同；而图 4.15(c) 中 PWM 波的频率与图 4.15(a) 的相同，但相位不同。

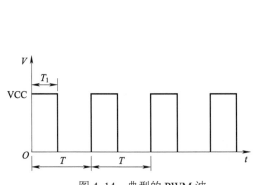

图 4-14　典型的 PWM 波　　　图 4-15　占空比相同，频率和相位不同的 PWM 波

在实际应用中，除了要考虑如何正确地控制和调整 PWM 波的占空比，以获得达到要求的平均电压输出外，还需要综合考虑 PWM 波的周期、PWM 波占空比调节的精度（通常用位表示）、积分器的设计等。而且这些因素相互之间也是牵连的，根据 PWM 波的特点，在使用 AVR 定时器/计数器设计输出 PWM 波时应注意以下几点。

（1）应根据实际情况，确定需要输出的 PWM 波的频率范围。这个频率与控制对象有关。例如输出的 PWM 波用于控制灯的亮度，由于人眼不能分辨 24Hz 以上的频率，所以 PWM 波的频率应高于

42Hz；否则人眼会察觉到灯的闪烁。PWM 波的频率越高，经过积分器输出的电压也越 平滑。

（2）考虑占空比的调节精度。同样，PWM 波占空比的调节精度越高，经过积分器输出的电压也越平滑。但占空比的调节精度与 PWM 波的频率相互矛盾，在相同的系统时钟频率时，提高占空比的调节精度，将导致 PWM 波的频率降低。

（3）由于 PWM 波的本身还是数字脉冲波，其中含有大量丰富的高频成分，因此在实际使用中，还需要一个好的积分器电路，如采用有源低通滤波器或多阶滤波器等，能将高频成分有效地去除掉，从而获得比较好的模拟变化信号。

2．PWM 相关寄存器

ATmega16 的 T/C0 和 T/C2 都具备产生 PWM 波的功能，其工作原理和寄存器设置参见 4.1 节中的基础知识部分，此处不再赘述。

3．PWM 波频率

快速 PWM 模式可以得到频率较高、相位固定的 PWM 波输出，适合一些要求输出的 PWM 波频率较高、频率相位固定的应用。在快速 PWM 模式中，计数器仅工作在单程正向计数方式，计数器的顶部值决定了 PWM 波的频率，而 OCRn 的值决定了占空比的大小。快速 PWM 模式下 PWM 波频率的计算公式为：

$$PWM 波频率=系统时钟频率/(分频系数×256)$$

相位修正 PWM 模式的输出频率较低，此时计数器工作在双向计数方式。同样，计数器的顶部值决定了 PWM 波的频率，OCRn 的值决定了占空比的大小。相位修正 PWM 模式下 PWM 波频率的计算公式为：

$$PWM 波频率=系统时钟频率/(分频系数×510)$$

相位顶部 PWM 模式适合在要求输出的 PWM 波频率较低、频率固定的应用中，由于计数器工作在双向模式，当调整占空比时（改变 OCR0 的值），PWM 波的相位也相应地变化（Phase Correct），但由于其产生的 PWM 波是对称的，更适合在电动机控制中使用。

T/C0 和 T/C2 两种 PWM 模式都输出固定 8 位的 PWM 波，TCNTn 的顶部值为固定的 0xFF（8 位 T/C）。OCRn 的值与计数器顶部值之比即为占空比或（1−占空比）。

4.2.3　项目硬件电路设计

通过 INT0 和 INT1 外接按键控制程序，使单片机通过 PB3（OC0）上的电平变化来控制 LED 产生相应的明暗变化，PWM 模式调光硬件原理如图 4-16 所示。

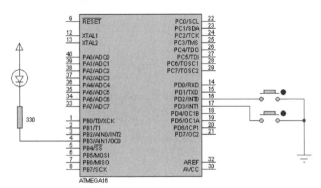

图 4-16　PWM 模式调光硬件原理

4.2.4　项目驱动软件设计

1. 项目程序架构

当定时器/计数器工作于 PWM 模式时，在计数的过程中，单片机内部硬件会对计数寄存器值和比较寄存器值进行比较，当两个值匹配时（相等）时，自动置位（清零）一个固定引脚的输出电平（T/C0 是 OC0 即 PB3 引脚），而当计数器的值达到最大时，自动将该引脚的输出电平清零（置位）。因此，在程序中改变比较寄存器的值，定时器/计数器就能自动产生普通频率的方波（PWM 波）信号。比较寄存器的值可在外部中断 0 和 1 的服务程序中进行修改。图 4-17 所示为PWM 模式调光程序流程图。

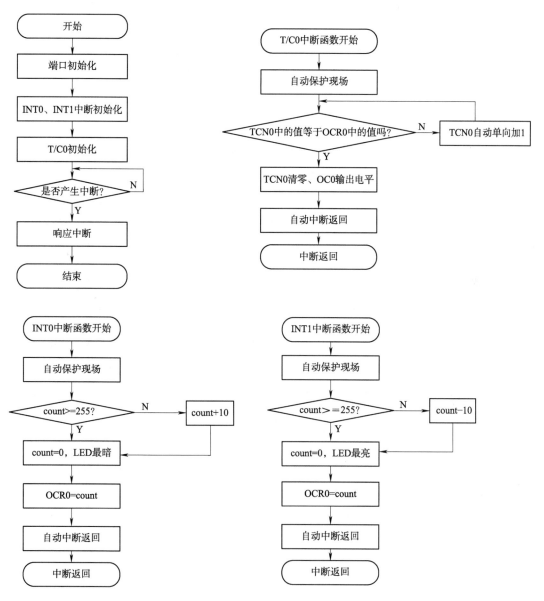

图 4-17　PWM 模式调光程序流程图

2. 参考程序

实现本项目的程序代码如下：

```c
#include <avr/io.h>
#include <util/delay.h>
#include <avr/interrupt.h>
#define button1 PIND&0x04
#define button2 PIND&0x08
unsigned char count;
void port_init(void)              //端口初始化
{
    DDRB=0xFF;                    //PB 端口配置为输出
    PORTB=0xFF;                   //PB 端口初始值设置
    DDRD=0xF3;                    //PD2、PD3 端口配置为输出
    PORTD=0xFF;
}
void TC0_init(void)               // T/C0 初始化设置
{
    TCCR0=0x7A;                   // WGM01=1 WGM00=1 选择快速 PWM 模式
                                  //COM01=1 COM00=1 比较匹配时，置位 OC0；
                                  //CS02=0 CS01=1 CS00=0 选择 8 分频
    OCR0=0x00;
    sei();
}
ISR(INT0_vect)                    //INT0 中断函数
{
    _delay_ms(10);
    if(button1==0)                //再次确认按键，软件防抖
    {
        if(count>=255)
        {
            count=0;              //OCR=0 时，LED 最暗，然后逐渐变亮
        }
        else
        {
            count=count+10;
            OCR0=count;           //比较匹配寄存器赋值
            _delay_ms(10);        //延时一段时间，以观察效果
        }
    }
}
ISR(INT1_vect)                    //INT1 中断函数
```

```
    {
        _delay_ms(10);
        if(button2==0)                  //再次确认按键，软件防抖
        {
            if(count<=0)
            {
                count=255;              //OCR=255 时，LED 最亮，然后逐渐变暗
            }
            else
            {
                count=count-10;
                OCR0=count;             //比较匹配寄存器赋值
                _delay_ms(10);         //延时一段时间，以观察效果
            }
        }
}/**/
void INT_init(void)                     //中断初始化设置
{
    MCUCR=0x0A;                         //定义 INT0 和 INT1 为下降沿时产生中断
    GICR=0Xc0;                          //允许 INT0 和 INT1 产生中断
    sei();                              //开启总中断
}
int main(void)
{
    port_init();
    INT_init();
    TC0_init();
    while(1);
}
```

4.2.5　学生项目：PWM 模式生成锯齿波

1. 项目背景

利用 ATmega16 内部 T/C0 的 PWM 功能可以很方便地产生各种模拟波形，下面利用 T/C0 的快速 PWM 模式产生一个 0～5 V 锯齿波。

2. 项目硬件电路设计

项目硬件电路如图 4-18 所示。其中 ATmega16 中 PB3 为 T/C0 的匹配输出引脚 OC0。PWM 波由 OC0 输出，经过一个低通滤波器，滤掉高频成分，使其平滑，在 A 点得到所需的锯齿波，此低通滤波器由电容 C1 和电阻 R1 组成。

3. 项目驱动软件设计

本程序使用了 T/C0 的 PWM 模式，系统时钟频率为 1 MHz，分频系数为 8，产生的

PWM 波频率约为 488 Hz。OCR0 初始值为 0，每次赋值 OCR0 的值加 1，每隔 50 ms 在 while 循环里赋一个匹配值给 OCR0，OCR0 的顶部值为 0xff，得到的锯齿波周期为 255×50 ms=12.75 ms。

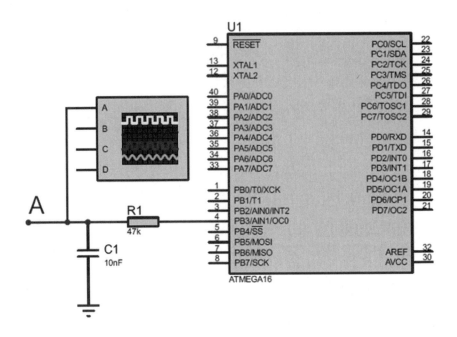

图 4-18　项目硬件电路

4. 参考程序

实现本项目的程序代码如下：

```c
#include <inttypes.h>
#include <avr/io.h>
#include <avr/interrupt.h>
#include <avr/sleep.h>
#include <util/delay.h>
#define INT8U unsigned char
#define INT16U unsigned int

void init_IO(void)              //初始化 I/O 端口
{
    DDRB=0xff;                  //将 PB 端口设为输出
    PORTB=0x00;                 //PB 端口初始化输出 00000000
    TCCR0=0x6A;                 //快速 PWM 模式，使用系统时钟 8 分频
    OCR0=0x00;
}
int main(void)
```

```
{
    INT8U wide=0;            //定义局部变量 wide 作调宽系数（0～255）
    init_IO();               //初始化
    while (1)
    {
        _delay_ms(50);       //延时 50ms
        if(++wide==255)
            wide=0;          //wide+1，范围 0～255
        OCR0=wide;           //OCR0 重新赋值
    }
}
```

4.3　项目 12：音符发生器

4.3.1　项目背景

利用 ATmega16 内部的 T/C1 制作一个音符发生器，通过按键按下输出一段有 14 个符的音阶，音符的输出由定时器控制完成。

4.3.2　基础知识

1. 16 位定时器/计数器 T/C1 的特点

ATmega16 的 T/C1 是一个 16 位的多功能定时器/计数器，它的计数宽度、计时长度大大增加，配合一个独立的 10 位预分频器，在系统晶振为 4 MHz 的条件下，最高计时精度为 0.25 μs，而最长的时宽可达到 16.777 216 s，这是其他 8 位单片机做不到的。T/C1 可以实现精确的程序定时（事件管理）、波形产生和信号测量。其主要特点如下：

（1）2 个独立的输出比较匹配单元；

（2）双缓冲输出比较寄存器；

（3）1 个输入捕捉单元；

（4）输入捕捉噪声抑制；

（5）比较匹配时清零计数器（自动重装特性，Auto Reload）；

（6）可产生无输出抖动（glitch-free）相位可调的脉宽调制（PWM）信号输出；

（7）周期可调的 PWM 波形输出；

（8）带 10 位的时钟预分频器；

（9）4 个独立的中断源（TOV1、OCF1A、OCF1B、ICF1）。

2. 16 位定时器/计数器 T/C1 的结构

16 位定时器/计数器 T/C1 的结构框图如图 4-19 所示。图中给出了 MCU 可以操作的寄存器以及相关的标志位，其中，计数寄存器 TCNT1、输出比较寄存器（OCR1A、OCR1B）和输入捕捉寄存器（ICR1）都是 16 位的寄存器。T/C1 所有的中断请求信号 TOV1、OC1A、OC1B、ICF1 可以在中断标志寄存器（TIFR）找到，而在 T/C 中断屏蔽寄存器（TIMSK）中，可以找到与它们对应的 4 个相互独立的中断屏蔽控制位 TOIE1、OCIE1A、OCIE1B 和 TICIE1。TCCR1A、TCCR1B 为 2 个 8 位寄存器，是 T/C1 的控制寄存器。

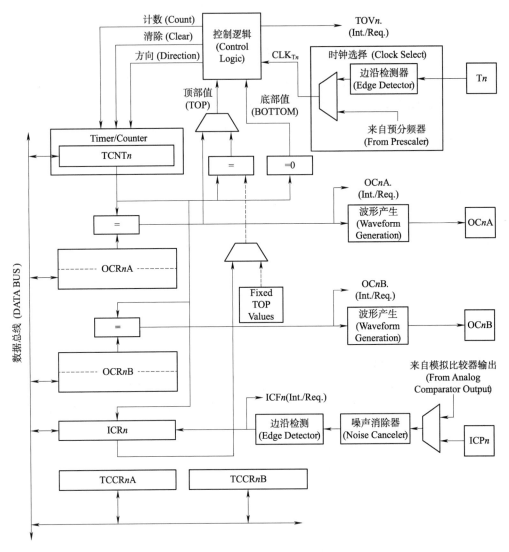

图 4-19 16 位定时/计数器 T/C1 的结构框图

T/C1 时钟源的选择由 TCCR1B 中的 3 个标志位 CS1[2:0]确定，共有 8 种选择。其中包括无时钟源（停止计数），外部引脚 T1 的上升沿或下降沿，以及内部系统时钟经过一个 10 位预分频器分频的 5 种频率的时钟信号（1/1、1/8、1/64、1/256、1/1 024）。T/C1 基本的工作原理和功能与 8 位定时器/计数器相同，常规的使用方法也是类似的。但与 8 位的 T/C0、T/C2 相比，T/C1 不仅位数增加到 16 位，其功能也更加强大。

（1）T/C1 计数单元。T/C1 计数单元是一个可编程的 16 位双向计数器，图 4-20 为它的逻辑功能图。

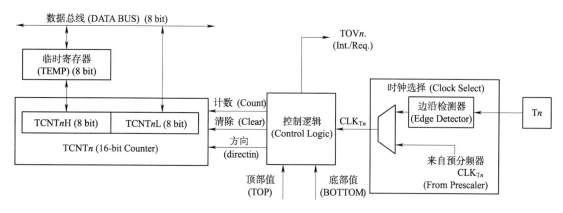

图 4-20　T/C1 计数单元的逻辑功能图

图中符号所代表的意义如下：

① 计数（count）：TCNT1 加 1 或减 1；

② 方向（direction）：加或减的控制；

③ 清除（clear）：清零 TCNT0；

④ 计数时钟（clkT1）：T/C1 时钟源；

⑤ 顶部值（TOP）：表示 TCNT2 计数值到达上边界；

⑥ 底部值（BOTTOM）：表示 TCNT2 计数值到达下边界（零）。

16 位计数器映射到两个 8 位 I/O 寄存器位置：TCNT1H 为高 8 位，TCNT1L 为低 8 位。根据不同的工作模式，计数器针对每一个 CLK$_{T1}$ 实现清零、加一或减一操作。CLK$_{T1}$ 可以由内部时钟源或外部时钟源产生，具体由时钟选择位 CS12、CS11 和 CS10 确定。没有选择时钟源时（CS1[2:0]=0）定时器停止。但是不管有没有 CLK$_{T1}$，CPU 都可以访问 TCNT1。CPU 写操作比计数器其他操作（清零、加减操作）的优先级高。

（2）T/C1 时钟源。T/C1 时钟源可由来自外部引脚 T1 的信号提供，也可来自芯片的内部。图 4-20 中含有 T/C1 时钟源的内部功能示意。

① T/C1 时钟源的选择。T/C1 时钟源的选择由 TCCR1B 中的 3 个标志位 CS1[2:0]确定，共有 8 种选择。其中包括无时钟源（停止计数）、外部引脚 T0 的上升沿或下降沿，以及内部系统时钟经过一个 10 位预分频器分频的 5 种频率的时钟信号（1/1、1/8、1/64、1/256、1/1 024）。T/C0 与 T/C1 共享一个预分频器，但它们时钟源的选择是独立的。

② 使用内部时钟源。

T/C1 使用内部时钟作为计数源时，通常是用作定时器，因为系统的时钟频率是已知的，所以通过计数器的计数值就可以知道时间值。AVR 在定时器/计数器和内部时钟之间增加了一个预分频器，分频器对系统时钟信号进行不同比例的分频，分频后的时钟信号提供定时器/计数器使用。利用预分频器，定时器/计数器可以从内部时钟获得几种不同频率的计数脉冲信号，使用非常灵活。分频器的硬件结构框图如图 4-21 所示，T/C0 与 T/C1 共享一个预分频器，但它们时钟源的选择是独立的。

③ 用外部时钟源。当 T/C1 使用外部时钟作为计数源时，通常作为计数器使用，用于记录外部脉冲的个数。图 4-22 所示为 T/C1 外部时钟源的检测采样逻辑功能图。

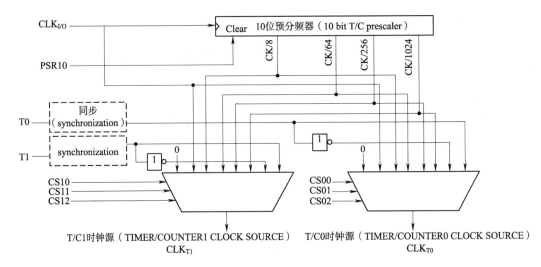

图 4-21　T/C1 的时钟源与 10 位预分频器

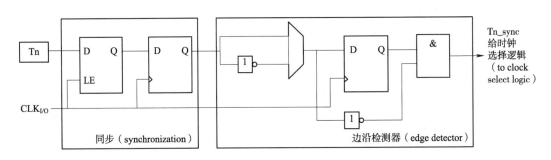

图 4-22　T/C1 外部时钟源的检测采样逻辑功能图

外部引脚 T1（PB1）上的脉冲信号可以作为 T/C1 的计数时钟源。PB1 引脚内部有一个同步采样电路（Synchronization），它在每个系统时钟周期都对 T1 引脚上的电平进行同步采样，然后将同步采样信号送到边沿检测器（Edge Detector）中。同步采样电路在系统时钟的上升沿将引脚信号电平打入寄存器，当检测到一个正跳变或负跳变时产生一个计数脉冲 CLK_{T1}。

3. T/C1 的输入捕捉功能

T/C1 的输入捕捉功能是 AVR 定时器/计数器的另一个非常有特点的功能。T/C1 的输入捕捉单元如图 4-23 所示，可应用于精确捕捉一个外部事件的发生，记录事件发生的时间印记（Time-stamp）。捕捉外部事件发生的触发信号由引脚 ICP1 输入，或模拟比较器的 AC0 单元的输出信号也可作为外部事件捕获的触发信号。

当一个输入捕捉事件发生，如外部引脚 ICP1 上的逻辑电平变化时，或者模拟比较器输出电平变化（事件发生）时，TCNT1 中的计数值被写入 ICR1 中，置位 ICF1，并产生中断申请。输入捕捉功能可用于频率和周期的精确测量。

置位 ICNC 将使能对输入捕捉触发信号的噪声抑制功能。噪声抑制电路是一个数字滤波器，它对输入触发信号进行 4 次采样，当 4 次采样值相等才确认此触发信号。因此使能输入捕捉触发信号的噪声抑制功能可以对输入的触发信号的噪声实现抑制，但确认触发信号比真实的触发信号延时了 4 个系统时钟周期。噪声抑制功能通过 TCCR1B 中的 ICNC 来使能。如果使能了输入噪声抑制功能，则捕捉输入信号的变化到 ICR1 的更新延迟 4 个时钟周期。噪声抑制功能使用的系统时钟与预分频器无关。

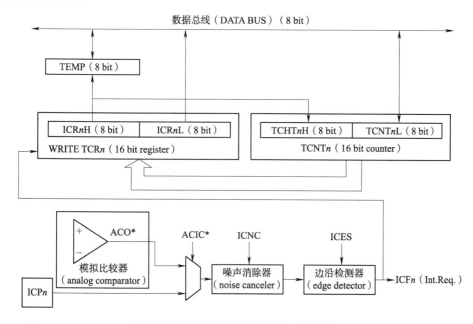

图 4-23　T/C1 的输入捕捉单元（n 为 1）

输入捕捉信号触发方式的选择由 TCCR1B 中的第 6 位 ICES1 决定，当 ICES1 设置为 "0" 时，输入信号的下降沿将触发输入捕捉动作；当 ICES1 为 "1" 时，输入信号的上升沿将触发输入捕捉动作。一旦一个输入捕捉信号的逻辑电平变化触发了输入捕捉动作时，TCNT1 中的计数值被写入 ICR1 中，并置位 ICF1，申请中断处理。

ICR1 由两个 8 位寄存器 ICR1H、ICR1L 组成，当 T/C1 工作在输入捕捉模式时，一旦外部引脚 ICP1 或模拟比较器有输入捕捉触发信号产生，TCNT1 中的计数值写入 ICR1 中。当 T/C1 工作在其他模式时，如 PWM 模式时，ICR1 的设定值可作为顶部值（TOP）。此时 ICP1 引脚与计数器脱离，将禁止输入捕获功能。

输入捕捉事件发生后产生的 ICF1，以及相应的 TICIE1 可以在 TIFR 和 TIMSK 中找到。

采用输入捕捉功能进行精确周期测量的基本原理比较简单，实际上就是将被测信号作为 ICP1 的输入，被测信号的上升（下降）沿作为输入捕捉的触发信号。T/C1 工作在常规计数器方式，对设定的已知系统时钟脉冲进行计数。在计数器正常工作的过程中，一旦 ICP1 上的输入信号由低变高（假定上升沿触发输入捕捉事件）时，TCNT1 的计数值就被同步复制到 ICR1 中。换言之，当每一次 ICP1 输入信号由低变高时，TCNT1 的计数值都会再次同步复制到 ICR1 中。

如果能够及时将两次连续的 ICR1 中的数据记录下来，那么两次 ICR1 的差值乘以已知的计数器计数脉冲的周期，就是输入信号一个周期的时间。由于在整个过程中，计数器的计数工作没有受到任何影响，捕捉事件发生的时间标记也是由硬件自动同步复制到 ICR1 中的，因此所得到的周期值是非常精确的。

4. T/C1 相关寄存器

（1）T/C1 计数寄存器（TCNT1H、TCNT1L）的内部位结构如表 4-13 所示。

表 4-13　T/C 计数寄存器

位	7	6	5	4	3	2	1	0
				TCNT1[15:8]				
				TCNT1[7:0]				
读/写	R/W	R/W	R/W	R/W	R/W	R/W	R/W	R/W
初始值	0	0	0	0	0	0	0	0

TCNT1H 和 TCNT1L 组成 T/C1 的 16 位计数寄存器 TCNT1，它是向上计数的计数器(加法计数器)或上/下计数的计数器（在 PWM 模式下）。若 T/C1 被置初值，则 T/C1 将在预置初值的基础上计数。

（2）T/C1 输出比较寄存器（OCR1A、OCR1B）的内部位结构如图 4-14 所示。

表 4-14　T/C1 输出比较寄存器

位	7	6	5	4	3	2	1	0
				OCR1A [15:8]				
				OCR1A [7:0]				
读/写	R/W	R/W	R/W	R/W	R/W	R/W	R/W	R/W
初始值	0	0	0	0	0	0	0	0

位	7	6	5	4	3	2	1	0
				OCR1B[15:8]				
				OCR1B[7:0]				
读/写	R/W	R/W	R/W	R/W	R/W	R/W	R/W	R/W
初始值	0	0	0	0	0	0	0	0

OCR1AH 和 OCR1AL（OCR1BH 和 OCR1BL）组成 16 位输出比较寄存器 OCR1A（OCR1B）。该寄存器中的 16 位数据用于同 TCNT1 中的计数值进行连续的匹配比较。一旦 TCNT1 的计数值与 OCR1A（OCR1B）的数据匹配相等，则比较匹配发生。用软件的写操作将 TCNT1 与 OCR1A、OCR1B 设置为相等，不会引发比较匹配。一旦数据匹配，将产生一个输出比较中断，或改变 OC1A（OC1B）的输出逻辑电平。

（3）T/C1 输入捕捉寄存器（ICR1）的内部位结构如表 4-15 所示。

表 4-15　T/C1 输入捕捉寄存器

位	7	6	5	4	3	2	1	0
				ICR1 [15:8]				
				ICR1[7:0]				
读/写	R/W	R/W	R/W	R/W	R/W	R/W	R/W	R/W
初始值	0	0	0	0	0	0	0	0

当外部引脚 ICP1（或 T/C1 的模拟比较器）有输入捕捉触发信号产生时，TCNT1 中的值写入 ICR1 中。按照 ICES1 的设定，外部输入捕获引脚 ICP 发生上跳变或下跳变时，TCNT1 中的值写入 ICR1 中，同时 ICF1 置 1。ICR1 的设定值可作为计数器的顶部值。

（4）T/C1 控制寄存器（TCCR1A）的内部位结构如表 4-16 所示。

表 4-16　T/C1 控制寄存器（TCCR1A）

位	7	6	5	4	3	2	1	0
位名	COM1A1	COM1A0	COM1B1	COM1B0	FOC1A	FOC1B	WGM11	WGM10
读/写	R/W	R/W	R/W	R/W	W	W	R/W	R/W
初始值	0	0	0	0	0	0	0	0

① 位 6、位 7：T/C1 比较匹配 A 输出模式。这两位决定了 T/C1 比较匹配发生时输出引脚 OC1A 的输出行为。

② 位 5、位 4：T/C1 比较匹配 B 输出模式。这两位决定了 T/C1 比较匹配发生时输出引脚 OC1A 的输出行为。表 4-17 给出了当 T/C1 设置为普通模式和 CTC 模式（非 PWM 模式）时 COM1A（COM1B）的功能定义。表 4-18 给出了当 T/C1 设置为快速 PWM 模式时 COM1A（COM1B）的功能定义。表 4-19 给出了当 T/C1 设置为相位修正 PWM 模式或相频修正 PWM 模式时 COM1A（COM1B）的功能定义。

表 4-17　非 PWM 模式时 COMx1:0 的功能定义

COM1A1/COM1B1	COM1A0/COM1B0	说　明
0	0	普通端口操作,非 OC1A/OC1B 功能
0	1	比较匹配时 OC1A/OC1B 电平取反
1	0	比较匹配时清零 OC1A/OC1B(输出低电平)
1	1	比较匹配时置位 OC1A/OC1B(输出高电平)

表 4-18　快速 PWM 模式时 COMx1:0 的功能定义

COM1A1/COM1B1	COM1A0/COM1B0	说　明
0	0	普通端口操作,非 OC1A/OC1B 功能
0	1	WGM13:10=15:比较匹配时 OC1A 取反,OC1B 不占用物理引脚。WGM13:0 为其他值时为普通端口操作,非 OC1A/OC1B 功能
1	0	比较匹配时清零 OC1A/OC1B, OC1A/OC1B 在 TOP 时置位
1	1	比较匹配时置位 OC1A/OC1B, OC1A/OC1B 在 TOP 时清零

表 4-19　相应修正 PWM 模式或相频修正 PWM 模式时 COMx1:0 的功能定义

COM1A1/COM1B1	COM1A0/COM1B0	说　明
0	0	普通端口操作,非 OC1A/OC1B 功能
0	1	WGM13:10=9 或 14：比较匹配时 OC1A 取反,OC1B 不占用物理引脚。WGM13:0 为其他值时为普通端口操作,非 OC1A/OC1B 功能
1	0	升序计数时比较匹配将清零 OC1A/OC1B,降序记数时比较匹配将置位 OC1A/OC1B
1	1	升序计数时比较匹配将置位 OC1A/OC1B,降序记数时比较匹配将清零 OC1A/OC1B

③ 位 3：通道 A 强制输出比较 FOC1A。

④ 位 2：通道 B 强制输出比较 FOC1B。

只有当 WGM13:0 指定为非 PWM 模式时 FOC1A/FOC1B 被激活。如果 T/C1 工作在 PWM 模式下对 TCCR1A 写入时，这两位必须清零。当 FOC1A/FOC1B 置 1，立即强制波形产生单元进行比较匹配。

⑤ 位 1、位 0：波形发生模式 WGM11、WGM10。这两位与位于 TCCR1B 的 WGM13:12 相结合，用于控制计数器的计数方式—计数器计数的顶部值和确定波形发生器的工作模式（见表 4-19）。

（5）T/C1 控制寄存器（TCCR1B）的内部位结构如表 4-20 所示。

表 4-20 T/C1 控制寄存器（TCCR1B）

位	7	6	5	4	3	2	1	0
位名	ICNC1	ICES1	—	WGM13	WGM12	CS12	CS11	CS10
读/写	R/W	R/W	R	R/W	W	W	R/W	R/W
初始值	0	0	0	0	0	0	0	0

① 位 7：输入捕获噪声抑制 ICNC1。置位 ICNC1 将使能输入捕捉噪声抑制功能。此时外部引脚 ICP1 的输入被滤波。其作用是从 ICP1 引脚连续进行 4 次采样。如果 4 个采样值都相等，那么信号送入边沿检测器。因此使能该功能使得输入捕捉被延迟了 4 个时钟周期。

② 位 6：输入捕获触发方式选择 ICES1。该位选择使用 ICP1 上的哪个边沿触发捕获事件。ICES 为 0 选择的是下降沿触发输入捕捉；ICES1 为 1 选择的是上升沿触发输入捕捉。接照 ICES1 的设置捕获到一个事件后，计数器的数值被复制到 ICR1。捕获事件还会置位 ICF1。如果此时中断使能，输入捕捉事件即被触发。

③ 位 5：保留位，该位必须写入 0。

④ 位 4、位 3：波形发生模式 WGM13、WGM12。这两位与位于 TCCR1B 的 WGM10:10 相结合，用于控制计数器的计数方式，T/C1 工作模式配置如表 4-21 所示。

表 4-21 T/C1 工作模式配置

模式	WGM13	WGM12	WGM11	WGM10	T/C1 工作模式	顶部值	OCR1A/OCR1B 更新	TOV1 置位
0	0	0	0	0	普通模式	0xFFFF	立即	0xFFFF
1	0	0	0	1	8 位相位修正 PWM 模式	0x00FF	TOP	0x0000
2	0	0	1	0	9 位相位修正 PWM 模式	0x01FF	TOP	0x0000
3	0	0	1	1	10 位相位修正 PWM 模式	0x03FF	TOP	0x0000
4	0	1	0	0	CTC 模式	OCR1A	立即	0xFFFF
5	0	1	0	1	8 位快速 PWM 模式	0x00FF	TOP	TOP
6	0	1	1	0	9 位快速 PWM 模式	0x01FF	TOP	TOP
7	0	1	1	1	10 位快速 PWM 模式	0x03FF	TOP	TOP

续表

模　式	WGM13	WGM12	WGM11	WGM10	T/C1 工作模式	顶 部 值	OCR1A/OCR1B 更新	TOV1 置位
8	1	0	0	0	相频修正 PWM 模式	ICR1	0x0000	0x0000
9	1	0	0	1	相频修正 PWM 模式	OCRIA	0x0000	0x0000
10	1	0	1	0	相位修正 PWM 模式	ICR1	TOP	0x0000
11	1	0	1	1	相位修正 PWM 模式	OCRIA	TOP	0x0000
12	1	1	0	0	CTC 模式	ICR1	立即	0xFFFF
13	1	1	0	1	保留	—	—	—
14	1	1	1	0	快速 PWM 模式	ICR1	TOP	TOP
15	1	1	1	1	快速 PWM 模式	OCRIA	TOP	TOP

⑤ 位 2、位 I、位 0：时钟选择 CS2、CS1、CS0，用于选择 T/C1 时钟源，如表 4-22 所示。

表 4-22　T/C1 时钟分频选择

CS12	CS11	CS10	说　明
0	0	0	无时钟源(T/C1)
0	0	1	1/1(不经过分频器)
0	1	0	1/8(来自预分频器)
0	1	1	1/64(来自预分频器)
1	0	0	1/256(来自预分频器)
1	0	1	1/1 024(来自预分频器)
1	1	0	外部引脚 T0，下降沿驱动
1	1	1	外部引脚 T0，上升沿驱动

（6）T/C1 中断屏蔽寄存器（TIMSK）的内部位结构如表 4-23 所示。

表 4-23　T/C1 中断屏蔽寄存器

位	7	6	5	4	3	2	1	0
位名	OCIE2	TOIE2	TICIE1	OCIE1A	OCIE1B	TOIE1	OCIE0	TOIE0
读/写	R/W	R/W	R	R/W	W	W	R/W	R/W
初始值	0	0	0	0	0	0	0	0

① 位 5：TICIE1、T/C1 输入捕获中断使能。当该位置 1，且状态寄存器中的全局中断标志位 I 置 1 时，T/C1 的输入捕捉中断使能。一旦 TIFR 的 ICF1 置位，CPU 即开始执行 T/C1 输入捕捉中断服务程序。

② 位 4：OCIE1A，输出比较 A 匹配中断使能。当该位置 1，且状态寄存器中的全局中断标志位 I 置 1 时，T/C1 的输出比较 A 匹配中断使能。一旦 TIFR 上的 OCF1A 置位，CPU 即开始执行 T/C1 输出比较 A 匹配中断服务程序。

③ 位 3：OCIE1B，输出比较 B 匹配中断使能。当该位置 1，且状态寄存器中的全局中断标志位 I 置 1 时，T/C1 的输出比较 B 匹配中断使能。一旦 TIFR 上的 OCF1B 置位，CPU 即开始执行 T/C1 输出比较 B 匹配中断服务程序。

④ 位 2：TOIE，T/C1 溢出中断使能。当该位置 1，且状态寄存器中的全局中断标志位 I 置 1 时，T/C1 的溢出匹配中断使能。一旦 TIFR 上的 TOV1 置位，CPU 即开始执行 T/C1 溢出中断服务程序。

（7）T/C1 中断标志寄存器（TIFR）的内部位结构如表 4-24 所示。

表 4-24　T/C1 中断标志寄存器

位	7	6	5	4	3	2	1	0
位名	OCF2	TOV2	ICF1	OCF1A	OCF1B	TOV1	OCF0	TOV0
读/写	R/W	R/W	R/W	R/W	R/W	R/W	R/W	R/W
初始值	0	0	0	0	0	0	0	0

① 位 5：ICF1，T/C1 输入捕捉标志位。外部引脚 ICP1 出现捕捉事件时 ICF1 置位。此外，当 ICR1 作为计数器的 TOP 值时，一旦计数器值达到 TOP，ICF1 也置位。执行输入捕捉中断服务程序时 ICF1 自动清零，也可以对其写入 1 来清除该标志位。

② 位 4、位 3：OCF1A、OCF1B，T/C1 输出比较 A、T/C1 输出比较 B 匹配标志位。当 TCNT1 与 OCR1A(OCR1B)匹配成功时，该位置 1。强制输出比较不会置位 OCF1A(OCF1B)，执行强制输出比较匹配中断服务程序时 OCF1A(OCF1B)自动清零，也可以对其写入 1 来清除该标志位。

③ 位 2：TOV1，T/C1 溢出标志。该位的设置与 T/C1 的工作模式有关。工作于普通模式和 CTC 模式时，T/C1 溢出时 TOV1 置位；执行溢出中断服务程序时自动清零；也可以对其写入 1 来清除该标志位。

4.3.3　项目硬件电路设计

音符发生器硬件原理如图 4-24 所示，按键 K1 控制音符的输出，将扬声器接到 PD7 端口上，可以利用示波器观察不同音阶的波形变化情况。

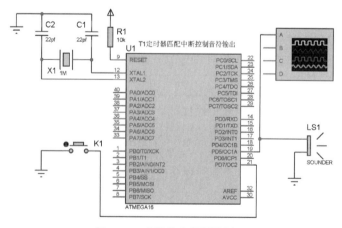

图 4-24　音符发生器硬件原理

4.3.4　项目驱动软件设计

1. 项目程序架构

本程序运行时将输出 Do、Re、Mi……的声音。表 4-25 是其中前 7 个音符的频率。

表 4-25　前 7 个音符的频率

简谱	1	2	3	4	5	6	7
音符	C5	D5	E5	F5	G5	A5	B5
频率	523	587	659	698	784	880	987

上表中频率的计时初值可根据下面的关系式推出。

（1）当主频为 1 MHz 时，根据频率可得方波周期：$t = 1/$频率$\times 1\,000\,000$（单位为μs）。

（2）由于所输出的方波中，高低电平各占 50%，因此定时器定时长度为 $Count = t/2$，即 $Count = 1\,000\,000/2/$频率。

主函数中配置 TCCR1A 与 TCCR1B 使 T/C1 工作于 CTC 模式下，还将 T/C1 计数时钟设为 1 分频的系统时钟。根据上述表述，可设置 OCR1A 为：

```
OCR1A=F_CPU/2/TONE _FRQ[i]
```

将 TCNT1 初值设为 0，允许输出比较 A 匹配中断，启动定时器后当计数寄存器递增到与 OCR1A 匹配时触发比较匹配中断，中断函数被调用，其调用的频率完全由 OCR1A 来决定。如果需要输出的频率越高，则设置 OCR1A 越小，TCNT1 递增到匹配的周期也越短，因此输出的声音频率就越高。音符发生器流程如图 4-25 所示。

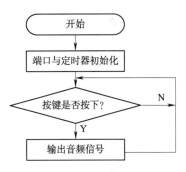

图 4-25　音符发生器流程图

2. 参考程序

实现本项目的程序代码如下：

```c
#define F_CPU 1000000
#include<avr/io.h>
#include<avr/interrupt.h>
#include<util/delay.h>
#define INT8U unsigned char
#define INT16U unsigned int
#define K1_DOWN() ((PINB&_BV(PB0))==0X00)
#define SPK() (PORTD ^=_BV(PD0))
#define Enable_TIMER1_OCIE() (TIMSK |=_BV(OCIE1A))
#define Disable_TIMER1_OCIE() (TIMSK &=~_BV(OCIE1A))
//const INT16U TONE_FRQ[]={0,262,294,330,349,392,440,494,523,
//587,659,698,784,880,988,1046};
#define DO
```

```
        const INT16U TONE_FRQ[]={0,587,4,831,4,659,2,587,2,659,4,785,2,
    659,2,587,2,523,2,587,10,587,4,785,4,587,4,659,2,785,2,659,2,587,2,523
,2,440,2,523,10,523,4,659,4,587,2,659,2,393,4,587,2,494,2,440,2,393,2,440,10,5
23,6,587,2,494,2,440,2,393,2,330,2};
        int main()
        {
            INT8U i;
            char p;
            DDRB=0x00;PORTB=0xff;
            DDRD=0xFF;PORTD=0xff;
            TCCR1A=0x00;                     //TC1 与 OC1A 不连接，禁止 PWM 功能
            TCCR1B=0x09;                     //1 分频，CTC 模式
            sei();
            while(1)
            {
                while(!K1_DOWN());           //等待按键
                while(K1_DOWN());            //等待释放
                for(i=1;i<63;i++)
                {
                    OCR1A=F_CPU/2/TONE_FRQ[i];
                    i++;
                    p=TONE_FRQ[i];
                    TCNT1=0;

                    Enable_TIMER1_OCIE();
                    _delay_ms(100*p);        //播放延时
                    Disable_TIMER1_OCIE();
                    _delay_ms(40);

                }
            }
        }
        ISR(TIMER1_COMPA_vect)
        {
            SPK();
        }
```

4.3.5　学生项目：脉冲频率测量

1. 项目背景

利用 ATmega16 内部的 T/C1 的输入捕捉功能，测量外部信号源发出方的波频率，并通过数码管显示。

2. 项目硬件电路设计

脉冲频率测量硬件原理如图 4-26 所示。

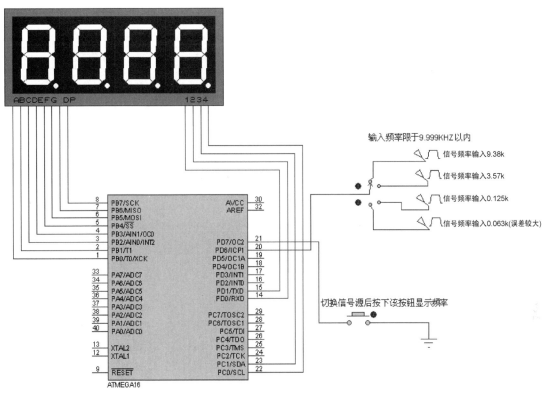

图 4-26　脉冲频率测量硬件原理

3. 项目驱动软件设计

T/C1 工作于定时器方式，TCNT1 计数脉冲由系统时钟分频后提供，采用系统时钟为 8 MHz，TCCR1B 设置分频比为 1。主函数配置 TCCR1B 使能输入捕获噪音消除位和 ICP 上升沿触发输入捕获位。在捕获发生时，当前计数寄存器的计数值被复制到 ICR1 中；在连续第 2 次 ICP 引脚上升沿触发捕获中断时，中断服务程序通过计算 2 次所读取的 ICR1 的差值，即可得出相邻 2 次 TCNT1 的计数差值，从而得到了输入信号的周期，倒数处理后即可得到信号频率，脉冲频率测量流程图如图 4-27 所示。

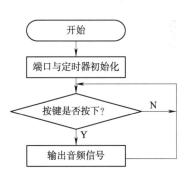

图 4-27　脉冲频率测量流程图

4. 参考程序

实现本项目的程序代码如下：

```c
#define F_CPU 8000000
#include <avr/io.h>
#include <util/delay.h>
#include <avr/interrupt.h>
//共阳字形码
const unsigned char SMG_Conver[18]={0xC0,0xF9,0xA4,0xB0,0x99,0x92,
0x82,0xF8,0x80,0x90,0x88,0x83,0xC6,0xA1,0x86,0x8E,0x89,0xC7};
```

```
#define INT8U unsigned char
#define INT16U unsigned int
INT16U CAPi=0,CAPj=0;
// display(unsigned char,unsigned char) 显示函数 无返回值
// 参数 bit 要点亮的位 参数 data 要显示的数据
void display(unsigned char bit,unsigned char data)
{
    PORTB=SMG_Conver[data]; //查找 data 在 SMG_Conver 中的映射
    PORTD|=_BV(4);            //使能 573 锁存同步
    PORTD&=~_BV(4);           //锁存该数据
    switch(bit)
    {
        case 4:PORTD|=_BV(1); _delay_ms(1); PORTD&=~_BV(1); break;
        //点亮指定数码管
        case 3:PORTD|=_BV(0); _delay_ms(1); PORTD&=~_BV(0); break;
        case 2:PORTC|=_BV(1); _delay_ms(1); PORTC&=~_BV(1); break;
        case 1:PORTC|=_BV(0); _delay_ms(1); PORTC&=~_BV(0); break;
    }
}


int main()
{
    DDRB = 0xff;
    DDRD = 0b00010011;PORTD|=_BV(7);
    DDRC = 0Xff;
    TCCR1B = _BV(ICNC1)|_BV(ICES1);
    sei();
    while(1)
    {
        if(!(PIND&&0x80))
        {
            TIMSK = _BV(TICIE1);//输入捕捉使能
            TCCR1B|=0x01;        //001 无预分频
        }

    }
}
ISR(TIMER1_CAPT_vect)
{
    INT8U i;
    if(CAPi==0) CAPi=ICR1;   //第一次捕获
    else                     //第二次捕获
    {
        CAPj=ICR1-CAPi;       //得到周期
```

```
CAPj=8000000UL/CAPj;//取倒数得到频率
TIMSK = 0x00;            //第二次捕获后禁止输入捕获中断
TCCR1B&=0xfc;            //关闭计数
display(1,CAPj%10);  //点亮 1 并显示 0
display(2,CAPj%100/10);
display(3,CAPj%1000/100);
display(4,CAPj%10000/1000);

TCNT1=0;
CAPi=0;
CAPj=0;
    }
}
```

第 5 章 » 单片机的串行通信

★★★

5.1 项目 13：双机通信

5.1.1 项目背景

本项目利用 ATmega16 内部的串行收发模块 USART，实现两单片机之间的通信。单片机 A、单片机 B 各自连接两个按键开关和两只 LED，通过软件驱动，实现当单片机 A 连接的按键开关按下时，单片机 B 对应的 LED 点亮，按键弹起，则单片机 B 对应的 LED 熄灭，单片机 B 连接的按键可同样控制单片机 A 的 LED。

5.1.2 基础知识：通信

1. 通信知识概述

在计算机通信领域，数据主要有两种通信方式：并行通信和串行通信。

并行通信是传送数据的各二进制位（一般为 8 位或 16 位）同时在数据线上传输，数据的传输由 CPU 的读写信号控制，传输双方数据的收发时序比较简单，不存在时序同步问题，传输速度快，效率高，多用在实时、快速的场合。

并行通信的缺点是传输电路较宽，硬件电路连接复杂，传输的成本较高，而且并行传输抗干扰能力差，所以一般适用于近距离的通信。

串行通信是传送数据的各二进制位一位一位地在数据线上传输，每一个数据位占用一定的时间长度。采用串行通信是为了降低传输电路的成本，特别是在远距离通信时，对传输成本的控制显得极为重要，这也是串行通信的主要优点。

串行通信的主要缺点是数据传送效率低，这也是显而易见的。

2. 串行接口

串行接口简称串口，也称串行通信接口或串行通信接口（通常指 COM 接口），是采用串行通信方式的扩展接口。RS-232-C 也称标准串口，是最常用的一种串行通信接口。它是在 1970 年由美国电子工业协会（EIA）联合贝尔系统、调制解调器厂家及计算机终端生产厂家共同制定的用于串行通信的标准。它的全名是"数据终端设备（DTE）和数据通信设备（DCE）之间串行二进制数据交换接口技术标准"。传统的 RS-232-C 有 22 根线，采用标准 25 芯 D 型插座，但后来的 PC 上使用简化了的 9 芯 D 型插座。

如果在任意时刻，信息只能由 A 传到 B，则这种传输方式称为单工传输；如果在任意时刻，信息既可由 A 传到 B，又能由 B 传到 A，但只能有一个方向上的传输存在，这种传输方式称为半双工传输；如果在任意时刻，存在 A 到 B 和 B 到 A 的双向信号传输，则这种传输方式称为全双工传输。

在通信和计算机领域，携带数据信息的信号单元叫码元，每秒钟通过信道传输的码元数称为码元传输速率，简称波特率。波特率表示每秒钟传送的码元符号的个数，是衡量数据传送速率的指标，即单位时间内载波参数变化的次数。

而比特率是单位时间内传输或处理的比特的位数，或者指信号（用数字二进制位表示）通过系统（设备、无线电波或导线）处理或传送的速率，即单位时间内处理或传输的数据量。波特率可以理解为单位时间内传送符号的数量，而通过不同的调制方法可以使每个符号上装载多个比特信息。只有在传送的信号为二进制信号，即每个符号只代表一个二进制信息的情况下，波特率与比特率在数值上才相等。

在串行通信中，传输的双方必须采用相同的波特率来进行操作。

3．ATmega16 的串行收发模块（USART）

ATmega16 带有一个全双工的通用同步/异步串行收发模块（USART），是一个高度灵活的串行通信设备。

USART 的主要特点有：全双工操作，可同时进行收发操作；支持同步或异步操作；支持 5、6、7、8 和 9 位数据位，1 位或者 2 位停止位的串行数据帧结构；3 个完全独立的中断，TX 发送完成、TX 发送数据寄存器空、RX 接收完成；支持多机通信模式。

ATmega16 的串口结构主要包括时钟发生器、发送器和接收器 3 个部分，控制寄存器由 3 个单元共享。时钟发生器主要包含同步控制逻辑，它使波特率发生器与用于从机同步操作的外部输入时钟同步；发送器包括写入缓冲器、串行移位寄存器、奇偶校验发生器和处理不同帧格式所需的控制逻辑，写入缓冲器可以保持连续发送数据，而不会在数据帧之间引入延迟；接收器的构造最为复杂，它包括时钟、用于异步数据接收的数据恢复单元、奇偶校验、控制逻辑、移位寄存器和两级接收缓冲器，接收器支持与发送器相同的数据帧格式。

串行收发模块有关的寄存器有数据寄存器（UDR），控制和状态寄存器（UCSRA、UCSRB、UCSRC），波特率寄存器（UBRRL、UBRRH），下面分别加以介绍。

（1）数据寄存器（UDR）的内部位结构如表 5-1 所示。

表 5-1　数据寄存器（UDR）

位	7	6	5	4	3	2	1	0
	RXB[7：0]							
	TXB[7：0]							
读/写	R/W	R/W	R/W	R/W	R/W	R/W	R/W	R/W
初始值	0	0	0	0	0	0	0	0

发送数据缓冲寄存器（TXB，简称发送缓冲器）和接收数据缓冲寄存器（RXB，简称接收缓冲器）实际上是两个物理上分离的寄存器，共享相同的 I/O 地址，称为数据寄存器（UDR）。将数据写入 UDR 时，实际操作的是 TXB，读取 UDR 时，实际返回的是 RXB 的内容。

在 5、6、7 位字长模式中，未使用的高位被发送器忽略，并且被接收器自动设置为 0。只有在设置了 UCSRA 的 UDRE 标志为 1 之后，数据才能被写入数据缓冲区。如果未设置 UDRE，则发送器将忽略写入 UDR 的数据。当数据写入发送缓冲器时，如果移位寄存器为空，则发送器将数据加载到发送移位寄存器，然后数据从 TXD 管脚串行输出。接收缓冲区由两级 FIFO 组成，一旦接收缓冲区被寻址，它的状态就会改变。因此，不要对此存储单元使用读-修改-写指令（SBI 和 CBI）。使用位查询指令（SBIC 和 SBIS）时也要小心，因为这也会改变 FIFO 的状态。

（2）控制和状态寄存器（UCSRA）的内部位结构如表 5-2 所示。

表 5-2　控制和状态寄存器（UCSRA）

位	7	6	5	4	3	2	1	0
名称	RXC	TXC	UDRE	FE	DOR	PE	U2X	MPCM
读/写	R	R/W	R	R	R	R	R/W	R/W
初始值	0	0	1	0	0	0	0	0

① 位 7（RXC）：USART 接收完成。

当接收缓冲器（RXB）中有未读数据时，RXC 置 1，否则清除。当接收器被禁用时，接收缓冲器被刷新，导致 RXC 清零，RXC 可用于生成接收端中断（可参见 RXCIE 位说明）。

② 位 6（TXC）：USART 发送完成。当发送移位寄存器中的全部数据被移出后，且 UDR 为空即 TXB 没有待发送的数据时，该位置 1。发生发送结束中断时 TXC 自动清除，也可以通过写入 1 进行清除操作，该标志可以用来产生发送结束中断（可参见 TXCIE 的说明）。

③ 位 5（UDRE）：数据寄存器空。UDRE 标志表示数据寄存器（UDR）是否为空，当写入 UDR 中的字符被传送至发送移位寄存器中时，该位置 1，说明缓冲器为空，已准备好进行数据发送。UDRE 可用来产生数据寄存器空中断（可参见 UDRIE 的说明）。系统复位时，UDRE 置 1，说明数据寄存器空，表明发送缓冲器已经就位，数据发送已准备好。

④ 位 4（FE）：接收帧错误。如果接收缓冲器检测到刚刚接收到的数据有帧错误，即接收到的数据帧的停止位为 0 时，则 FE 置 1。FE 位的 1 将保持到接收数据帧的停止位为 1 时，数据寄存器（UDR）被正常读取，此时将 FE 位清零。此外，当对 UCSRA 进行数据写入时，这一位应写 0。

⑤ 位 3（DOR）：接收数据溢出。当接收数据检测到数据溢出时，DOR 置 1。当接收缓冲器满（包含了两个数据，前一个数据在 UDR 中，而移位寄存器又新接收到一个字符在等待），若此时接收器检测到一个新的起始位，则产生数据溢出。这一位一直有效保持为 1，直到数据寄存器（UDR）被成功读取。此外，当对 UCSRA 进行数据写入时，这一位应写 0。

⑥ 位 2（PE）：奇偶校验错误。在接收允许和奇偶校验位比较允许都使能的情况下，接收缓冲器中所接收到的下一个字符有奇偶校验错误时 PE 置 1。这一位一直有效保持为 1，直到数据寄存器（UDR）被读取。此外，当对 UCSRA 进行数据写入时，这一位应写 0。

⑦ 位 1（U2X）：发送数据倍速。这一位仅在异步通信模式下有效，当使用同步操作时将此位清零。如果将此位置 1，可将波特率分频系数从 16 降到 8，从而有效地将异步通信模式的传输速率加倍。

⑧ 位 0（MPCM）：多机通信模式。此位置 1 将启动多机通信模式。MPCM 置位后，接收器接收到的那些不包含地址信息的输入帧都将被忽略，发送器不受 MPCM 设置的影响。

（3）控制和状态寄存器（UCSRB）的内部位结构如表 5-3 所示。

表 5-3　控制和状态寄存器（UCSRB）

位	7	6	5	4	3	2	1	0
名称	RXCIE	TXCIE	UDRIE	RXEN	TXEN	UCSZ2	RXB8	TXB8
读/写	R/W	R/W	R/W	R/W	R/W	R/W	R	R/W
初始值	0	0	0	0	0	0	0	0

① 位 7（RXCIE）：接收结束中断使能。当该位置位时，将使能 RXC 中断。当 RXCIE 为 1，且 SREG 置位时，UCSRA 的 RXC 置 1 时可以产生 USART 接收结束中断。

② 位 6（TXCIE）：发送结束中断使能。当该位置位时，将使能 TXC 中断。当 TXCIE 为 1，且 SREG 置位时，UCSRA 的 TXC 置 1 时可以产生 USART 发送结束中断。

③ 位 5（UDRIE）：数据寄存器空中断使能。当该位置位时将使能 UDRE 中断。当 UDRIE 为 1，且 SREG 置位时，UCSRA 的 UDRE 置 1 时可以产生数据寄存器空中断。

④ 位 4（RXEN）：数据接收使能。当该位置位时将允许 USART 接收数据。当 RXEN 为 1，RXD 引脚的通用端口功能被 USART 功能所取代。禁止接收器将刷新接收缓冲器，并使 FE、DOR 及 PE 无效。

⑤ 位 3（TXEN）：数据发送使能。当该位置位后将启动发送器。TXD 引脚的通用端口功能被 USART 功能所取代。TXEN 清零后，只有等到所有的数据发送完成后发送器才能够真正禁止，即发送移位寄存器与发送缓冲器中没有要传送的数据。发送器禁止后，TXD 引脚恢复其通用 I/O 功能。

⑥ 位 2（UCSZ2）：字符长度。该位与 UCSRC 中的 UCSZ 一起使用，用于设置发送和接收数据帧中数据位的个数（5、6、7、8、9 位）。

⑦ 位 1（RXB8）：接收数据的第 8 位。当采用接收的数据帧格式为 9 位时，RXB8 中的数据为接收数据的第 9 位。RXB8 必须要在读 URD 之前读取。

⑧ 位 0（TXB8）：发送数据的第 8 位。当采用发送的数据帧格式为 9 位时，TXB8 中的数据为发送数据的第 9 位。TXB8 必须要在写 URD 之前写入。

（4）控制和状态寄存器（UCSRC）的内部位结构如 5-4 所示。

表 5-4　控制和状态寄存器（UCSRC）

位	7	6	5	4	3	2	1	0
名称	URSEL	UMSEL	UPM1	UPM0	USBS	UCSZ1	UCSZ0	UCPOL
读/写	R/W	R/W	R/W	R/W	R/W	R/W	R/W	R/W
初始值	1	0	0	0	0	1	1	0

① 位 7（URSEL）：寄存器选择。该位用于对 UCSRC/UBRRH 进行选择，当该位置 1 时，选择访问 UCSRC。

② 位 6（UMSEL）：工作模式选择。这一位用来选择 USART 为同步或异步的工作模式，0 为异步模式，1 为同步模式。

③ 位[5:4]（UPM[1:0]）：奇偶校验模式选择。这两位用于设置 USART 的奇偶校验模式并使能奇偶校验。如果使能了奇偶校验，那么发送器将根据发送的数据，自动产生并发送奇偶校验位，并附加在每一个数据帧后。对每一个接收到的数据，接收器都会产生一个校验的奇偶值，并与 UPM0 所设置的值进行比较。如果不匹配，那么 UCSRA 中的 PE 置 1，如表 5-5 所示。

表 5-5　奇偶校验模式选择

UPM1	UPM0	校验方式
0	0	无校验
0	1	保留
1	0	使能偶校验
1	1	使能奇校验

④ 位 3（USBS）：停止位选择。这一位用于选择插入到发送帧中停止位的个数，接收器不受这一位的影响。USBS 置 0，停止位为 1 位，USBS 置 1，停止位为 2 位。

⑤ 位[2:1]（UCSZ[1:0]）：传输字符的长度。这两位与 UCSRB 的 UCSZ2 一起使用，用于定义和设置传输数据帧中包含的数据位数，如表 5-6 所示。

表 5-6　定义和设置传输字符的长度

UCSZ2	UCSZ1	UCSZ0	字符长度（位）
0	0	0	5
0	0	1	6
0	1	0	7
0	1	1	8
1	0	0	保留
1	0	1	保留
1	1	0	保留
1	1	1	9

⑥ 位 0（UCPOL）：时钟极性选择。这一位只在同步模式下使用，使用异步模式时，此位应置 0。这一位设置了串行输出数据和数据输入采样，以及同步时钟（XCK）之间的关系，如表 5-7 所示。

表 5-7　时钟极性选择

UCPOL	串行输出数据的变化	串行输入数据采样
0	XCK 上升沿	XCK 下降沿
1	XCK 下降沿	XCK 上升沿

（5）波特率寄存器（UBRRL 和 UBRRH）。

寄存器与 UBRRH 共用相同的 I/O 地址。其内部位结构如表 5-8 所示。

表 5-8 波特率寄存器（UBRRL 和 UBRRH）

位	15	14	13	12	11	10	9	8
名称	URSEL	—	—	—	UBRR[11:8] UBRRH			
	UBRR[7:0] UBRRL							
位	7	6	5	4	3	2	1	0
读写	R/W	R	R	R	R/W	R/W	R/W	R/W
初始值	0	0	0	0	0	0	0	0

① 位 15（URSEL）：寄存器选择。用于对 UBRRH/UCSRC 的选择，该位置 0 时，选择读写 UBRRH。

② 位[14:12]：保留位。为了向下兼容，这三位写入 0。

③ 位[11:0]：UBRR[11:0]。波特率设置，用于对 USART 数据接收或发送波特率的设置。波特率如果发生变化，则现行的数据接收和发送将被破坏，写入 UBRRL 的操作将立即改变传送数据的波特率。

常用晶振下的波特率设置如表 5-9 所示。

表 5-9 常用晶振下的波特率设置

波特率	$f = 1.000\ 0$ MHz				
	U2X = 0		U2X = 1		
	UBRR	误差	UBRR	误差	
2 400	25	0.2%	51	0.2%	
4 800	12	0.2%	25	0.2%	
9 600	6	−7%	12	0.2%	
14.4×10^4	3	8.5%	8	−3.5%	
19.2×10^4	2	8.5%	6	−7%	
波特率	$f = 4.000\ 0$ MHz				
	U2X = 0		U2X = 1		
	UBRR	误差	UBRR	误差	
2 400	103	0.2%	207	0.2%	
4 800	51	0.2%	103	0.2%	
9 600	25	0.2%	51	0.2%	
14.4×10^4	16	2.1%	34	−0.8%	
19.2×10^4	12	0.2%	25	0.2%	
波特率	$f = 11.059\ 2$ MHz				
	U2X = 0		U2X = 1		
	UBRR	误差	UBRR	误差	
2400	287	0.0%	575	0.0%	
4800	143	0.0%	287	0.0%	
9600	71	0.0%	143	0.0%	
14.4K	47	0.0%	95	0.0%	
19.2K	35	0.0%	71	0.0%	

5.1.3 项目硬件电路设计

单片机 A 与单片机 B 之间通过 USART 进行通信，只需将单片机 A 的串口输出 TXD（PD1）连接单片机 B 的数据输入 RXD（PD0），单片机 A 的数据输入 RXD（PD0）连接单片机 B 的数据输出 TXD（PD1）。双机通信的硬件原理如图 5-1 所示。

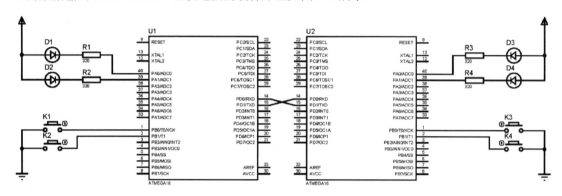

图 5-1 双机通信的硬件原理

5.1.4 项目驱动软件设计

1. 项目程序架构

由于图 5-1 中单片机 A 与单片机 B 电路连接完全相同，因此两个单片机加载相同的驱动程序即可，无须为单片机 A 和单片机 B 单独编写驱动程序。

两单片机间的通信协议规定为一次发送 1 个 8 位数据，各数据含义如表 5-10 所示。

表 5-10 各数据含义

0x55	0x5A	0xAA	0xA5
K1 按下	K1 抬起	K2 按下	K2 抬起

本模块是整个项目的技术核心，主要是建立起单片机之间的串行通信，主要包括：

（1）设置 UCSRC 的 URSEL，选定单片机为异步串行通信模式；

（2）设置 UCSRC 与 UCSRB，选定单片机的一帧数据位数；

（3）设置 UCSRC 的停止位、奇偶校验模式等；

（4）设置 UBRR，设定单片机通信的波特率；

（5）设置 UCSRB，配置发送数据、接收数据、中断使能；

（6）查询 UCSRA，进入相应的中断服务程序。

项目通过查询发送、中断接收的模式进行双机通信，本项目参考程序基于 ICCAVR7 编写。

2. 参考程序

实现本项目的程序代码如下：

```
//LED.H
#ifndef _LED_H
```

```c
#define _LED_H
#include <iom16v.h>
#include <AVRdef.h>
#define uint unsigned int
#define uchar unsigned char
void led_init(void);
#endif

//LED.C
#include "led.h"
void led_init(void)
{
    PORTA |= (1 << PA0) + (1 << PA1);
    DDRA |= (1 << PA0) + (1 << PA1);
}


//KEY.H
#ifndef _KEY_H
#define _KEY_H
#include "usart.h"
void key_init(void);
void delay_nms(uint nms);
void key_scan(void);
#endif

//KEY.C
#include "key.h"
void key_init(void)
{
    PORTB |= (1 << PB0) + (1 << PB1);
    DDRB &= ~(1 << PB0 + 1 << PB1);
}
void delay_nms(uint nms)
{
    uint i,j;
    for(i=nms;i>0;i--)
        for(j=164;j>0;j--);
}
void key_scan(void)
{
    if((PINB&0x01)!=0x01)
    {
```

```c
            delay_nms(10);
            if((PINB&0x01)!=0x01)  //如果 K1 按下
                usart_send_1_char(0x55);
            else  //如果 K1 抬起
                usart_send_1_char(0x5A);
        }
        if((PINB&0x02)!=0x02)
        {
            delay_nms(10);
            if((PINB&0x02)!=0x02)  //如果 K2 按下
                usart_send_1_char(0xAA);
            else  //如果 K2 抬起
                usart_send_1_char(0xA5);
        }
    }


//USART.H
#ifndef _USART_H
#define _USART_H
#include "led.h"
void usart_init(void);
void usart_send_1_char(uchar dat);
uchar usart_receive_1_char(void);
void usart_interrupt_service(void);
#endif

//USART.C
#include "usart.h"
void usart_init(void)
{
    CLI();  //中断全局变量关
    UCSRB = 0x00;  //B 寄存器清零
    UCSRC |= (1 << URSEL) + (1 << UCSZ1) + (1 << UCSZ0);
  //异步，8 位数据传送，1 位停止，无奇偶校验
    UBRRL = 25;  //波特率 2400
    UBRRH = 0;
    UCSRB |= (1 << RXCIE) + (1 << RXEN) + (1 << TXEN);
//中断接收使能，发送、接收使能
    SEI();  //开全局中断
}
void usart_send_1_char(uchar dat)
{
```

```
    while(!(UCSRA&(1<<UDRE))); //UDRE 是 1 表示可以发送，为 0 不能
    UDR = dat; //写数据缓冲器
}
uchar usart_receive_1_char(void)
{
    while(!(UCSRA&(1<<RXC))); //接收的数据完成，可以读出来
    UCSRB |= (1 << RXCIE) + (1 << RXEN) + (1 << TXEN);
    return UDR; //读数据缓冲器
}


#pragma interrupt_handler usart_interrupt_service:12
void usart_interrupt_service(void)
{
    uchar temp;
    temp = UDR;
    switch (temp)
    {
        case 0x55:
            PORTA &= ~(1 << PA0); break;
        case 0x5A:
            PORTA |= (1 << PA0); break;
        case 0xAA:
            PORTA &= ~(1 << PA1); break;
        case 0xA5:
            PORTA |= (1 << PA1); break;
        default:
            break;
    }
}


//main.c
#include "key.h"
void main(void)
{
    led_init();
    key_init();
    usart_init();
    while(1)
    {
        key_scan();
    }
}
```

5.1.5 系统集成与调试

（1）新建工程，输入代码并保存，如图 5-2 所示。

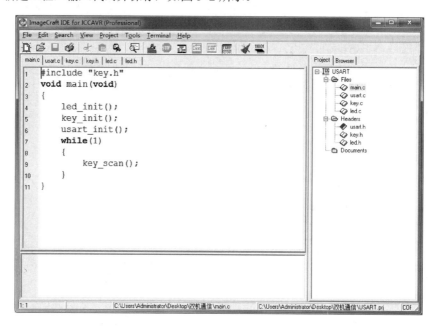

图 5-2　编辑工程代码

（2）项目编译选项设置，如图 5-3 所示。

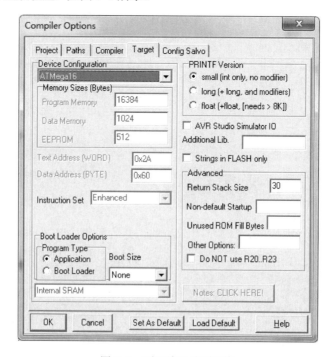

图 5-3　项目编译选项设置

（3）项目编译结果，如图 5-4 所示。

```
C:\iccv7avr\bin\imakew -f USART.mak
    iccavr -c -e -D__ICC_VERSION=722 -DATMega16  -l -g -MLongJump -MHasMul -MEnhanced  main.c
    iccavr -c -e -D__ICC_VERSION=722 -DATMega16  -l -g -MLongJump -MHasMul -MEnhanced  usart.c
    iccavr -c -e -D__ICC_VERSION=722 -DATMega16  -l -g -MLongJump -MHasMul -MEnhanced  key.c
    iccavr -c -e -D__ICC_VERSION=722 -DATMega16  -l -g -MLongJump -MHasMul -MEnhanced  led.c
    iccavr -o USART -g -e:0x4000 -ucrtatmega.o -bfunc_lit:0x54.0x4000 -dram_end:0x45f -bdata:0x60.0x45f -dhwstk_size:30 -beeprom:0.512 -fihx_coff
Device 2% full.
Done. Mon Nov 18 14:33:32 2019
```

图 5-4　项目编译结果

（4）系统仿真运行，如图 5-5 所示。

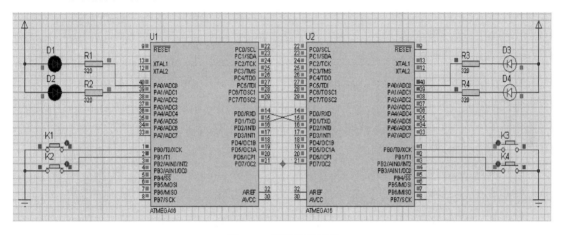

图 5-5　系统仿真运行

5.2　项目 14：可通信的专家评价系统

5.2.1　项目背景

在学术汇报、职称评定、等级考评等活动中，专家需要根据自己的评审意见对汇报者进行评价，且评价结果能够及时显示，并且上传到上位机，从而可以在上位机中进行数据统计操作。

本项目使用液晶 1602 进行评价结果的实时显示，4 个独立式按键分别代表优秀、良好、合格与不合格。计算机通过串口调试工具发送选择评价结果的提示，当专家评价后，会自动上传 A、B、C、D，共 4 种结果，工作人员可以通过统计返回的结果来得出汇报者的评价情况。

系统工作流程为：上电后显示"汇报中"的英文信息；汇报者汇报；技术人员发送"请选择评价"的英文信息；专家针对汇报者的陈述按下 4 个按键进行评价；系统把本次评价结果上传至上位机。

双机通信协议设定为一次发送 3 个十六进制数据（0xAA、0x55、0xDD），单片机中断服务程序通过接收这 3 个数据并判断正确与否，在主函数中输出 4 种评价结果给上位机。

5.2.2　项目硬件电路设计

（1）单片机的 I/O 引脚分配，如表 5-11 所示。

表 5-11　单片机的 I/O 引脚分配

4 个评价按键			
优秀	良好	合格	不合格
PD4	PD5	PD6	PD7
液晶 1602			
RS	R/W	E	数据端
PB0	PB1	PB2	PA0～PA7
DB9 连接			
2 脚		3 脚	
PD0		PD1	

（2）专家评价系统的硬件原理如图 5-6 所示。

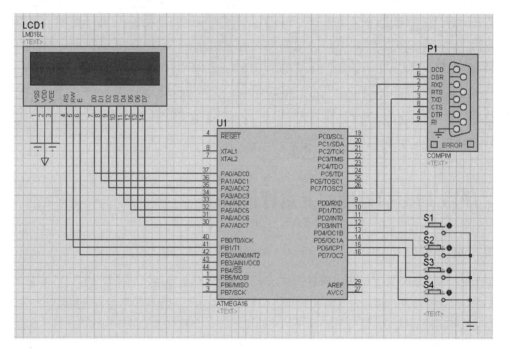

图 5-6　专家评价系统的硬件原理

5.2.3　项目驱动软件设计

项目通过查询发送、中断接收的模式进行双机通信，本项目的程序代码基于 ICCAVR7 编写。

实现本项目的程序代码如下：

```
//LM016.H
#ifndef _LM016_H
#define _LM016_H
```

```c
#include <iom16v.h>
#include <AVRdef.h>
#define uchar unsigned char
#define uint unsigned int
void delay_nus(uint nus);
void delay_nms(uint nms);
void lcd_port_init(void);
uchar lcd_read_BF(void);
void lcd_write_cmd(uchar cmd);
void lcd_write_dat(uchar dat);
void lcm_work_init(void);
#endif

//LM016.C
#include "lm016.h"
void delay_nus(uint nus)
{
    uint temp;
    for(temp=0;temp<nus;temp++)
    {
        NOP();
    }
}
void delay_nms(uint nms)
{
    uint temp;
    for(temp=0;temp<nms;temp++)
    {
        delay_nus(1000);
    }
}
void lcd_port_init(void)
{
    DDRB |= (1 << PB0);      //RS 输出
    DDRB |= (1 << PB1);      //RW 输出
    DDRB |= (1 << PB2);      //E 输出
    PORTB &= ~(1 << PB0);    //RS 输出 0
    PORTB &= ~(1 << PB1);    //RW 输出 0
    PORTB &= ~(1 << PB2);    //E 输出 0
}
uchar lcd_read_BF(void)
{
    uchar status;
    DDRA = 0x00;
    PORTB &= ~(1 << PB0);
```

```
        PORTB |= (1 << PB1);
        PORTB |= (1 << PB2);
        delay_nus(1);
        status = PINA;
        delay_nus(1);
        PORTB &= ~(1 << PB2);
        return status;
}
void lcd_write_cmd(uchar cmd)
{
        while(lcd_read_BF()>=0x80);
        DDRA = 0xFF;
        PORTB &= ~(1 << PB0);
        PORTB &= ~(1 << PB1);
        PORTB |= (1 << PB2);
        delay_nus(1);
        PORTA = cmd;
        delay_nus(1);
        PORTB &= ~(1 << PB2);
}
void lcd_write_dat(uchar dat)
{
        while(lcd_read_BF()>=0x80);
        DDRA = 0xFF;
        PORTB |= (1 << PB0);
        PORTB &= ~(1 << PB1);
        PORTB |= (1 << PB2);
        delay_nus(1);
        PORTA = dat;
        delay_nus(1);
        PORTB &= ~(1 << PB2);
}
void lcm_work_init(void)
{
        lcd_write_cmd(0x38);      //工作方式设置
        delay_nms(10);
        lcd_write_cmd(0x06);      //输入方式设置
        delay_nms(10);
        lcd_write_cmd(0x0C);      //显示状态设置
        delay_nms(10);
        lcd_write_cmd(0x01);      //画面清除
        delay_nms(10);
}


//KEY.H
```

```
#ifndef _KEY_H
#define _KEY_H
#include "lm016.h"
void key_init(void);
uchar key_scan(void);
#endif

//KEY.C
#include "key.h"
void key_init(void)
{
    PORTD |= (1 << PD4);
    DDRD &= ~(1 << PD4);
    PORTD |= (1 << PD5);
    DDRD &= ~(1 << PD5);
    PORTD |= (1 << PD6);
    DDRD &= ~(1 << PD6);
    PORTD |= (1 << PD7);
    DDRD &= ~(1 << PD7);
}
uchar key_scan(void)
{
    uchar key_value = 255;
    if((PIND&0xF0)!=0xF0)
    {
        delay_nms(10);
        if((PIND&0xF0)!=0xF0)
        {
            switch(PIND&0xF0)
            {
                case 0xE0:
                    key_value = 1;
                    break;
                case 0xD0:
                    key_value = 2;
                    break;
                case 0xB0:
                    key_value = 3;
                    break;
                case 0x70:
                    key_value = 4;
                    break;
                default:
                    break;
            }
```

```
        }
        while((PIND&0xF0)!=0xF0); //等待按键弹起
    }
    return key_value;
}


USART.H
#ifndef _USART_H
#define _USART_H
#include "lm016.h"
#include "key.h"
extern uchar flag;
void usart_init(void);
void usart_send_1_char(uchar dat);
uchar usart_receive_1_char(void);
void usart_interrupt_service(void);
#endif


USART.C
#include "usart.h"
void usart_init(void)
{
    CLI();
    UCSRB = 0x00;
    UCSRC |= (1 << URSEL) + (1 << UCSZ1) + (1 << UCSZ0);
    UBRRL = 25;
    UBRRH = 0;
    UCSRB |= (1 << RXCIE) + (1 << RXEN) + (1 << TXEN);
    SEI();
}
void usart_send_1_char(uchar dat)
{
    while(!(UCSRA&(1<<UDRE)));
    UDR = dat;
}
uchar usart_receive_1_char(void)
{
    while(!(UCSRA&(1<<RXC)));
    return UDR;
}
#pragma interrupt_handler usart_interrupt_service:12
void usart_interrupt_service(void)
{
    uchar temp[3];
    temp[0] = UDR;
```

```
        if(temp[0]==0xAA)
        {
            UCSRB &= ~(1 << RXCIE);
            temp[1] = usart_receive_1_char();
            temp[2] = usart_receive_1_char();
            if(temp[2]==0xDD)
            {
                if(temp[1]==0x55)
                    flag = 1;
            }
        }
    }


//MAIN.C
#include "usart.h"
uchar tips1[] = "Reporting...";
uchar tips2[] = "Select Evaluate:";
uchar tip1[] = "Excellent!";
uchar tip2[] = "Good!";
uchar tip3[] = "Pass!";
uchar tip4[] = "Fail!";
uchar flag, flag1, flag2, flag3, flag4;
void main(void)
{
    uchar i, k;
    lcd_port_init();
    lcm_work_init();
    key_init();
    usart_init();
    lcd_write_cmd(0x80);
    i = 0;
    while(tips1[i] != '\0')
        lcd_write_dat(tips1[i++]);

    while(1)
    {
        if(flag==1)
        {
            lcm_work_init();
            lcd_write_cmd(0x80);
            i = 0;
            while(tips2[i] != '\0')
                lcd_write_dat(tips2[i++]);
            k = key_scan();
            if(k==1)
```

```
            flag1 = 1;
    if(k==2)
            flag2 = 1;
    if(k==3)
            flag3 = 1;
    if(k==4)
            flag4 = 1;
    if(flag1==1)
    {
            flag2 = 0;
            flag3 = 0;
            flag4 = 0;
            lcd_write_cmd(0xC3);
            i = 0;
            while(tip1[i] != '\0')
                lcd_write_dat(tip1[i++]);
            usart_send_1_char('a');
            flag = 0;
    }
    if(flag2==1)
    {
            flag1 = 0;
            flag3 = 0;
            flag4 = 0;
            lcd_write_cmd(0xC3);
            i = 0;
            while(tip2[i] != '\0')
                lcd_write_dat(tip2[i++]);
            usart_send_1_char('b');
            flag = 0;
    }
    if(flag3==1)
    {
            flag1 = 0;
            flag2 = 0;
            flag4 = 0;
            lcd_write_cmd(0xC3);
            i = 0;
            while(tip3[i] != '\0')
                lcd_write_dat(tip3[i++]);
            usart_send_1_char('c');
            flag = 0;
    }
    if(flag4==1)
    {
```

```
            flag1 = 0;
            flag2 = 0;
            flag3 = 0;
            lcd_write_cmd(0xC3);
            i = 0;
            while(tip4[i] != '\0')
                lcd_write_dat(tip4[i++]);
            usart_send_1_char('d');
            flag = 0;
        }
      }
    }
  }
```

5.2.4　项目系统集成与调试

单片机系统上电运行效果如图 5-7 所示。

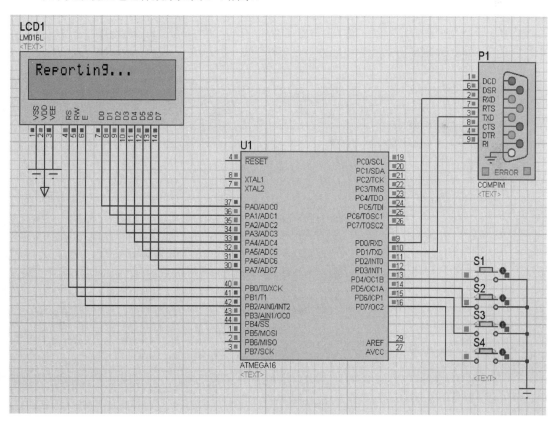

图 5-7　单片机系统上电运行效果

串口调试助手发送选择评价的通信数据，如图 5-8 所示。

图 5-8　串口调试助手发送选择评价的通信数据

专家开始进行评价界面，如图 5-9 所示。

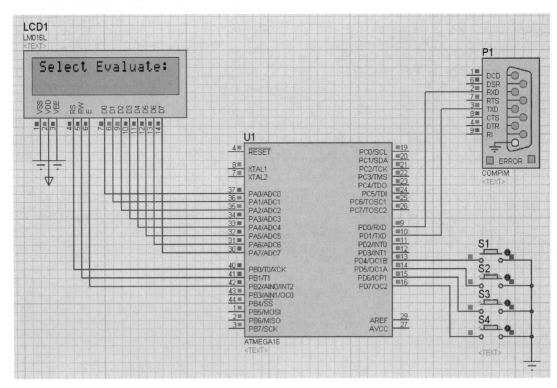

图 5-9　专家开始评价界面

专家评价结果如图 5-10 所示。

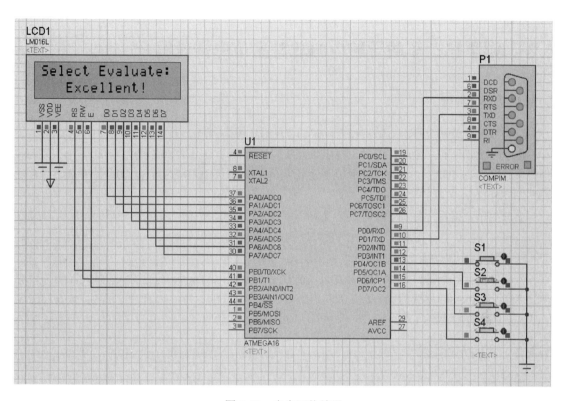

图 5-10　专家评价结果

串口调试助手查看上传结果，如图 5-11 所示。

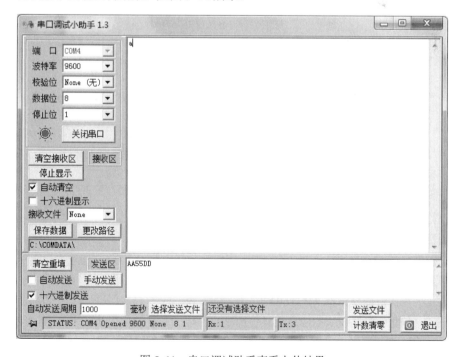

图 5-11　串口调试助手查看上传结果

5.3　项目 15：车载导航中的北斗定位数据获取

5.3.1　项目背景

全球卫星定位系统可以提供实时全天候和全球性的导航服务，并用于情报收集，应急通信和一些其他用途。目前，全球有四大卫星定位系统，中国的北斗卫星导航系统（BDS），还有美国的全球定位系统（GPS）、俄罗斯的格洛纳斯卫星导航系统（GLONSS）、欧盟的伽利略卫星导航系统（GSNS）。

全球卫星定位系统目前已经被广泛用于陆海空三大领域。例如，在陆地应用中，它可以监控各种车辆的行驶状态；在海洋应用中，它可以测定远洋船舶的最佳航线；在航空航天应用中，它可以应用到民用飞机在运输过程中的自主导航。

本项目设计一个基于 AVR 单片机的北斗定位仿真系统，ATmega16 通过串口从北斗定位模块获取并解析 GPRMC 格式的数据，从而获得经度、纬度、车速、时间等信息，并且将数据发送至液晶显示器（PG160128A）。

5.3.2　项目方案设计

如图 5-12 所示，北斗定位模块主要由北斗射频（RF）前端芯片和基带处理芯片组成，卫星信号经 B1L1 有源天线内部放大，通过 B1L1RF 前端而将卫星信号变换为适合于 AD 采样的信号，RF 前端内部 AD 采样单元将模拟信号数字化输出到基带处理芯片，基带处理芯片完成卫星信号的捕获、同步、跟踪、测量、解算等工作，最终输出定位数据。

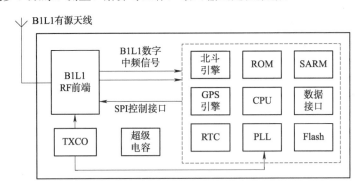

图 5-12　北斗定位模块硬件框图

根据项目需求分析，本项目的硬件系统主要由三个部分组成：

（1）主控模块：ATmega16；

（2）输入模块：北斗定位模块；

（3）显示模块：液晶显示器（PG160128A）。

ATmega16 与北斗定位模块的信息交互使用串口实现，北斗定位模块的串口可以接收两种信号：RS232 电平和 TTL 电平。本项目使用的是 TTL 电平输出的北斗定位模块。ATmega16 接收到的定位信息暂存在数据缓冲区，然后按照信息数据帧格式解析从中提取相应的信息，然后把读取的时间与经纬度信息经过数据格式化的处理后，显示在液晶显示器（LCD）上。通过以上分析可以得到基于 AVR 单片机的北斗定位仿真系统的硬件结构图，如图 5-13 所示。

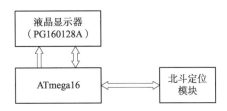

图 5-13　基于 AVR 单片机的北斗定位仿真系统硬件结构图

5.3.3　北斗定位模块数据包解析

由于地球的自转，相应地不同地区应有不同的时间，为了解决各地区时间混乱的问题，采取了划分时区的办法。每个时区中央经线所在地的地方时间就是这个时区共用的时间，称为区时。而在实际应用中各国不完全按照区时来划定时间，很多国家制定了一个法定时，作为该国统一使用的时间，如我国使用东经 120° 的地方时间，称为北京时间。

北斗定位模块上电后，每隔一段时间就会返回一定格式的数据，数据格式为：

> \$信息类型，?，?，?，?，?，?，?，?，?，?，?，?，?

每行数据都以字符"\$"开始，后面信息类型和具体数据，以逗号分隔。

北斗定位模块支持的指令很多，在此列出一些比较常用的，如表 5-12 所示。

表 5-12　北斗定位模块的常用指令

命　令	说　明	最大帧长
\$GPGGA	全球定位数据	72
\$GPGSA	当前卫星数据	65
\$GPGSV	卫星状态数据	210
\$GPRMC	运行定位数据	70
\$GPVTG	地面速度信息	34
\$GPGLL	大地坐标信息	—
\$GPZDA	UTC 时间和日期	—

（1）\$GPGGA 指令。指令格式如下：

> \$GPGGA，<1>，<2>，<3>，<4>，<5>，<6>，<7>，<8>，<9>，M，<10>，M，<11>，<12>*hh<CR><LF>

① 字段 1：UTC 时间，hhmmss（时分秒）格式。

② 字段 2：纬度，ddmm.mmmm（度分）格式。

③ 字段 3：纬度半球，N 为北半球，S 为南半球。

④ 字段 4：经度，dddmm.mmmm（度分）格式。

⑤ 字段 5：经度半球，E 为东经，W 为西经。

⑥ 字段 6：GPS 状态，0=未定位，1=非差分定位，2=差分定位，6=正在估算。

⑦ 字段 7：正在使用解算位置的卫星数量（0～12）。

⑧ 字段 8：HDOP 水平精度因子（0.5～99.9）。

⑨ 字段 9：海拔高度（−9999.9～9 999.9）。

⑩ 字段 10：地球椭球面相对大地水准面的高度。

⑪ 字段 11：差分时间（从最近一次接收到差分信号开始的秒数），如果不是差分定位，将为空。

⑫ 字段 12：差分站 ID 号（0000～1023），如果不是差分定位，将为空。

*hh：校验码，非必须，但在周围环境中有较强的电磁干扰时推荐使用。

（2）$GPGSA 指令。指令格式如下：

```
$GPGSA, <1>, <2>, <3>, <3>, , , , , <3>, <3>, <3>, <4>, <5>, <6>, <7>, <CR><LF>
```

① 字段 1：模式，M=手动，A=自动。

② 字段 2：定位模式，1=未定位，2=二维定位，3=三维定位。

③ 字段 3：使用中的卫星编号，最多可接收 12 颗卫星信息。

④ 字段 4：PDOP 位置精度因子（0.5～99.9）。

⑤ 字段 5：HDOP 水平精度因子（0.5～99.9）。

⑥ 字段 6：VDOP 垂直精度因子（0.5～99.9）。

⑦ 字段 7：Checksum，检查位。

（3）$GPGSV 指令。指令格式如下：

```
$GPGSV, <1>, <2>, <3>, <4>, <5>, <6>, <7>, ?<4>, <5>, <6>, <7>, <8><CR><LF>
```

① 字段 1：GSV 语句的总数。

② 字段 2：本句 GSV 的编号。

③ 字段 3：可见卫星的总数，0～12。

④ 字段 4：PRN 码（信随机噪声码），也可认为是卫星编号（1～2）。

⑤ 字段 5：卫星仰角（0～90°）。

⑥ 字段 6：卫星方位角（0～359°）。

⑦ 字段 7：信号噪声比（0～99 dB），无表示未接收到信号。

⑧ 字段 8：Checksum，检查位。

（4）$GPRMC 指令。指令格式如下：

```
$GPRMC, <1>, <2>, <3>, <4>, <5>, <6>, <7>, <8>, <9>, <10>, <11>, <12> * hh<CR><LF>
```

① 字段 1：UTC 时间，hhmmss（时分秒）格式。

② 字段 2：定位状态，A=有效定位，V=无效定位。

③ 字段 3：纬度，ddmm.mmmmm（度分）格式。

④ 字段 4：经度半球，N 为北半球，S 为南半球。

⑤ 字段 5：经度，dddmm.mmmmm（度分）格式。

⑥ 字段 6：经度半球，E 为东经，W 为西经。

⑦ 字段 7：地面速率（000.0～999.9 节）。

⑧ 字段 8：地面航向（000.0～359.9°，以正北为参考基准）。

⑨ 字段 9：UTC 日期，ddmmyy（日月年）格式。

⑩ 字段 10：磁偏角（000.0～180.0°）。

⑪ 字段 11：磁偏角方向，E 为东，W 为西。

⑫ 字段 12：模式指示，仅 NMEA0183 3.00 版本输出，A=自主定位，D=差分，E=估算，N=数据无效。

（5）$GPVTG 指令。指令格式如下：

```
$GPVTG, <1>, T, <2>, M, <3>, N, <4>, K, <5>, * hh<CR><LF>
```

① 字段 1：以正北为参考基准的地面航向（0～359°）。

② 字段 2：以磁北为参考基准的地面航向（0～359°）。

③ 字段 3：地面速率（000.0～999.9 节）。

④ 字段 4：地面速率（0 000.0～1 851.8 km/h）。

⑤ 字段 5：模式指示，仅 NMEA0183 3.00 版本输出，A=自主定位，D=差分，E=估算，N=数据无效。

5.3.4 项目硬件电路设计

（1）ATmega16 硬件连接电路如图 5-14 所示。

（2）串行接口电路如图 5-15 所示。

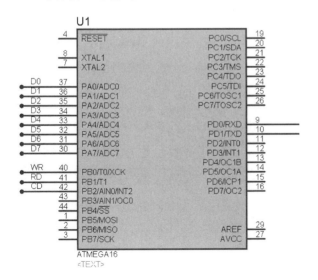

图 5-14　ATmega16 硬件连接电路

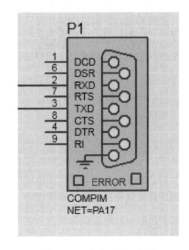

图 5-15　串行接口电路

（3）液晶显示电路如图 5-16 所示。

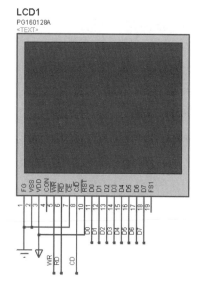

图 5-16　液晶显示电路

（4）连接好的北斗定位仿真系统硬件原理如图 5-17 所示。

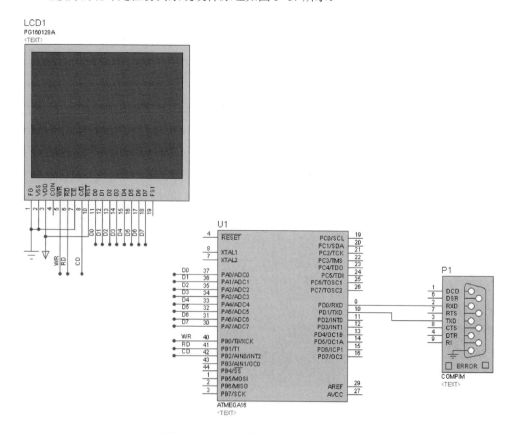

图 5-17　北斗定位仿真系统硬件原理

5.3.5　项目驱动软件设计

由于篇幅所限，在此仅给出部分重要的程序代码，其余程序代码请读者参考其他章节自行补充完整。

（1）端口及相关引脚定义的程序代码如下：

```
//LCD 数据端口
#define LCD_DATA_PORT PORTA
#define LCD_DATA_PIN PINA
#define LCD_DATA_DDR DDRA
//LCD 控制端口
#define LCD_CTRL_PORT  PORTB
//LCD 控制引脚定义(读，写，命令/数据寄存选择)
#define WR PB0
#define RD PB1
#define CD PB2
//LCD 控制引脚相关操作
#define WR_1() LCD_CTRL_PORT |= _BV(WR)
#define WR_0() LCD_CTRL_PORT &= ~_BV(WR)
#define RD_1() LCD_CTRL_PORT |= _BV(RD)
#define RD_0() LCD_CTRL_PORT &= ~_BV(RD)
#define CD_1() LCD_CTRL_PORT |= _BV(CD)
#define CD_0() LCD_CTRL_PORT &= ~_BV(CD)
```

（2）显示在 LCD 上的图像点阵的程序代码如下：

```
//显示在 LCD 上的图像点阵，数组数据存放于程序 Flash 空间中
code INT16U IMAGE_WIDTH = 160, IMAGE_HEIGHT = 22;
code INT8U Title_Image[] = { 160,22,
0x00,0x00,0x00,0x00,0x00,0x00,0x00,0x00,0x00,0x00,0x00,0x00,0x00,0x00,0x00,0x00,
0x00,0x00,0x00,0x00,0x00,0x00,0x00,0x00,0x00,0x00,0x00,0x00,0x00,0x00,0x00,0x00,
0x00,0x00,0x00,0x00,0x00,0x00,0x00,0x00,0x00,0x00,0x00,0x00,0x30,0x00,0x0D,0x00,
0x30,0x03,0x10,0x00,0x07,0x80,0x0C,0x03,0x18,0x00,0x30,0x00,0x00,0x00,0x00,0x00,
0x70,0x00,0x0D,0x80,0x30,0x03,0x18,0x07,0xFF,0x86,0x0C,0x03,0x1C,0x0F,0xFF,0x80,
0x00,0x00,0x00,0x00,0xD8,0x1F,0x0C,0x8F,0xFF,0xC6,0x0C,0x07,0xF8,0x06,0xFF,0xC7,
0x0C,0x0F,0xFF,0x80,0x07,0x1F,0x07,0x01,0x8C,0x1F,0x7F,0xCF,0xFF,0xC6,0xFF,0x80,
0xC6,0x0C,0xFF,0xC6,0xFF,0xC0,0x60,0x00,0x08,0x90,0x88,0x83,0x07,0x06,0x7F,0xCC,
0x00,0xCE,0xFF,0x81,0x8C,0x09,0x18,0x0E,0xFF,0xC3,0xFE,0x00,0x10,0x50,0x50,0x4F,
0xFF,0xC6,0x0C,0x03,0xFF,0x0E,0x00,0x03,0xF8,0x1F,0x31,0x1E,0x30,0x03,0x06,0x00,
0x10,0x50,0x50,0x0D,0xFE,0xDF,0x6C,0xC3,0xFF,0x1E,0x63,0x00,0x62,0x1E,0x7F,0x96,
0x3F,0x83,0xFE,0x00,0x10,0x10,0x4C,0x00,0x30,0x1F,0x3D,0x80,0x30,0x16,0x63,0x00,
0xC3,0x04,0x7F,0xC6,0x3F,0x83,0x06,0x00,0x11,0xD0,0x83,0x00,0x30,0x06,0x0F,0x03,
0x30,0x06,0x33,0x07,0xFF,0x8F,0xB6,0xC6,0x31,0x83,0xFE,0x00,0x10,0x5F,0x00,0x83,
0xFF,0x06,0x1E,0x03,0x3F,0x86,0x36,0x07,0xF0,0x9F,0x36,0x06,0x31,0x83,0x06,0x00,
0x10,0x50,0x10,0x43,0xFF,0x06,0x3F,0x03,0x3F,0x86,0x36,0x00,0x30,0x00,0x36,0x06,
```

```
0x31,0x9F,0xFF,0xC0,0x10,0x50,0x10,0x40,0x30,0x07,0x6D,0x87,0x30,0x06,0x06,0x03,
0x33,0x03,0xB6,0x06,0x61,0x9F,0xFF,0xC0,0x08,0xD0,0x08,0x80,0x30,0x1F,0x4C,0xC7,
0xF0,0x06,0xFF,0xC6,0x31,0x9F,0xB6,0xC6,0xE1,0x81,0x8C,0x00,0x07,0x50,0x07,0x0F,
0xFF,0x98,0x1C,0x0C,0xFF,0xC6,0xFF,0xCC,0x70,0x9C,0x67,0xC7,0xC7,0x83,0x07,0x00,
0x00,0x00,0x00,0x0F,0xFF,0x80,0x18,0x18,0x3F,0xC6,0x00,0x00,0x60,0x00,0xC3,0xC6,
0x87,0x0E,0x01,0x80,0x00,0x00,0x00,0x00,0x00,0x00,0x00,0x00,0x00,0x00,0x00,0x00,
0x00,0x00,0x00,0x00,0x00,0x00,0x00,0x00,0x00,0x00,0x00,0x00,0x00,0x00,0x00,0x00,
0x00,0x00,0x00,0x00,0x00,0x00,0x00,0x00,0x00,0x00,0x00,0xFF,0xFF,0xFF,0xFF,
0xFF,0xFF,0xFF,0xFF,0xFF,0xFF,0xFF,0xFF,0xFF,0xFF,0xFF,0xFF,0xFF,0xFF,0xFF,0xFF,
0x00,0x00,0x00,0x00,0x00,0x00,0x00,0x00,0x00,0x00,0x00,0x00,0x00,0x00,0x00,0x00,
0x00,0x00,0x00,0x00,0x00,0x00,0x00,0x00,0x00,0x00,0x00,0x00,0x00,0x00,0x00,0x00,
0x00,0x00,0x00,0x00,0x00,0x00,0x00,0x00
};
//导航信息:经度,纬度,速度,时间
code INT8U Info4_Image[] = { 40,70,
0x00,0x00,0x00,0x00,0x00,0x00,0x00,0x00,0x00,0x00,0x00,0x00,0x00,0x00,0x00,0x04,
0x00,0x00,0x40,0x00,0x04,0x7F,0x00,0x20,0x00,0x08,0x02,0x0F,0xFF,0x80,0x08,0x04,
0x08,0x88,0x00,0x12,0x0C,0x08,0x88,0x00,0x3C,0x32,0x0B,0xFF,0x00,0x04,0xC1,0x88,
0x88,0x18,0x08,0x00,0x88,0xF8,0x18,0x10,0x7F,0x08,0x00,0x00,0x3E,0x08,0x09,0xFE,
0x00,0x00,0x08,0x08,0x84,0x00,0x00,0x08,0x08,0x48,0x00,0x06,0x08,0x08,0x30,0x18,
0x38,0xFF,0x90,0x4C,0x18,0x00,0x00,0x11,0x83,0x80,0x00,0x00,0x26,0x01,0x00,0x04,
0x10,0x00,0x40,0x00,0x04,0x10,0x00,0x20,0x00,0x08,0xFF,0x8F,0xFF,0x80,0x09,0x10,
0x08,0x88,0x00,0x11,0x10,0x08,0x88,0x00,0x3E,0xFF,0x0B,0xFF,0x00,0x04,0x10,0x08,
0x88,0x18,0x08,0x10,0x08,0xF8,0x18,0x10,0xFF,0x88,0x00,0x00,0x3E,0x10,0x89,0xFE,
0x00,0x00,0x10,0x88,0x84,0x00,0x03,0x10,0x88,0x48,0x00,0x3C,0x12,0x88,0x30,0x18,
0x10,0x11,0x10,0x4C,0x18,0x00,0x10,0x11,0x83,0x80,0x00,0x10,0x26,0x01,0x00,0x00,
0x20,0x00,0x40,0x00,0x10,0x20,0x00,0x20,0x00,0x0B,0xFF,0x0F,0xFF,0x80,0x08,0x20,
0x08,0x88,0x00,0x00,0x20,0x08,0x88,0x00,0x01,0xFE,0x0B,0xFF,0x00,0x39,0x22,0x08,
0x88,0x18,0x09,0x22,0x08,0xF8,0x18,0x09,0xFE,0x08,0x00,0x00,0x08,0x68,0x09,0xFE,
0x00,0x08,0xA6,0x08,0x84,0x00,0x0B,0x22,0x08,0x48,0x00,0x08,0x20,0x08,0x30,0x18,
0x14,0x20,0x10,0x4C,0x18,0x23,0xFF,0x91,0x83,0x80,0x00,0x00,0x26,0x01,0x00,0x00,
0x04,0x08,0x00,0x00,0x00,0x04,0x04,0xFF,0x00,0x1F,0x04,0x04,0x01,0x00,0x11,0x04,
0x10,0x01,0x00,0x11,0xFF,0x91,0xF9,0x00,0x11,0x04,0x11,0x09,0x00,0x1F,0x04,0x11,
0x09,0x18,0x11,0x44,0x11,0xF9,0x18,0x11,0x24,0x11,0x09,0x00,0x11,0x24,0x11,0x09,
0x00,0x1F,0x04,0x11,0xF9,0x00,0x00,0x04,0x10,0x01,0x00,0x00,0x04,0x10,0x01,0x18,
0x00,0x04,0x10,0x01,0x18,0x00,0x14,0x10,0x05,0x00,0x00,0x08,0x10,0x02,0x00,0x00,
0x00,0x00,0x00,0x00,0x00,0x00,0x00,0x00,0x00,0x00,0x00,0x00,0x00,0x00
};
```

（3）LCD 上绘制图像函数的程序代码如下：

```
void Draw_Image(INT8U *G_Buffer, INT8U Start_Row, INT8U Start_Col)
{
    INT16U i,j,W,H;
    //图像行数控制(G_Buffer 的前两个字节分别为图像宽度与高度)
```

```
        W = G_Buffer[1];
        for(i = 0;i < W;i++)
        {
            Set_LCD_POS(Start_Row + i,Start_Col);
            LCD_Write_Command(LC_AUT_WR);
            //绘制图像每行像素
            H = G_Buffer[0];
            for( j = 0; j < H / 8; j++)
                LCD_Write_Data(G_Buffer[ i * ( H / 8 ) + j + 2 ]);
            LCD_Write_Command(LC_AUT_OVR);
        }
    }
```

（4）串口接收中断函数的程序代码如下：

```
    ISR(USART_RXC_vect)
    {
        INT8U c = UDR;
        INT8U i = 0, END_Flag = 0; INT8U c;
        if(i<6&&p[i]!=c)
        {
            i = 0;
            return;
        }
        if(i>7&&i<=12)
            time[(3 * i + 1) / 2 - 11] = c;
        //纬度
        else if(i==20||i==21)
            Latitude[i - 19] = c;
        else if(i>=22&&i<=28)
            Latitude[i - 17] = c;
        else if(i==32)
            Latitude[14] = c;
        //经度
        else if(i>=34&&i<=36)
            Longitude[i - 34] = c;
        else if(i>=37&&i<=43)
            Longitude [i - 32] = c;
        else if(i==47)
            Longitude [14] = c;
        //速度
        if(i>=49)
        {
```

```
            if(c==',')
                END_FLAG = 1;
            else
            {
            Speed[i - 49] = c;
            Speed[i - 48] = '\0';
        }
    }
    if(++i>60||END_FLAG==1)
    {
        i = 0;
        END_FLAG = 0;
        rec_OK = 1;
    }
}
```

（5）系统主函数的程序代码如下：

```
void main(void)
{
    LCD_Initialise();
    Clear_Screen();
    Draw_Image((INT8U*)Title_Image, 0, 0);
    Draw_Image((INT8U*)Info4_Image, 30, 0);
    while(1)
    {
        if(rec_OK==1)
        {
            Display_Str_at_xy(40, 36, (char *)Longitude);
            Display_Str_at_xy(40, 52, (char *)Latitude);
            Display_Str_at_xy(40, 68, (char *)Speed);
            Display_Str_at_xy(40, 84, (char *)Time);
            rec_OK = 0;
        }
    }
}
```

5.3.6 项目系统集成与调试

首先进入 ATmega16 的"属性设置"对话框，运行生成的.cof 文件，单击 Proteus 右下角的运行按钮，项目系统初次启动会出现图 5-18 所示的界面。

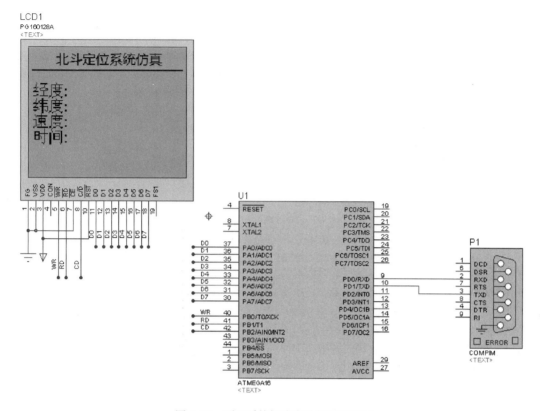

图 5-18　项目系统初次启动的显示界面

运行调试程序时，既可以连接带串口输出的定位模块，也可选择虚拟 GPS 软件。图 5-19 为虚拟 GPS 软件 Virtual GPS 仿真发送定位信息。

图 5-19　Virtual GPS 仿真发送定位信息

项目系统成功仿真的效果如图 5-20 所示。

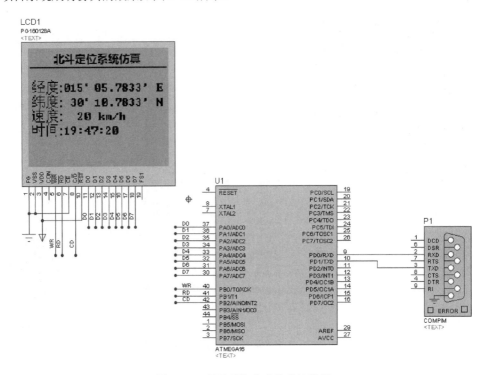

图 5-20　项目系统成功仿真的效果

第 6 章 » 单片机总线应用

★★★

6.1 项目 16：MPU-6050 的货物运输姿态检测器

6.1.1 项目背景

公路运输过程中，通过 GPS 可以对车辆进行定位但无法监控到物资本身的状态，通过运动传感器可以获取在运物资的姿态信息。

6.1.2 项目方案设计

本项目使用 ATmega16 的两个引脚模拟 I²C 总线的 SCL、SDA，在这个模拟的 I²C 总线上接入具有 I²C 协议的运动传感器 MPU-6050 采集运动姿态数据，经过 ATmega16 处理后，实现运动状态采集，如图 6-1 所示。

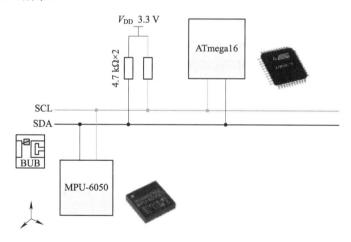

图 6-1　项目方案设计框图

6.1.3 基础知识

1. I²C 总线工作原理

I²C 总线，全称 Inter Integrated Circuit（Inter-IC），是 Philips 公司开发的一种用于 IC 元器件之间的两线式串行总线，可用于连接微控制器及其外围设备。

I^2C 总线使用两条信号线在各设备之间传送信息，分别是串行时钟线 SCL 和串行数据线 SDA。SCL 和 SDA 都是双向 I/O 线，SCL、SDA 既可输入又可输出，所以连接在 I^2C 总线上的设备均可以工作在发送方式或接收方式，设备的 I^2C 引脚也是双向的。每个设备既可以作为主控器控制总线也可以作为被控器接收主控器的控制。总线上的每个设备发送信息时便是发送器，接收信息时又成了接收器。在 I^2C 总线上，SCL 和 SDA 必须通过上拉电阻接正电源，这样当总线空闲时，两线都是高电平。所以要求连接到 I^2C 总线上的设备都必须是集电极或漏极开路输出的形式，即它们都具有"线与"的功能，也就是连在总线上的任意一开关只要对地导通，这条线就一定是低电平，如图 6-2 所示。这种情况跟"逻辑与"运算的特点类似，即输入端任意一个为低电平，输出就一定是低电平。

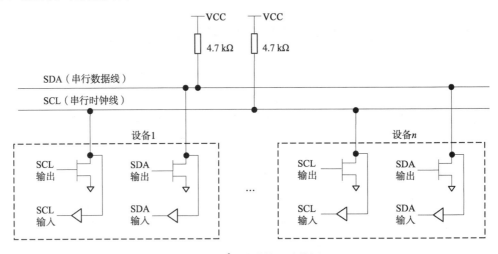

图 6-2 I^2C 总线接口结构图

按照 I^2C 总线的通信协议规则，I^2C 总线允许连接多个设备（元器件），每个设备都有一个唯一的地址。总线根据设备地址寻址，就能识别连在上面的设备。

I^2C 总线在空闲状态时，SDA 和 SCL 信号线由各自的上拉电阻把电平拉高，处于高电平状态。此时各个元器件的输出级场效应管均处在截止状态，均释放总线。在 I^2C 总线上传输信息时，如果 SCL 为高电平，则 SDA 的电平状态须保持稳定不变；如果 SCL 为低电平，SDA 的电平状态才允许变化。不过也有特例，这就是传送过程的起始信号和停止信号。在 SCL 为高电平时，如果 SDA 由高电平向低电平跳变，这种状态认定为起始信号；如果 SDA 由低电平向高电平跳变，则认定为停止信号，如图 6-3 所示。

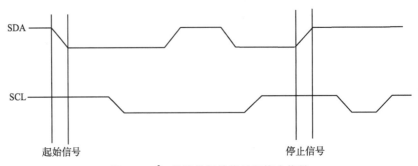

图 6-3 I^2C 总线的起始信号和停止信号

在 I²C 总线上传送的每一个数据位都需要 1 个时钟脉冲与之同步。所有数据都是以 8 位字节为单位传送的，高位在前，低位在后。发送器每发送 1 个字节，都需要接收器反馈 1 个应答信号。应答信号宽度为 1 位，紧跟在字节数据后面，因此发送 1 个字节的数据，需要 9 个 SCL 时钟脉冲。

当应答信号为低电平时，用 ACK 表示，称为有效应答位，表示接收器已经成功接收该字节数据。

当应答信号为高电平时，则用 NACK 表示，称为非应答位（NACK），表示接收器没有成功接收到该字节数据。

对于有效应答位 ACK 的要求是，接收器在第 9 个时钟脉冲之前的低电平期间将 SDA 线拉低，且在该时钟脉冲的高电平期间保持稳定的低电平。如果接收器是主控器，则在它收到最后一个字节后，发送一个 NACK 信号，以通知被控发送器结束数据发送，并释放 SDA 线，以便主控接收器发送一个停止信号，如图 6-4 所示。

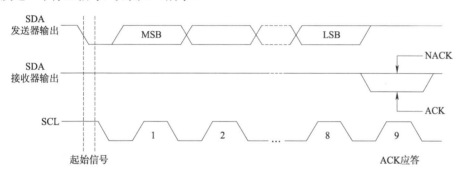

图 6-4　I²C 总线的字节信息传输及响应信号

2. MPU-6050 工作原理

MPU-6050 是全球首例 9 轴运动处理传感器。它集成了 3 轴 MEMS 陀螺仪、3 轴 MEMS 加速度计和 1 个可扩展的 DMP（Digital Motion Processor，数字运动处理器）。扩展之后就可以通过 I²C（或 SPI ）接口输出一个 9 轴的信号（SPI 接口仅在 MPU-6000 可用）。MPU-6050 也可以通过 I²C 接口连接非惯性的数字传感器，如压力传感器。

MPU-6050 的数字运动处理器（DMP），从陀螺仪、加速度计以及外接的传感器接收并处理数据，处理结果可以从 DMP 寄存器读出，或通过 FIFO 缓冲。DMP 有权使用 MPU 的一个外部引脚产生中断。

MPU-6050 内部设置一个片上 1 024 B 的 FIFO，有助于降低系统功耗。FIFO 和所有设备寄存器之间的通信采用 400 kHz 的 I²C 接口。MPU-6050 内嵌了一个温度传感器和在工作环境下仅有±1%变动的振荡器，还有可编程的低通滤波器。MPU-6050 支持的 VDD 范围为（3.0±5）V，此外 MPU-6050 还有一个 VLOGIC 引脚为 I²C 输出提供逻辑电平，该引脚电压可取（1.8±0.09）V 或者 VDD。

MPU-6050 采用 QFN（Quad Flat No-lead，方形扁平无引线封装，表面贴装型封装之一）封装，封装尺寸 4 mm×4 mm×0.9 mm，可承受最大 98 000N 的冲击。MPU-6050 有 24 个引脚，如图 6-5 所示。

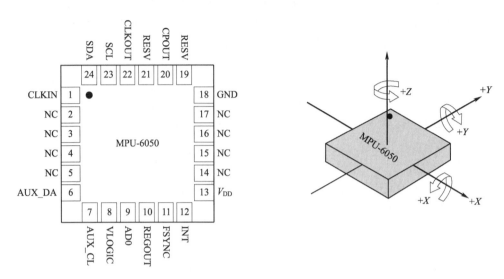

图 6-5　MPU-6050 引脚图和旋转轴的极性

MPU-6050 各引脚功能描述如表 6-1 所示。

表 6-1　MPU-6050 各引脚功能描述

引 脚 编 号	引 脚 名 称	功 能 描 述
1	CLKIN	可选择的外部时钟输入，默认连到 GND
6	AUX_DA	I²C 主串行数据，用于外接传感器
7	AUX_CL	I²C 主串行时钟，用于外接传感器
8	VLOGIC	数字 I/O 供电电压
9	AD0	I²C Slave 地址 LSB
10	REGOUT	校准滤波电容连线
11	FSYNC	帧同步数字输入
12	INT	中断数字输入（推挽/开漏）
13	VDD	电源电压及数字 I/O 供电电压
18	GND	电源地
19、21、22	RESV	预留，不需连接
20	CPOUT	电荷泵电容连线
23	SCL	I²C 串行时钟
24	SDA	I²C 串行数据
2、3、4、5、14、15、16、17	NC	不需连接

　　（1）加速度传感器和陀螺仪传感器的工作原理。加速度传感器用来测量物体运动的加速度，陀螺仪传感器用来测量物体转动的角速度。

　　加速度传感器通常由质量块、阻尼器、弹性元器件、敏感元器件和适调电路等部分组成。传感器在加速过程中，通过对质量块所受惯性力的测量，利用牛顿第二定律获得加速度值。加速度传感器可以测量某一时刻 X、Y、$Z3$ 个方向的加速度值。根据传感器敏感元器件的不同，常见的加速度传感器类型包括电容式、电感式、应变式、压阻式、压电式等。

　　陀螺仪传感器的原理：根据一个旋转物体的旋转轴所指的方向在不受外力影响时可以保持方向不变，采用多种方法读取轴所指示的方向，并自动将数据信号传给控制系统。例如，骑自行车也是利用了这个原理，由于车轴有一个保持水平的惯性力，所以轮子转得越快越不容易倒。现代陀螺仪可以精确地确定运动物体的方位，是一种在现代航空、航海、航天和国防工业中广泛使用的惯性导航仪器。

　　MPU-6050 的陀螺仪和加速度计分别用了 3 个 16 位的 ADC，将其测量的模拟量转化为可输出的数字量。为了精确跟踪快速和慢速的运动，传感器的测量范围都是用户可控的，陀螺仪可测范围为 ± 250、± 500、$\pm 10\,00$、$\pm 2\,000^{(\circ)}$/s，加速度计可测范围为 $\pm 2g$、$\pm 4g$、$\pm 8g$、$\pm 16g$。

　　（2）MPU-6050 的数据传送。MPU-6050 通过 I^2C 进行数据传送。根据 I^2C 总线的通信规则，写 MPU-6050 寄存器时，主设备除了发出开始标志（S）和地址位（AD），还要加一个 R/W 位，0 为写，1 为读。在第 9 个时钟周期（高电平期间），MPU-6050 产生应答信号（ACK）以后，主设备开始传送寄存器地址（RA），接到应答信号后传送寄存器数据，传送数据时仍然要有应答信号，以此类推。

　　传送数据为单字节数据（DATA）时，写时序如表 6-2 所示。其中 Master 表示主模式，Slave 表示从模式。

表 6-2　单字节写时序

	t0	t1	t2	t3				tn
Master	S	AD+W		RA		DATA		P
Slave			ACK		ACK		ACK	

　　传送数据为多字节数据（DATA1、DATA2、…、DATAn）时，写时序如表 6-3 所示。

表 6-3　多字节写时序

	t0	t1	t2	t3					tn
Master	S	AD+W		RA		DATA1		DATAn	P
Slave			ACK		ACK		ACK	...	ACK

　　如果要读取 MPU-6050 寄存器的值，首先由主设备产生开始信号（S），发送从设备地址位和一个写数据位，然后发送寄存器地址，开始读寄存器。主设备收到应答信号后再产生一个开始信号，发送从设备地址位和一个读数据位。作为从设备的 MPU-6050 产生应答信号并开始发送寄存器数据。通信以主设备产生的拒绝应答信号（NACK）和结束标志（P）结束。NACK 定义为 SDA 数据在第 9 个时钟周期一直为高。

　　传送数据为单字节数据时，读时序如表 6-4 所示。

表 6-4　单字节读时序

	t0	t1	t2	t3			…		tn
Master	S	AD+W		RA		S	AD+R	NACK	P
Slave			ACK		ACK		ACK	DATA	

传送数据为多字节数据时，读时序如表 6-5 所示。

表 6-5　多字节读时序

	t0	t1	t2	t3			…		tn
Master	S	AD+W		RA	S	AD+R		ACK	NACK	P
Slave			ACK		ACK		ACK	DATA		DATA	

（3）MPU-6050 相关寄存器。

① 电源管理寄存器 1（0x6B）。该电源管理寄存器为 8 位寄存器，各位功能设置如表 6-6 所示。表中 Register 表示寄存器名，Hex 为十六进制形式，Decimal 为十进制形式。

表 6-6　电源管理寄存器 1 各位功能设置

Register（Hex）	Register（Decimal）	位 7	位 6	位 5	位 4	位 3	位 2	位 1	位 0
6B	107	DEVICE_RESET	SLEEP	SYCLE	—	TEMP_DIS	CLKSEL[2:0]		

DEVICE_RESET 为 1 时，复位 MPU6050，复位完成后将自动清零。

SLEEP 为 1 时，设置为睡眠模式；SLEEP 为 0 时，设置为正常工作模式。

TEMP_DIS 为温度传感器使能位，设置为 0 时使能。

CLKSEL[2:0]为系统时钟源选择位，其设置情况如表 6-7 所示。

表 6-7　系统时钟源选择位设置情况

CLKSEL[2:0]	时 钟 源
000	内部 RC，频率 8M
001	PLL，使用 X 轴陀螺作参考
010	PLL，使用 Y 轴陀螺作参考
011	PLL，使用 Z 轴陀螺作参考
100	PLL，使用外部 32.768 kHz 作参考
101	PLL，使用外部 19.2 MHz 作参考
110	保留
111	关闭时钟，保持时序产生电路的复位状态

② 陀螺仪配置寄存器（0x1B）。陀螺仪配置寄存器各位功能设置如表 6-8 所示。

表6-8 陀螺仪配置寄存器各位功能设置

Register（Hex）	Register（Decimal）	位 7	位 6	位 5	位 4	位 3	位 2	位 1	位 0
1B	27	XG_ST	YG_ST	ZG_ST	FS_SEL[1:0]		—	—	—

FS_SEL[1:0]用来设置陀螺仪的满量程范围：0，±250 $^{(o)}$/s；1，±500 $^{(o)}$/s；2，±1 000 $^{(o)}$/s；3，±2 000 $^{(o)}$/s。通常设置为 3，±2 000 $^{(o)}$/s，陀螺仪的 ADC 分辨率为 16 位，故而得到灵敏度为 $2^{16}/4$ 000=16.4LSB/（°/S）。其中，LSB/（°/S）为灵敏度单位，LSB 为最小有效位。通常陀螺仪的满量程范围设置为±2 000^0/S，输出位数为 16 位，则灵敏度为 $2^{16}/4$ 000=16.4LSB/（°/S）。

③ 加速度传感器配置寄存器（0x1C）。加速度传感器配置寄存器各位功能设置如表 6-9 所示。

表6-9 加速度传感器配置寄存器各位功能设置

Register（Hex）	Register（Decimal）	位 7	位 6	位 5	位 4	位 3	位 2	位 1	位 0
1C	28	XA_ST	YA_ST	ZA_ST	AFS_SEL[1:0]		—		

AFS_SEL[1:0]用来设置加速度传感器的满量程范围：0，±2g；1，±4g；2，±8g；3，±16g。通常设置为 0，±2g，加速度传感器的 ADC 分辨率为 16 位，故而其灵敏度为 $2^{16}/4$=16 384LSB/g。其中，LSB/g 为灵敏度单位，LSB 为最小有效位。通常，加速度传感器量程设置为±2g，输出位数为 16 位，对应满量程，则灵敏度为 216/4=16 384LSB/g。

④ FIFO 使能寄存器（0x23）。FIFO 使能寄存器各位功能设置如表 6-10 所示。

表6-10 FIFO 使能寄存器各位功能设置

Register（Hex）	Register（Decimal）	位 7	位 6	位 5	位 4	位 3	位 2	位 1	位 0
23	35	TEMP_FIFO_EN	XG_FIFO_EN	YG_FIFO_EN	ZG_FIFO_EN	ACCEL_FIFO_EN	SLV2_FIFO_EN	SLV1_FIFO_EN	SLV0_FIFO_EN

FIFO 使能寄存器用来设置 FIFO 使能，在简单读取传感器数据时，可不用 FIFO，设置对应位为 0 时禁止 FIFO，设置为 1 时则使能该位。由于加速度传感器的 3 个轴全由 ACCEL_FIFO_EN 位控制，故当该位设置为 1 时，加速度传感器的 3 个通道都开启 FIFO。

⑤ 陀螺仪采样率分频寄存器（0x19）。陀螺仪采样率分频寄存器各位功能设置如表 6-11 所示。

表6-11 陀螺仪采样率分频寄存器各位功能设置

Register（Hex）	Register（Decimal）	位 7	位 6	位 5	位 4	位 3	位 2	位 1	位 0
19	25	SMPLRT_DIV[7:0]							

陀螺仪采样率分频寄存器用来设置陀螺仪的采用频率，根据计算公式：

$$采样频率=陀螺仪输出频率/（1+ SMPLRT\_DIV）$$

陀螺仪的输出频率与数字低通滤波器（DLPF）的设置有关，DLPF 滤波频率通常设置为采样频率的 1/2。

⑥ 配置寄存器（0x1A）。配置寄存器各位功能设置如表 6-12 所示。

表 6-12　配置寄存器各位功能设置

Register（Hex）	Register（Decimal）	位 7	位 6	位 5	位 4	位 3	位 2	位 1	位 0
1A	26	—	—	EXT_SYNC_SET[2:0]			DLPF_CFG[2:0]		

DLPF_CFG 为低通滤波器设置位，加速度传感器和陀螺仪根据这 3 位的配置进行过滤如表 6-13 所示。

表 6-13　配置寄存器设置

DLPF_CFG[2:0]	加速度传感器 F_s=1 kHz		角速度传感器（陀螺仪）		
	带宽/Hz	延迟/ms	带宽/Hz	延迟/ms	F_s/kHz
000	260	0	256	0.98	8
001	184	2.0	188	1.9	1
010	94	3.0	98	2.8	1
011	44	4.9	42	4.8	1
100	21	8.5	20	8.4	1
101	10	13.8	10	13.4	1
110	5	19.0		18.6	1
111	保留		保留		8

⑦ 电源管理寄存器 2（0x6C）。电源管理寄存器 2 各位功能设置如表 6-14 所示。

表 6-14　电源管理寄存器 2 各位功能设置

Register（Hex）	Register（Decimal）	位 7	位 6	位 5	位 4	位 3	位 2	位 1	位 0
6C	108	LP_WAKE_CTR[1:0]		STBY_XA	STBY_YA	STBY_ZA	STBY_XG	STBY_YG	STBY_ZG

该电源管理寄存器的 LP_WAKE_CTR[1:0]用来设置低功耗时的唤醒频率。其余 6 位分别设置加速度传感器和陀螺仪的 X、Y 和 Z 轴是否进入待机模式，不进入待机模式时，设置为 0。

⑧ 温度传感器数据输出寄存器（0x41～0x42）。湿度传感器数据输出寄存器各位功能设置如表 6-15 所示。

表 6-15　温度传感器数据输出寄存器各位功能设置

Register（Hex）	Register（Decimal）	位 7	位 6	位 5	位 4	位 3	位 2	位 1	位 0
41	65	TEMP_OUT[15:8]							
42	66	TEMP_OUT[7:0]							

读取 0x41（高 8 位）和 0x42（低 8 位）寄存器可以得到温度数据，温度的换算公式如下：

$$Temperature = 36.53 + regval / 340$$

其中，Temperature 是温度值，单位为℃；regval 是从 0x41 和 0x42 读取到的温度传感器数据。

⑨ 陀螺仪数据输出寄存器（0x43～0x48）。陀螺仪数据输出寄存器各位功能设置如表 6-16 所示。

表 6-16 陀螺仪数据输出寄存器各位功能设置

Register（Hex）	Register（Decimal）	位 7	位 6	位 5	位 4	位 3	位 2	位 1	位 0
43	67	GYRO_XOUT[15:8]							
44	68	GYRO_XOUT[7:0]							
45	69	GYRO_YOUT[15:8]							
46	70	GYRO_YOUT[7:0]							
47	71	GYRO_ZOUT[15:8]							
48	72	GYRO_ZOUT[7:0]							

陀螺仪数据输出寄存器共有 6 个寄存器，分别输出 X、Y、$Z3$ 个轴向的陀螺仪传感器数据，高字节在前，低字节在后。

⑩ 中断使能寄存器。中断使能寄存器各位功能设置如表 6-17 所示。

表 6-17 中断使能寄存器各位功能设置

Register（Hex）	Register（Decimal）	位 7	位 6	位 5	位 4	位 3	位 2	位 1	位 0
38	56		MOT_EN		FIFO_OFLOW_EN	I2C_MST_INT_EN	—	—	DATA_RDY_EN

MOT_EN 置 1 时，使能运动检测（motion detection）产生中断。IFO_OFLOW_EN 置 1 时，使能 FIFO 缓冲区溢出产生中断。I2C_MST_INT_EN 置 1 时，使能 I²C 主机所有中断源产生中断。DATA_RDY_EN 置 1 时，使能数据就绪中断（ Data Ready interrupt），所有的传感器寄存器写操作完成时都会产生。若关闭所有中断则把中断使能寄存器设置为 0X00。

6.1.4 项目硬件电路设计

（1）MPU-6050 的电路连接如图 6-6 所示。

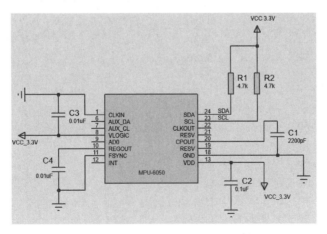

图 6-6 MPU-6050 的电路连接

（2）ATmega16 模拟 I²C 总线电路如图 6-7 所示。

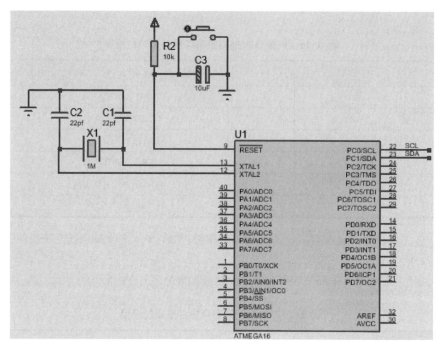

图 6-7　ATmega16 模拟 I²C 总线电路

6.1.5　项目驱动软件设计

（1）定义 MPU-6050 内部地址的程序代码如下：

```
/******************************************
功能：定义 MPU-6050 内部相关寄存器的地址
******************************************/
#define SMPLRT_DIV      0x19    //陀螺仪采样率，典型值：0x07(125Hz)
#define CONFIG          0x1A    //低通滤波频率，典型值：0x06(5Hz)
#define GYRO_CONFIG     0x1B    //陀螺仪自检及测量范围，典型值：0x18
#define ACCEL_CONFIG    0x1C    //加速度计自检及测量范围，典型值：0x01
#define ACCEL_XOUT_H    0x3B
#define ACCEL_XOUT_L    0x3C
#define ACCEL_YOUT_H    0x3D
#define ACCEL_YOUT_L    0x3E
#define ACCEL_ZOUT_H    0x3F
#define ACCEL_ZOUT_L    0x40
#define TEMP_OUT_H      0x41
#define TEMP_OUT_L      0x42
#define GYRO_XOUT_H     0x43
#define GYRO_XOUT_L     0x44
#define GYRO_YOUT_H     0x45
```

```
#define GYRO_YOUT_L        0x46
#define GYRO_ZOUT_H        0x47
#define GYRO_ZOUT_L        0x48
#define PWR_MGMT_1         0x6B        //电源管理, 典型值: 0x00
#define WHO_AM_I           0x75        //I²C地址寄存器 (默认0x68, 只读寄存器)
#define SlaveAddress       0xD0        //I²C写入时的地址字节数据, +1为读取
```

（2）向 I²C 总线写一个字节数据的程序代码如下：（通过 I²C 总线向 MPU-6050 写一个 8 位数据，若写成功返回 0，否则返回 1。）

```
/*************************************
函数名称: 写数据函数
函数功能: 向 I²C 总线写 8 bit 数据
*************************************/
unsigned char I2C_Write(unsigned char RegAddress,unsigned char Wdata)
{
    Start();                        //I²C 启动
    Wait();
    if(TestAck()!=START)
    return 1;                       //ACK

    Write8Bit(SlaveAddress);        //写 I²C 从元器件地址和写方式
    Wait();
    if(TestAck()!=MT_SLA_ACK)
    return 1;                       //ACK

    Write8Bit(RegAddress);          //写元器件相应寄存器地址
    Wait();
    if(TestAck()!=MT_DATA_ACK)
    return 1;                       //ACK

    Write8Bit(Wdata);               //写数据到元器件相应寄存器
    Wait();
    if(TestAck()!=MT_DATA_ACK)
    return 1;                       //ACK

    Stop();                         //I²C 停止
    delay_ms(10);                   //延时
    return 0;
}
```

（3）从 I²C 总线读一个字节数据的程序代码如下：

```
/*************************************
函数名称: 读数据
函数功能: 从 I²C 总线读 8 bit 数据
```

```
********************************/
unsigned char I2C_Read(unsigned RegAddress)
{
    unsigned char temp;
    Start();                              //I²C 启动
    Wait();
    if (TestAck()!=START)
    return 1;                             //ACK

    Write8Bit(SlaveAddress);              //写 I²C 从元器件地址和写方式
    Wait();
    if (TestAck()!=MT_SLA_ACK)
    return 1;                             //ACK

    Write8Bit(RegAddress);                //写元器件相应寄存器地址
    Wait();
    if (TestAck()!=MT_DATA_ACK)
    return 1;

    Start();                              //I²C 重新启动
    Wait();
    if (TestAck()!=RE_START)
    return 1;

    Write8Bit(SlaveAddress+1);            //写 I²C 从元器件地址和读方式
    Wait();
    if(TestAck()!=MR_SLA_ACK)
    return 1;                             //ACK

    Twi();                                //启动主 I²C 读方式
    Wait();
    if(TestAck()!=MR_DATA_NOACK)
    return 1;                             //ACK

    temp=TWDR;                            //读取 I²C 接收数据
    Stop();                               //I²C 停止
    return temp;
}
```

（4）初始化 MPU-6050 的程序代码如下：

```
/********************************
函数名称: InitMPU-6050( )
函数功能: 初始化 MPU-6050
********************************/
```

```
void InitMPU-6050(void)
{
    I2C_Write(PWR_MGMT_1, 0x00); //解除休眠状态
    I2C_Write(SMPLRT_DIV, 0x07);
    I2C_Write(CONFIG, 0x06);
    I2C_Write(GYRO_CONFIG, 0x18);
    I2C_Write(ACCEL_CONFIG, 0x01);
}
```

（5）合成数据的程序代码如下：

```
int GetData(unsigned char REG_Address)
{
    unsigned char H,L;
    H=I2C_Read(REG_Address);
    L=I2C_Read(REG_Address+1);
    return (H<<8)+L;    //合成数据
}
```

（6）延时函数。

根据 I²C 协议，在启动和停止信号产生以及操作传感器期间需要用到 4 μs 及毫秒级的延时函数，因此延时函数共有两个。延时函数的程序代码如下：

```
/*****************************************
函数名称: 微秒级延时函数
函数功能: 延时时间大于 4 μs
晶振: 1 MHz 内部晶振
*****************************************/
void delay()      //微秒级延时函数，延时时间大于 4 μs
{
    NOP();
    NOP();
    NOP();
    NOP();
    NOP();
}


/*****************************************
函数名称: 毫秒级延时函数
函数功能: 延时时间为毫秒级
晶振: 1MHz 内部晶振
*****************************************/
void delayms(uint count)
{
    unsigned int i, j;
```

```
for (i=count;i>0;i--)
    for(j=174;j>0;j--);
}
```

（7）I²C 信号启动函数。

根据 I²C 协议，I²C 总线上有单片机发起一次启动的要求为：在 SCL 高电平期间，SDA 由高电平向低电平变化，并且 SCL 持续保持高电平至少 4 μs。I²C 信号启动函数的程序代码如下：

```
/************************************

函数名称：I²C 信号启动函数
函数功能：实现当 SCL 为高电平时，SDA 由高电平向低电平跳变
************************************/
void i2c_start()
{
    sda_1;
    delay();
    scl_1;
    delay();
    sda_0;
    delay();
}
```

（8）I²C 应答函数。

当主机对从机发出指令或者写入数据后，主机释放 SDA 数据线，使其处于高电平状态，当从机响应主机的操作后，从机会把 SDA 数据线下拉为低电平，这时主机检测到 SDA 数据线为低电平视为应答。I²C 应答函数的程序代码如下：

```
/************************************

函数名称：I²C 应答函数
函数功能：从机应答，把 SDA 数据线拉低
************************************/
void i2c_ack()
{
    unsigned char i = 0;
    scl_1;
    delay();
    sda_1;
    delay();
    while(((PINB & 0x10) == 0x10) && (i < 250))
    {
        i++;
    }
    scl_0;
```

```
    delay();
}
```

（9）I²C 总线终止函数。

根据 I²C 协议，当 SCL 时钟线为高电平状态时，SDA 数据线从低电平向高电平的跳变视为
终止一次 I²C 数据线的传输。I²C 总线终止函数的程序代码如下：

```
/**********************************
函数名称：I²C 总线终止函数
函数功能：实现当 SCL 为高电平时，SDA 数据线由低电平向高电平跳变
**********************************/
void i2c_stop()
{
    sda_0;
    delay();
    scl_1;
    delay();
    sda_1;
    delay();
}
```

6.2　项目 17：SPI 总线 Flash 存储行车记录信息

6.2.1　项目背景

汽车运行参数行驶记录仪中要求将实时信息存储于非易失性存储器中。

6.2.2　项目方案设计

根据项目的要求，可采用存储器芯片 FM25040，利用 ATmega16 的一个 I/O 端口外接 8 位拨
码开关用于输入 1 个字节的数据，液晶显示器 1602 显示数据，在主程序中把 8 位拨码开关的变
量送入 FM25040 的指定单元中存储，然后再读取出来送到液晶显示，如果显示的数据正好是拨
码开关的数据，则证明设计的系统可以满足项目的功能需求。项目方案设计框图如图 6-8 所示。

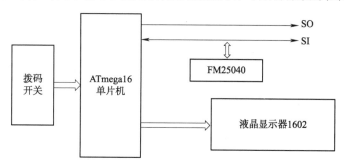

图 6-8　项目方案设计框图

6.2.3 基础知识

1．SPI 总线工作原理

SPI，全称 Serial Peripheral Interface，是 Motorola 推出的一种同步串行总线标准。SPI 基于同步串行外设接口，常用于微处理器和外设以串行方式进行通信、数据交换。

SPI 总线上的各元器件一般使用 4 条线：

MOSI——主机输出/从机输入的数据线；

MISO——主机输入/从机输出的数据线；

SCK——串行时钟线，由主机产生；

SS——从机选择线，由主机控制，低电平有效。

当有多个从机的时候，因为每个从机上都有一个片选引脚接入到主机中，则主机和某个从机通信时，需要将从机对应的片选引脚电平拉低或者是拉高，如图 6-9 所示。

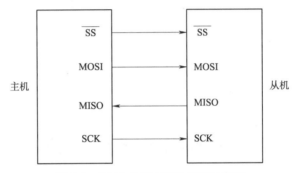

图 6-9　SPI 主从模式硬件连接示意图

SPI 的通信过程本质上就是在同步时钟作用下进行串行移位的过程，这也是为什么必须要有 SCK 时钟存在。可以把主机和从机的两个串行移位寄存器，看成是通过 MOSI 和 MISO 两条数据线首尾相连而成的一个串行移位封闭的环。主机发起传输时，先拉低从机选择信号，然后在内部时钟 SCK 的控制下将主机 SPI 移位寄存器中的内容逐步移出，通过 MOSI 传送到从机。同时，从机也将 SPI 移位寄存器的数据通过 MISO 传到主机，双方数据交换完毕后，拉高从机选择信号，停止 SCK，结束此次通信。

2．ATmega16 的 SPI

ATmega16 的 SPI 是采用硬件方式实现的全双工同步通信接口。使用 4 个 I/O 引脚作为通信信号线如图 6-10 所示。

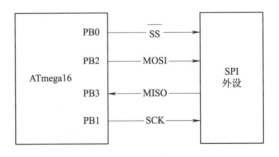

图 6-10　Atmega16 的 SPI 接口

MISO——PB3 引脚，主机输入/从机输出；

MOSI——PB2 引脚，主机输出/从机输入；

SCK——PB1 引脚，主机发出串行时钟信号的引脚；

SS——PB0 引脚，外设片选引脚。

ATmega16 的 SPI 接口的硬件部分由数据寄存器、时钟逻辑、引脚逻辑和控制逻辑 4 部分组成。与 SPI 接口相关的寄存器有：控制寄存器 SPCR、状态寄存器 SPSR 和数据寄存器 SPDR。

（1）控制寄存器（SPCR）。

SPCR 提供对 SPI 接口的设置和控制信号。SPCR 各位含义如表 6-18 所示。

表 6-18 SPCR 各位含义

位	7	6	5	4	3	2	1	0
位名称	SPIE	SPE	DORD	MSTR	CPOL	CPHA	SPR1	SPR0
读/写	R/W	R/W	R/W	R/W	R/W	R/W	R/W	R/W
初始值	0	0	0	0	0	0	0	0

位 7——SPIE：SPI 中断使能，如果全局中断使能，则该位使 SPSR 的 SPIF 位来执行 SPI 中断。

位 6——SPE：SPI 使能，该位被置 1 时 SPI 使能，要使能 SPI 的任何操作，必须使该位置 1。

位 5——DORD：数据的顺序，当 DORD 位被置 1 时，数据的 LSB（低位）首先被传送；当 DORD 位被置 0 时，数据的 MSB（高位）首先被传送。

位 4——MSTR：主机/从机选择，当该位被置 1 时，选择主机 SPI 模式，当该位被置 0 时，选择从机 SPI 模式。如果 SS 被设置为输入，且在 MSTR 为 1 时置低，则 MSTR 将被清除；而当 SPSR 中的 SPIF 位被置 1 时，应该置位 MSTR，再使能 SPI 主机模式。

位 3——CPOL：时钟极性，当该位被置 1 时，SCK 在闲置时是高电平；当该位被置 0 时，SCK 在闲置时是低电平。

位 2——CPHA：时钟相位。

位 1、位 0——SPR1、SPR0：SPI 时钟速率选择，这两位控制主机模式下元器件 SCK 的速率。SPR1 和 SPR0 对于从机无影响。

SCK 和震荡器的时钟频率 f_{osc} 的关系如表 6-19 所示。

表 6-19 SPI2X、SPR1、SPR0 组合确定 SCK 的频率

SPI2X	SPR1	SPR0	SCK 频率
0	0	0	$f_{osc}/4$
0	0	1	$f_{osc}/16$
0	1	0	$f_{osc}/64$
0	1	1	$f_{osc}/128$
1	0	0	$f_{osc}/2$
1	0	1	$f_{osc}/8$
1	1	0	$f_{osc}/32$
1	1	1	$f_{osc}/64$

（2）状态寄存器（SPSR）。

SPI 的状态寄存器 SPSR 用于指示 SPI 接口的状态，SPSR 各位含义如表 6-20 所示。

表 6-20　SPSR 各位含义

位	7	6	5	4	3	2	1	0
位名称	SPIF	WCOL	—	—	—	—	—	SPI2X
读/写	R	R	R	R	R	R	R	R/W
初始值	0	0	0	0	0	0	0	0

位 7——SPIF：SPI 中断标志位。当串行传送完成时，SPIF 位被设置为 1，且若 SPCR 中的 SPIE 被设置为 1 和全局中断使能，则生成中断。如果 SS 被设置为输入，且在 SPI 是主机模式时被置低，这将设置 SPIF 标志，SPIF 位在执行相应中断向量时被硬件清除，或者可以通过先读 SPSR，再读 SPDR，对 SPIF 清 0。

位 6——WCOL：写冲突位。如果在数据传送中 SPDR 被写入，则 WCOL 被置位。可以通过先读 SPSR，再读 SPDR，对 WCOL 清 0。

位 5～位 1：保留位。

位 0——SPI2X：SPI 倍速，该位置位后 SPI 速度加倍，若为主机，则 SCK 频率可达 CPU 频率的一半，若为从机，则只能保证达到 $f_{osc}/4$。

（3）数据寄存器 SPDR。

SPI 的数据寄存器 SPDR 可以读/写，用于存放在 SPI 移位寄存器之间传送的数据。SPDR 各位含义如表 6-21 所示。

表 6-21　SPDR 各位含义

位	7	6	5	4	3	2	1	0
位名称	MSB	—	—	—	—	—	—	LSB
读/写	R/W	R/W	R/W	R/W	R/W	R/W	R/W	R/W
初始值	X	X	X	X	X	X	X	X

3. 存储器 FM25040

FM25040 是 512×8 位的非易失性铁电随机存储器，100 亿次的读写次数，在 85℃下掉电数据可保持 10a，写数据无延时，可达到 2.1 M bit/s 的总线速度，硬件上可以直接替代 EEPROM，支持 SPI 数据模式，提供完善的硬件与软件写保护。

FM25040 的外部引脚如图 6-11 所示。

CS：片选信号，使能芯片。当其为高电平时，所有的输出处于高阻态，同时芯片忽略其他的输入，芯片保持在低功耗的静态状态；当其为低电平时，芯片根据 SCK 的信号而动作，在任何操作之前，CS 必须有一个下降沿。

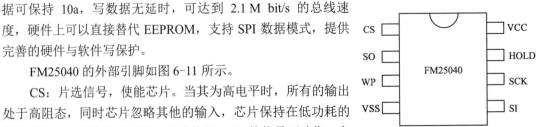

图 6-11　FM25040 的外部引脚

SO：串行输出，它在读操作中有效，在其他的情况下，它保持高阻态，包括在 HOLD 引脚为低电平的时候。数据在时钟的下降沿移出到 SO 引脚上。SO 可以与 SI 连接，因为 FM25040 以半双工的方式进行通信。

WP：写保护，这个引脚的作用是阻止向状态寄存器进行写操作。

SI：串行输入，所有的数据通过这个引脚输入芯片。此引脚的信号在时钟的上升沿被采样，在其他时间被忽略。

HOLD：保持，当主 MCU 因为另外一个任务而中止当前内存操作时，HOLD 引脚被使用，若 HOLD 引脚为低电平，则暂停当前操作。

FM25040 的操作指令如表 6-22 所示。

表 6-22 FM25040 的操作指令

指 令 名	功 能 描 述	指 令 值
WREN	设置写使能寄存器	00000110
WRDI	禁止写	00000100
RDSR	读状态寄存器	00000101
WRSR	写状态寄存器	00000001
READ	读操作	0000A011
WRITE	写操作	0000A010

WREN：设置写使能寄存器，FM25040 上电后的状态是禁止写操作，WREN 命令必须在任何写操作之前被发送，送出 WREN 命令后将允许用户发布并发写操作的操作码。

WRITE：写操作，所有的写操作都必须以写 WREN 命令为开始，下一个操作码是 WRITE 指令，这个操作码的第三位 A 为地址位 A8，后面跟随一个字节的地址值（A7～A0）。

READ：读操作，在 CS 信号的下降沿后，总线控制器发送一个读操作码，这个操作码的第三位 A 为地址位 A8，后面跟随一个字节的地址值（A7～A0）。

6.2.4 项目硬件电路设计

（1）ATmega16 的 I/O 引脚分配如表 6-23 所示。

表 6-23 ATmega16 的 I/O 引脚分配

液晶显示器 1602 控制端	RS	PB0
	RW	PB1
	E	PB2
液晶显示器 1602 数据端	PD0～PD7	
SPI 总线信号	CS	PB4
	SCK	PB7
	SI	PB5
	SO	PB6
8 位拨码开关	PA0～PA7	

（2）项目电路原理如图 6-12 所示。

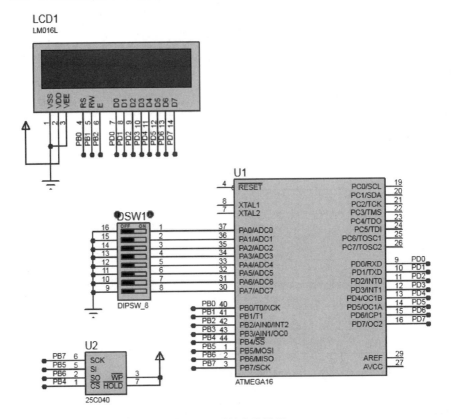

图 6-12　项目电路原理

6.2.5　项目驱动软件设计

（1）SPI 的初始化。

根据硬件电路原理，需要对 SPCR 中的 SPE、MSTR、SPR0、SPR1 及 SPSR 中的 SPI2X 进行配置，使能 SPI、主机模式、16 分频。SPI 功能初始化函数的程序代码如下：

```
/*********************************************
函数名称: SPI 功能初始化函数
函数功能: 使能 SPI、主机模式、16 分频
入口参数: 无
出口参数: 无
*********************************************/
void spi_sfr_init(void)
{
    DDRB = (1<<PB4) | (1<<PB5) | (1<<PB7);
    SPCR = (1<<SPE) | (1<<SPR0) | (1<<MSTR);
}
```

（2）ATmega16 通过 SPI 总线写入一个字节数据的程序代码如下：

```
/*********************************
函数名称: SPI 写入一个字节数据函数
函数功能: 写入一个字节的数据
入口参数: uchar 类型的数据
出口参数: 无
*********************************/
void spi_send_one_data(uchar dat)
{
    SPDR = dat;
    while(!(SPSR & (1 << SPIF)));
}
```

（3）Atmega16 通过 SPI 总线读取一个字节数据的程序代码如下:

```
/*********************************
函数名称: SPI 的主机向从机读取一个字节数据的函数
函数功能: 读取一个字节的数据
入口参数: 无
出口参数: uchar 类型的数据
*********************************/
uchar spi_receive_one_data(void)
{
    SPDR = 0x00;
    while(!(SPSR & (1 << SPIF)));
    return SPDR;
}
```

（4）FM25040 的写操作通常在写允许指令后执行，在写允许状态锁存后，将 CS 变高，再将 CS 变低，在 SCK 的同步下输入写操作指令并送入 9 位地址，紧接着发送需写入的数据，写完把 CS 拉高，SCK 拉低准备下次操作，写入的数据一次最多可达 32 个，但必须保证在同一页内。
ATmega16 通过 SPI 总线向 FM25040 指定单元写入一个字节数据的程序代码如下:

```
/*********************************
函数名称: FM25040 存储器指定单元写入一个字节数据的函数
函数功能: 向存储器指定存储单元写入一个字节的数据
入口参数: 要写入的数据
出口参数: 无
*********************************/
void fm25_write_dat(uchar address uchar dat)
{
    fm25_en;
    spi_send_one_data(fm25_wren);
    fm25_disen;
    fm25_en;
    spi_send_one_data(fm25_writ);
    spi_send_one_data(adress);
```

```
        spi_send_one_data(dat);
        fm25_disen;
}
```

（5）当 CS 信号有效时，在 SCK 信号的同步下，8 位的读指令送入元器件，接着送入 9 位的地址。在读指令和地址发出后，SCK 继续发出时钟信号，此时存储在该地址的数据由 SCK 从 SO 引脚移出。在每个数据移出后，内部的地址指针自动加 1，若继续对元器件发送 SCK 信号，可读出下一个数据。当地址指针计到 0FFFH 后，将回到 0000H，读操作的结束由 CS 信号变高实现。ATmega16 通过 SPI 总线向 FM25040 指定单元读出一个字节数据的程序代码如下：

```
/*******************************************
函数名称: FM25040 存储器指定单元读出一个字节数据的函数
函数功能: 存储器指定存储单元的地址，读出一个字节的数据
入口参数: 存储器指定单元的地址
出口参数: uchar 型数据
*******************************************/
uchar fm25_read_data(uchar adress)
{
    uchar dat;
    fm25_en;
    spi_send_one-data(fm25_read);
    spi_send_one_data(adress);
    dat = spi_receive_onr_dat();
    fm25_disen;
    return dat;
}
```

（6）主函数。主函数的工作流程图如图 6-13 所示。

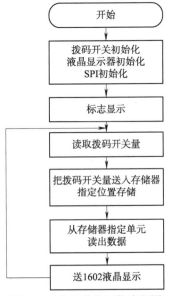

图 6-13　主函数的工作流程图

主函数的程序代码如下：

```
/*****************************************
函数名称: 主函数
函数功能: 实现 SPI 读写 FM25040 的功能
入口参数: 无
出口参数: 无
*****************************************/
#include "pa.h"
#include "spi.h"
#include "lm016.h"
uchar tab[] = {'0', '1' , '2' , '3' , '4' , '5' , '6' , '7' , '8' ,
'9'};

uchar ts[] = "Pre_number: ";
void main(void)
{
    uchar temp1, temp2, j = 0;
    pa_io_init();
    spi_sfr_init();
    lm016_io_init();
    lm016_set_init();
    lm016_w_cmd(0x82);
    while(ts[j] != '\0')
        lm016_w_data(ts[j++]);
    while(1)
    {
        temp1 = pa_valud_get();
        fm25_write_data(0x03, temp1);
        delay_nms(10);
        temp2 = fm25_read_data(0x03);
        lm016_2_cmd(0xc6);
        lm016_display(temp2);
    }
}
```

6.2.6　项目系统集成与调试

系统仿真成功后，工作界面如图 6-14 所示。

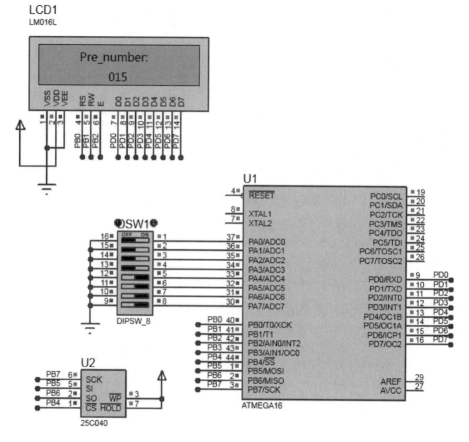

图 6-14　系统仿真工作界面

第7章 » 单片机 I/O 扩展设计

★★★

7.1 项目 18：装备开关电源指示控制系统

7.1.1 项目背景

在日常生活电器以及各种工业装备上，控制板一定有电源开关的按钮来控制设备的启动和停止。由于各种装备都是在大功率下工作，而单片机无法直接产生大电流来控制装备的开关，所以需要用继电器驱动，已达到以小电流控制大电流的目的。本项目中，单片机通过继电器控制 LED 灯亮灭来模拟装备的开启和停止。

7.1.2 项目方案设计

根据系统要实现的功能，需要一个输入电路，即电源按键开关，一般电气设备执行机构需要高电压、大电流驱动，因为单片机的电流输出能力较弱，因此需要继电器来执行。

（1）本项目中单片机需要提供 3 个引脚，作基本 I/O 引脚使用，如图 7-1 所示。

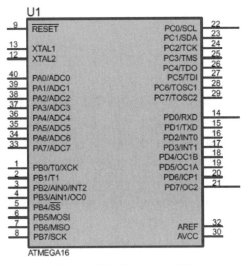

图 7-1　单片机基本 I/O 引脚

本项目中需要用到 ATmega16 的普通 I/O 端口引脚 PC0、PD0、PD7。PC0 连接设备启动按键；PD0 连接上电工作指示 LED 灯，当装备在工作时，指示灯点亮，反之熄灭；PD7 连接继电器驱动电路，控制装备的启动和停止。

（2）项目方案框图如图 7-2 所示。

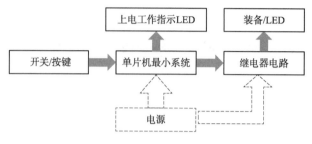

图 7-2   项目方案框图

根据功能的需要，系统硬件需要单片机的 I/O 端口外接一个按键电路、一个上电指示灯、一个继电器驱动电路和一个单片机，并由继电器控制模拟装备。

7.1.3   基础知识

1. 继电器

继电器一般指的是电磁继电器，也就是机械动作那类。继电器的本质是用一个回路（一般是小电流）去控制另外一个回路（一般是大电流）的通断，而且这个控制过程中，两个回路一般是隔离的，它的基本原理是利用电磁效应来控制机械触点达到通断目的，具体过程是给带有铁芯线圈通电—线圈电流产生磁场—磁场吸附衔铁动作通断触点，整个过程是"小电流—磁—机械—大电流"这样一个过程。继电器是一种电流控制元器件，在电路中起着自动调节、安全保护、转换电路等作用。

所谓继电器的驱动，是指使继电器线包电流通断的开关。如果没有电子驱动，则只有手动。

继电器线圈需要流过较大的电流（约 50 mA）才能使继电器吸合，一般的集成电路不能提供这样大的电流，因此必须进行扩流，即驱动。

2. 继电器驱动电路

图 7-3 所示为用 NPN 型三极管驱动继电器的电路，图中继电器电路由二极管保护、三极管电流放大构成，继电器线圈作为集电极负载而接到集电极和正电源之间。当输出为低电平时，三极管出现截止，继电器线圈无电流流过，则继电器释放（OFF）；相反，当输出为高电平时，三极管达到饱和，继电器线圈有相当的电流流过，则继电器吸合（ON）。

当输入电压由高变低时，三极管由饱和变为截止，这样继电器电感线圈中的电流突然失去了流通通路，若无续流二极管 D，将在线圈两端产生较大的反向电动势，极性为下正上负，电压值可达 100 V 以上，这个电压加上电源电压作用在三极管的集电极上足以损坏三极管。故续流二极管 D 的作用是将这个反向电动势通过图中箭头所指方向放电，使三极管集电极对地的电压最高不超过+VCC+0.7 V。

图 7-3 中电阻 R_1 和 R_2 的取值必须使当输入为+VCC 时的三极管可靠地饱和，即有 $\beta I_b > I_{es}$。

例如，在图 7-3 中假设 VCC=5 V，$I_{es}=50$ mA，$\beta=100$，则有 $I_b >0.5$ mA。而 $I_b=(V_{ce}-V_{be})/R_1-V_{be}/R_2$，则

$$(5\ \text{V}-0.7\text{V})/R_1-0.7\ \text{V}/R_2>0.5\ \text{mA}$$

若 R_2 取 4.7 kΩ，则 $R_1<6.63$ kΩ。为了使三极管有一定的饱和深度并兼顾三极管电流放大倍数的离散性，一般取 $R_1=3.6$ kΩ 左右即可。

若取 $R_1=3.6$ kΩ，当集成电路控制端电压为+VCC 时，应至少提供 1.2 mA 的驱动电流（流过 R_1 的电流）。ATmega16 的输出电流能力可以达到 5 mA 左右，而许多集成电路（如标准 8051 单片机）输出的高电平不能达到这个要求。但它的低电平驱动能力则比较强[例如，ATmega16 I/O 端口输出低电平能提供 80 mA 的驱动电流（灌电流）]，则应该用如图 7-4 所示的电路来驱动继电器。

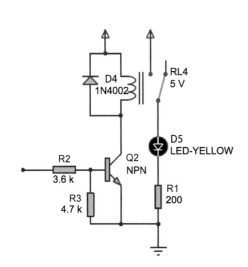

图 7-3 NPN 型三极管驱动继电器电路

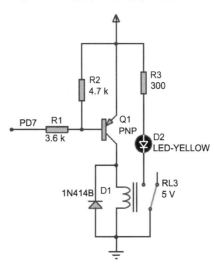

图 7-4 PNP 型三极管驱动继电器电路

7.1.4 项目硬件电路设计

（1）项目总体电路原理如图 7-5 所示。

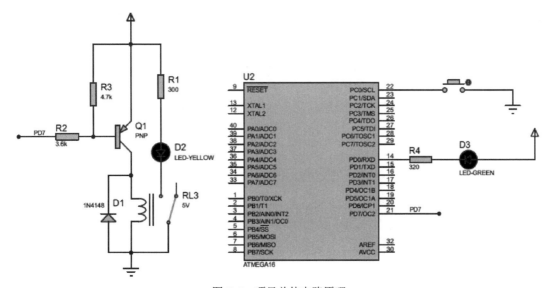

图 7-5 项目总体电路原理

（2）单片机引脚分配。在本项目中，ATmega16 PC 端口的 PC0 连接按键 Key0；PD 端口的 PD0 连接上电工作指示 LED 灯；PD7 连接继电器驱动电路。图 7-6 所示为单片机引脚分配图。

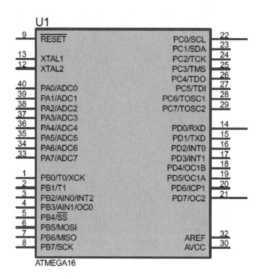

图 7-6　单片机引脚分配图

（3）按键开关电路。如图 7-7 所示，PC 端口的 PC0 连接按键作为装备的启动/停止开关。按键作为输入元器件，单片机通过读取 PC 端口 PINC 寄存器的状态查询出按键状态，当按键按下时，读到低电平；当按键释放时，读出高电平。

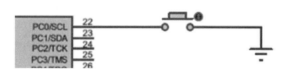

图 7-7　按键开关电路

（4）上电工作指示灯 LED 的电路。如图 7-8 所示装备的上电工作指示灯连接在 PD0，为输出元器件。当装备启动时，PD0 清 0，点亮 LED 灯；当装备停止时，PD1 置位，熄灭 LED 灯。

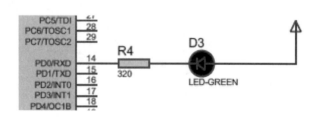

图 7-8　上电工作指示灯 LED 的电路

（5）继电器驱动电路。

为了让单片机弱电系统能控制强电执行机构，一般使用继电器作为强弱接口，继电器的常开端口接 LED 模拟强电装备，如图 7-9 所示，并连接 PD7，由单片机控制其开关。

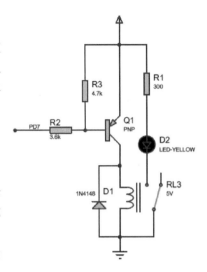

图 7-9　继电器驱动电路

7.1.5　项目驱动软件设计

1. 项目程序架构

分析本项目的总体功能可知，项目可分为上电指示灯 LED 模块、继电器驱动模块和按键扫描模块 3 部分。在程序设计上，考虑模块化设计和搭建工程文件，将 3 部分拆成各个函数文件，再由主函数调用，如图 7-10 所示。

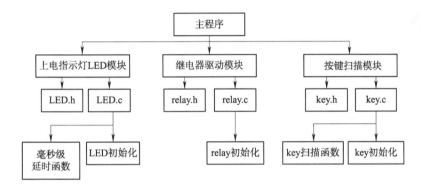

图 7-10　软件设计总体框架

2. 各模块设计

（1）Led.h 文件的程序代码如下：

```
#ifndef LED_ H
#define LED_ H

#include<iom16v.h>   //包含标准库文件
#define uint unsigned int
#define uchar unsigned char

#define led_on PORTD&=~(1<<PD0)
#define led_off PORTD|=(1<<PD0)

void led_ init(void);
void delay_nms(uint nms);

#endif
```

（2）LED.c 文件的程序代码如下：

```
/***********************************************
函数名称: Led 初始化函数
函数功能: 输出口, 初始为高电平
***********************************************/
#include "LED.h"
void led_init(void)
{
    PORTD |= (1<<PD0);
    DDRD  |= (1<<PD0);
}


/***********************************************
函数名称: 软件延时函数
函数功能: 毫秒级延时
***********************************************/
void delay_nms(uint nms)
{
    int i,j;
    for(i = nms; i > 0 ; i--)
    for(j = 110; j > 0 ; j--);
}
```

（3）relay.h 文件的程序代码如下：

```
#ifndef RELAY_ H
#define RELAY_ H

#include "relay.h"  //包含标准库文件

#define relay_on PORTD &= ~ (1<<PD7)
#define relay_off PORTD |= (1<<PD7)

void relay_init(void);

#endif
```

（4）relay.c 文件的程序代码如下：

```
/***********************************************
函数名称: relay 初始化函数
函数功能: 输出口, 初始为高电平
***********************************************/
```

```
#include "relay.h"

void relay_init(void)
{
 PORTD |= (1<<PD7);
 DDRD |= (1<<PD7);
}
```

（5）key.h 文件的程序代码如下：

```
#ifndef KEY_ H
#define KEY_ H

#include "relay.h"  //包含标准库文件

extern uchar key_value;
void key_init(void);
uchar key_scan(void);

#endif
```

（6）key.c 文件的程序代码如下：

```
#include "key.h"
/***********************************************
函数名称：key 初始化函数
函数功能：输入口，使能内部上拉电阻
***********************************************/
void key_init(void)
{
    PORTC |= (1<<PC0);
    DDRC &= ~ (1<<PC0);
}
/***********************************************
函数名称：按键扫描函数
函数功能：实现按键扫描，按键赋值
***********************************************/
uchar key_scan(void)
{
    uchar key_value=0;
    if((PINC&=0x01) != 0x01)
    {
        delay_nms(10);
        if((PINC&=0x01) != 0x01)
```

```
                {
                    switch(PINC&0x01)
                    {
                        case 0x00: key_value=1;break;
                        default: break;
                    }
                }
                while((PINC&=0x01) != 0x01);
        }
        return key_value;
}
```

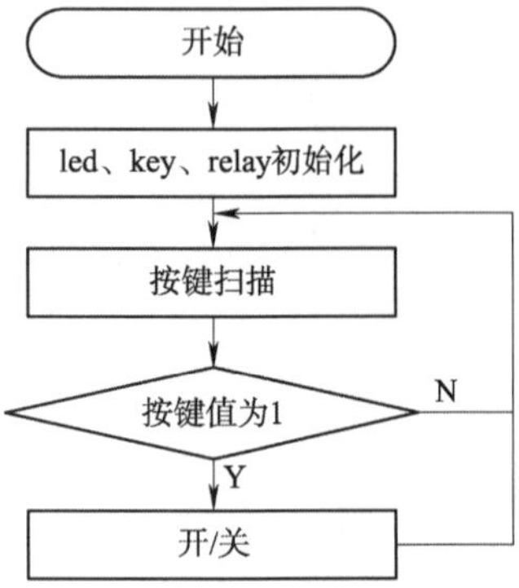

（7）主函数。主函数的工作流程图如图 7-11 所示。

图 7-11 主函数的工作流程图

主函数的程序代码如下：

```
/***************************************************
函数名称：项目 18 主函数
函数功能：装备开关指示控制系统
***************************************************/
#include "key.h"
uint key_value;  //定义全局变量，按键值

void main(void)
{
    uchar key;
    led_init();
    relay_init();
    key_init();
    while(1)
    {
        key=key_scan();
        if(key==1)
        {
            PORTD ^= (1<<PD0);
            PORTD ^= (1<<PD7);
        }
    }
}
```

7.1.6 项目系统集成与调试

（1）在 ICC 环境中输入代码，并将文件保存在指定目录下，如图 7-12 所示。

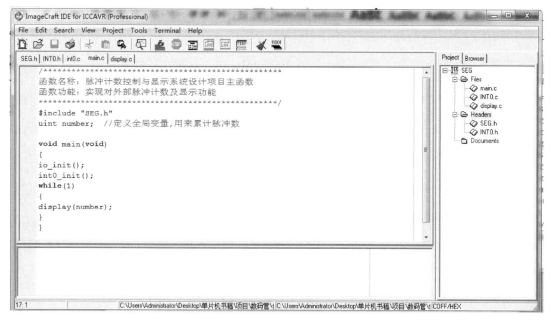

图 7-12 在 ICC 环境中输入码

（2）工程编译参数设置。

在 ICC 环境菜单栏选择 Project→Options→Target，然后在 Device Configuration 下拉列表框中选择 ATmega16 选项，如图 7-13 所示。

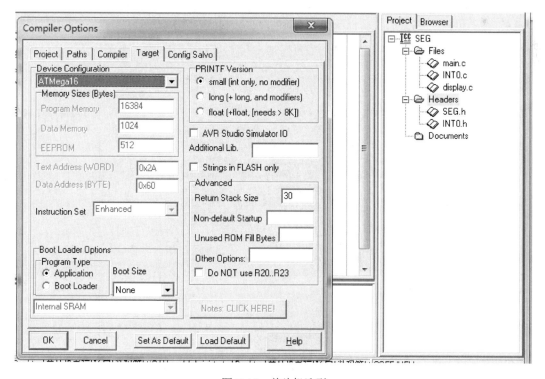

图 7-13 单片机选型

在 ICC 环境菜单栏选择 Project→Options→Compiler，然后在 Output Format 下拉列表框中选择 COFF/HEX 选项，如图 7-14 所示。

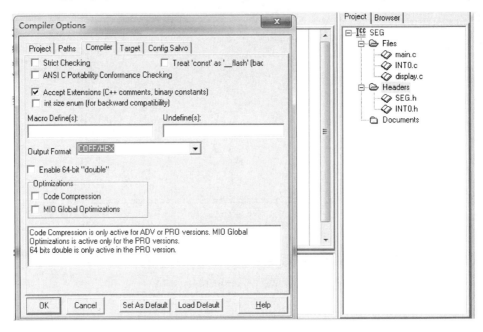

图 7-14　输出文件格式

（3）工程编译，生成 ".cof" 可执行文件。

（4）在 Proteus 中打开硬件工程，加载 ".cof" 可执行文件，如图 7-15 所示。

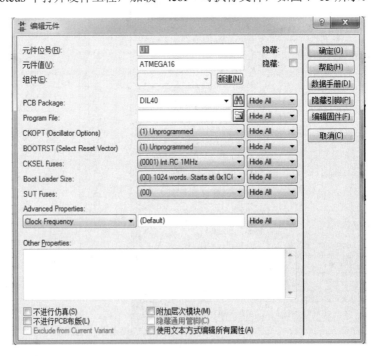

图 7-15　仿真加载可执行文件

（5）项目实现如图 7-16 所示。

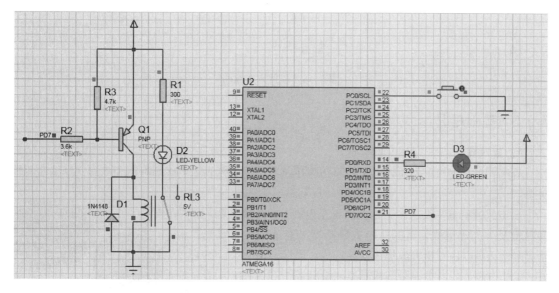

图 7-16　项目实现

7.2　项目 19：电子音乐播放

7.2.1　项目背景

蜂鸣器是一种一体化结构的电子讯响器，它能发出蜂鸣声或窄频段的声音，采用直流电压供电，广泛应用于计算机、打印机、复印机、报警器、电子玩具、汽车电子设备、电话机、定时器等电子产品中作发声元器件。本项目通过单片机控制蜂鸣器播放歌曲。

7.2.2　项目方案设计

根据系统要实现的功能，需要一个输入电路（即歌曲播放按键）和一个无源蜂鸣器播放歌曲。

（1）本项目中单片机需要提供 2 个引脚，作基本 I/O 引脚使用，如图 7-17 所示。

本项目中需要用到 ATmega16 的普通 I/O 端口引脚 PB0、PD0。PB0 连接歌曲播放按键；PD0 连接无源蜂鸣器，播放歌曲。

（2）项目方案框图如图 7-18 所示。

根据功能的需要，系统硬件需要单片机的 I/O 端口外接一个按键电路，当按下按键时，歌曲开始播放，再次按下按键时，歌曲停止播放。

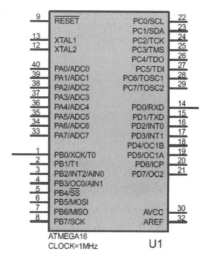

图 7-17　单片机 I/O 引脚

图 7-18　项目方案框图

7.2.3　基础知识

1．蜂鸣器

蜂鸣器如图 7-19 所示，其采用直流电压供电，主要分为压电式蜂鸣器和电磁式蜂鸣器两种类型。

压电式蜂鸣器主要由多谐振荡器、压电蜂鸣片、阻抗匹配器、共鸣箱及外壳等组成。有的压电式蜂鸣器外壳上还装有发光二极管。多谐振荡器由三极管或集成电路构成。当接通电源（1.5～15 V 直流工作电压）后，多谐振荡器起振，输出 1.5～2.5 kHz 的音频信号，阻抗匹配器推动压电蜂鸣片发声。压电蜂鸣片由锆钛酸铅或铌镁酸铅压电陶瓷材料制成，在陶瓷片的两面镀上银电极，经极化和老化处理后，再与黄铜片或不锈钢片粘在一起。

图 7-19　蜂鸣器

电磁式蜂鸣器由振荡器、电磁线圈、磁铁、振动膜片及外壳等组成。接通电源后，振荡器产生的音频信号电流通过电磁线圈，使电磁线圈产生磁场。振动膜片在电磁线圈和磁铁的相互作用下，周期性地振动发声。

2．蜂鸣器工作发声原理

蜂鸣器装置的工作发声原理电路由振动装置和谐振装置组成，而蜂鸣器又分为无源他激型与有源自激型。

无源他激型蜂鸣器的工作发声原理：方波信号输入谐振装置转换为声音信号输出。无源他激型蜂鸣器的工作发声原理如图 7-20 所示。

图 7-20　无源他激型蜂鸣器的工作发声原理

有源自激型蜂鸣器的工作发声原理：直流电源输入经过振动装置的放大采样电路在谐振装置作用下产生声音信号。有源自激型蜂鸣器的工作发声原理如图 7-21 所示。

图 7-21　有源自激型蜂鸣器的工作发声原理

7.2.4　项目硬件电路设计

（1）项目总体电路原理如图 7-22 所示。

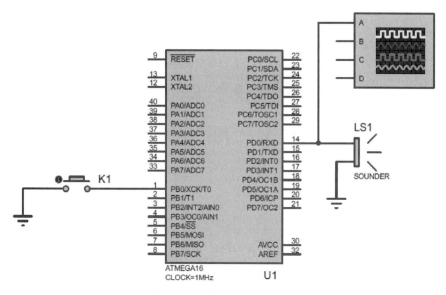

图 7-22　项目总体电路原理

（2）单片机引脚分配。在本项目中，ATmega16 PB 端口 PB0 连接按键 Key0，PD 端口的 PD0 连接无源蜂鸣器，通过示波器连接 PD0 引脚，方便查看输出的波形。

（3）按键开关电路。如图 7-23 所示，PB 端口的 PB0 连接按键作为装备的启动/停止开关。按键作为输入元器件，单片机通过读取 PB 端口 PINB 寄存器的状态查询出按键状态，当按下按键时，读到低电平，再次按下按键时，读出高电平。

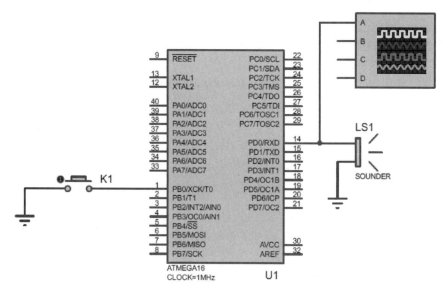

图 7-23　按键开关电路

（4）蜂鸣器电路。如图 7-24 所示。蜂鸣器连接在 PD0，为输出元器件。当按下按键时，蜂鸣器播放歌曲。

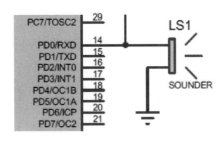

图 7-24　蜂鸣器电路

7.2.5　项目驱动软件设计

1．项目程序架构

分析本项目的总体功能可知，项目可分为蜂鸣器模块、定时器模块、按键扫描模块 3 部分。在程序设计上，考虑模块化设计和搭建工程文件，将 3 部分拆成各个函数文件，再由主函数调用，如图 7-25 所示。

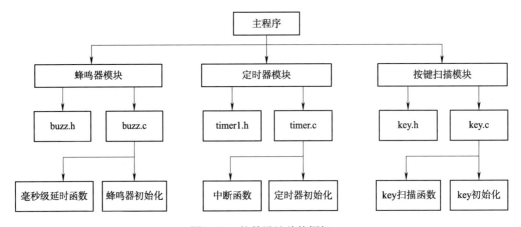

图 7-25　软件设计总体框架

2．各模块设计

（1）buzz.h 文件的程序代码如下：

```
#ifndef BUZZ_H
#define BUZZ_H

#include<iom16v.h>  //包含标准库文件
#include<AVRdef.h>

#define uint unsigned int
#define uchar unsigned char
```

```
void buzz_ init(void);
void delay_nms(uint nms);

#endif
```

（2）buzz.c 文件的程序代码如下：

```
/************************************************
函数名称: buzz 初始化函数
函数功能: 输出口，初始为高电平
************************************************/
#include "buzz.h"
void buzz_init(void)
{
    PORTB  |= (1<<PB0);
    DDRB  |= (1<<PB0);
}


/************************************************
函数名称: 软件延时函数
函数功能: 毫秒级延时
************************************************/
void delay_nms(uint nms)
{
    int i,j;
    for(i = nms; i > 0 ; i--)
    for(j = 110; j > 0 ; j--);
}
```

（3）key.h 文件的程序代码如下：

```
#ifndef KEY_ H
#define KEY_ H

#include "buzz.h"  //包含标准库文件

extern uchar key_value;
void key_init(void);
uchar key_scan(void);

#endif
```

（4）key.c 文件的程序代码如下：

```
#include "key.h"
/************************************************
```

```
        函数名称：key 初始化函数
        函数功能：输入口，使能内部上拉电阻
        ***********************************************/
        void key_init(void)
        {
            PORTD |= (1<<PD0);
            DDRD |= (1<<PD0);
        }

        /***********************************************
        函数名称：按键扫描函数
        函数功能：实现按键扫描，按键赋值
        ***********************************************/
        uchar key_scan(void)
        {
            uchar key_value=0;
            if((PIND&=0x01) != 0x01)
            {
                delay_nms(10);
                if((PIND&=0x01) != 0x01)
                {
                    switch(PIND&0x01)
                    {
                        case 0x00: key_value=1;break;
                        default: break;
                    }
                }
                while((PIND&=0x01) != 0x01);
            }
            return key_value;
        }
```

（5）timer1.h 文件的程序代码如下：

```
#ifndef TIMER1_H
#define TIMER1_H


#include "key.h"   //包含标准库文件


void t1_init(void);
void t1_server(void);


#endif
```

（6）timer1.c 文件的程序代码如下：

```
#include "timer1.h"
/*********************************************
函数名称: 定时器 1 初始化函数
函数功能: 输入口，使能内部上拉电阻
*********************************************/
void t1_init(void)
{
    cli();
    TCCR1A=0x00;
    TCCR1B=0x09;
    sei();


}
/*********************************************
函数名称: 定时器中断函数
函数功能:
*********************************************/
#pragam interrupt_handler t1_server:7
void t1_server(void)
{
    PORTD ^= (1<<PD0);
}
```

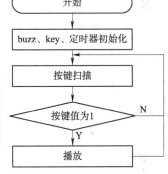

图 7-26 主函数工作流程

（7）主函数。主函数的工作流程图如图 7-26 所示。

主函数的程序代码如下：

```
/*********************************************
函数名称: 项目 19 主函数
函数功能: 电子音乐播放系统
*********************************************/
#include "timer1.h"
uint key_value;  //定义全局变量，按键值
uint TONE_FRQ[] = {h_do,h_re,   //每行对应一小节音调
                   h_mi,h_mi,h_re,h_re,h_mi,
                   h_do,la,so,h_do,h_re,
                   h_mi,h_mi,h_mi, h_do,h_re,h_mi,
                   h_re,
                    h_do,h_re, h_mi,h_mi,h_re,h_re,h_mi,
                    h_do,la,so,so,h_do,
                   h_re,h_re,h_mi,h_re,so,h_re,
                   h_do,
                   h_mi,h_re, h_do,
                   h_mi,h_mi,h_re, h_do,
```

```
                           h_mi,h_re,h_mi,h_re,
                           h_re, h_do,la,so,
                           la,si,h_do,la,
                           so,h_mi,h_mi,
                           h_re,h_re,h_mi,h_re,so,h_re,
                           h_do,
                           0xff
                           };
uchar JP[]    = {2,2,    //每行对应一小节音调的节拍
                    4,4,4,2,2,
                    6,2,4,2,2,
                    4,4,3,1,2,2,
                    12,2,2,
                    4,4,4,2,2,
                    6,2,4,2,2,
                    4,3,1,2,2,4,
                    16,
                    4,4,8,
                    3,1,4,8,
                    6,2,4,4,
                    3,1,4,8,
                    6,2,4,4,
                    4,4,8,
                    2,4,2,2,2,4,
                    10,
                    };
void main(void)
{
    uchar key,i;
    buzz_init();
    timer1_init();
    key_init();
    while(1)
    {
        key=key_scan();

        if(key==1)
        {
            i=0;
            while(TONE_FRQ[i]!=0xff)
            {

                OCR1A=F_CPU/2/TONE_FRQ[i];
                TIMSK= 0x10;
```

```
                    for(j=0;j<JP[i];j++)        //控制节拍数
                    {
                        _delay_ms(100);          //延时 1 个节拍单位
                    }
                    TIMSK=0x00 ;
                    i++;                          //下一节拍
                }
            }
        }
    }
```

7.2.6　项目系统集成与调试

（1）在 ICC 环境中输入代码，并将文件保存在指定目录下。

（2）工程编译参数设置：

在 ICC 环境菜单栏选择 Project→Options→Target，然后在 Device Configuration 下拉列表框中选择 ATmega16 选项。

在 ICC 环境菜单栏选择 Project→Options→Compiler，然后在 Output Format 下拉列表框中选择 COFF/HEX 选项。

（3）工程编译，生成".cof"可执行文件。

（4）在 Proteus 中打开硬件工程，加载".cof"可执行文件。

（5）项目实现如图 7-27 所示。

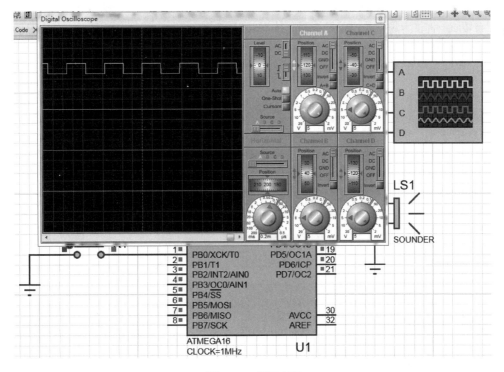

图 7-27　项目实现

7.3 项目 20：双足机器人关节控制

7.3.1 项目背景

双足机器人是一种仿生类型的机器人，能够实现机器人的双足行走和相关动作，并且能够直立行走，有着良好的自由度，动作灵活、自如、稳定。作为由机械控制的动态系统，双足机器人包含了丰富的动力学特性。在未来的生产生活中，类人型双足行走机器人可以帮助人类解决很多问题，如驮物、抢险等一系列繁重或危险的工作。而现阶段，双足机器人的应用场景主要以军工、航天等行业为主。

双足机器人的结构类似于人类的双足，可以实现像人类一样行走。对于机器人的关节部位往往采取步进电动机、舵机等执行部件来代替，从而实现机器人的步态设计控制。使用步进电动机、舵机等控制芯片控制各个关节的动作，从而实现了对步伐的大小、快慢、幅度的控制。

步进电动机是将电脉冲信号转变为角位移或线位移的开环控制元器件。在非超载的情况下，电动机的转速、停止的位置只取决于脉冲信号的频率和脉冲数，而不受负载变化的影响，即给电动机加一个脉冲信号，电动机则转过一个步距角。由于这一线性关系的存在，加上步进电动机只有周期性的误差而无累积误差等特点因此，在小型机器人的设计上，步进电动机具有控制原理简单、精度较高等优势。因此，本项目针对双足机器人关节采用步进电动机展开设计学习。

7.3.2 项目方案设计

（1）本项目使用 ATmega16 连接 3 个按键 K1、K2、K3，由 3 个按键的状态控制步进电动机转动，按下 K1 将使步进电动机正转 3 圈，按下 K2 时反转 3 圈，在转动过程中，按下 K3 可使步进电动机停止转动，与此同时，当按下按键时，对应的 LED1、LED2、LED3 相应点亮。ATmega16 的资源分配如图 7-28 所示。

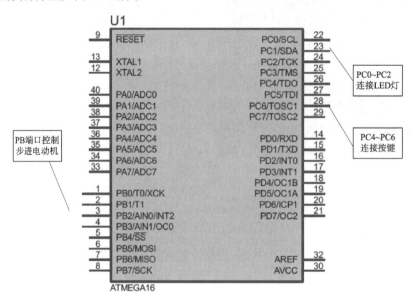

图 7-28 Atmega16 的资源分配

（2）项目方案框图如图 7-29 所示。

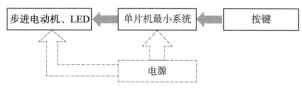

图 7-29　项目方案框图

本项目采用 ULN2003 驱动步进电动机，需要外部电源对单片机以及步进电动机模块进行供电。利用查询式访问按键控制 LED 显示和步进电动机状态。

7.3.3　基础知识

1．步进电动机概述

（1）步进电动机介绍。步进电动机是一种将数字脉冲信号转化为角位移的执行机构。当步进驱动器接收到一个脉冲信号，它就驱动步进电动机按设定的方向转动一个固定的角度（即步进角、步距角）。通过控制脉冲个数来控制角位移量，从而达到准确定位的目的；同时也可以通过控制脉冲频率来控制电动机转动的速度和加速度，从而达到调速的目的。一般步进电动机的精度为步进角的 3%～5%，且不累积。因此，打印机、绘图仪、机器人等设备都以步进电动机为动力核心。步进电动机外观如图 7-30 所示。

（2）步进电动机分类：

① 永磁式步进电动机一般为两相，转矩和体积较小，步进角一般为 7.5° 或 15° 。

② 反应式步进电动机一般为三相，可实现大转矩输出，步进角一般为 0.75° ，输出转矩较大，转速也比较高。

③ 混合式步进电动机是指混合了永磁式和反应式的优点。它又分为两相、三相、四相和五相：两相（四相）步进角一般为 1.8° ，三相步进角通常为 1.2° ，而五相步进角多为 0.72° 。

图 7-31 所示为三相步进电动机内部构造。

图 7-30　步进电动机外观

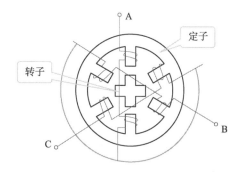

图 7-31　三相步进电动机内部构造

（3）步进电动机主要特性：

① 步进电动机必须驱动才可以运转，驱动信号必须为脉冲信号，没有脉冲的时候，步进电动机静止，如果加入适当的脉冲信号，就会以一定的角度（称为步进角）转动。转动的速度和脉冲的频率成正比。

② 步进电动机具有瞬间启动和急速停止的优越特性。

③ 改变脉冲的顺序，可以方便地改变转动的方向。

2. 激励方式

步进电动机的激励方式可分为一相激励，二相激励和一、二相激励。

（1）一相激励是每一驱动瞬间只有一个线圈通电，特点是方法简单、精度高，但转矩小、振动大。

（2）二相激励是每一驱动瞬间有两个线圈通电，特点是转矩大、振动小。

（3）一、二相激励是轮流交替一相激励与二相激励，特点是既能保持较大的转矩，又可提高控制精度，使运转平滑，但每次只能转动半步。

四相步进电动机有 4 组线圈，通常采用单极性激励方式，即 4 个线圈中电流始终单向流动，不改变方向，如图 7-32 所示。只要对步进电动机的各相绕组按合适的时序通电，就能使步进电动机步进转动。

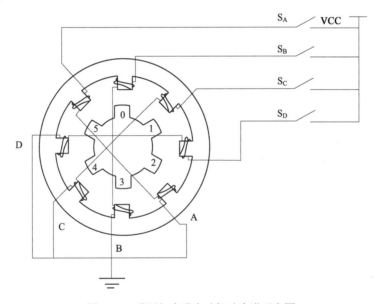

图 7-32　进四相步进电动机动步进示意图

开始时，开关 S_B 接通电源，S_A、S_C、S_D 断开，B 相磁极和转子 0、3 号齿对齐，同时，转子的 1、4 号齿就和 C、D 相绕组磁极产生错齿，2、5 号齿就和 D、A 相绕组磁极产生错齿。

当开关 S_C 接通电源，S_B、S_A、S_D 断开时，由于 C 相绕组的磁感线和 1、4 号齿之间磁感线的作用，使转子转动，1、4 号齿和 C 相绕组磁极对齐。而 0、3 号齿和 A、B 相绕组磁极产生错齿，2、5 号齿就和 A、D 相绕组磁极产生错齿。以次类推，A、B、C、D 四相绕组轮流供电，则转子会沿着 A、B、C、D 方向转动。

四相步进电动机按照通电顺序的不同，可分为单 4 拍、双 4 拍、8 拍 3 种工作方式。单 4 拍与双 4 拍的步进角相等，但单 4 拍的转动力矩小。8 拍工作方式的进步角是单 4 拍与双 4 拍的一半，因此，8 拍工作方式既可以保持较高的转动力矩又可以提高控制精度。四相步进电动机的驱动控制数据如表 7-1 所示。

表 7-1 四相步进电动机的驱动控制数据

驱 动 模 式	通 电 绕 组	二 进 制 数 DCBA	驱 动 数 据 D7～D0
单 4 拍	A	0001	0x01
	B	0010	0x02
	C	0100	0x04
	D	1000	0x08
双 4 拍	AB	0011	0x03
	BC	0110	0x06
	CD	1100	0x0c
	DA	1001	0x09
8 拍	A	0001	0x01
	AB	0011	0x03
	B	0010	0x02
	BC	0110	0x06
	C	0100	0x04
	CD	1100	0x0c
	D	1000	0x08
	DA	1001	0x09

需要说明的是，在步进电动机的每拍驱动之间需有一定延时时间，以调节步进电动机的转速。但如果延时时间过短、激励脉冲频率过高，步进电动机就来不及响应，将发生丢步或堵转现象。

3. 接口电路

驱动步进电动机的转动需要较大电流，单片机负载能力有限，而且对电流脉冲边沿有一定要求。因此，一般需用功率集成电路作为单片机驱动接口，如 L298 和 ULN2003 等。

四相步进电动机因通常采用单极性激励方式，不需要改变驱动电流流向，因此可用 ULN2003 作为驱动接口电路。ULN2003 内部结构和引脚图如图 7-33 所示。ULN2003 有 7 组达林顿管（复合晶体管），输入电压兼容 TTL 或 CMOS 电平，输出端灌电流可达 500 mA，并能承受 50 V 高电压，可外接步进电动机驱动电源（例如 12V），且并联了续流二极管，可消除电动机线圈通断切换时产生的反电势副作用，适用于驱动电感性负载。

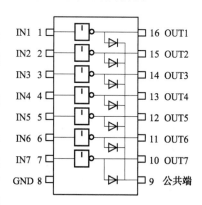

图 7-33 ULN2003 内部结构和引脚图

单片机控制四相步进电动机驱动接口电路如图 7-34 所示。由 ATmega16 PB 端 PB 口的 PB0～PB3 作为线圈驱动控制端口，连接到 ULN2003 的 4 路输入 IN1～IN4 端口。经过 ULN2003

驱动 4 路相应输出 OUT1～OUT4 分别接步进电动机 4 组线圈 A、B、C、D，公共端接步进电动机额定电压 Vs。

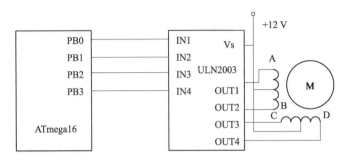

图 7-34　单片机控制四相步进电动机驱动接口电路

7.3.4　项目硬件电路设计

（1）项目总体电路原理如图 7-35 所示。

（2）单片机引脚分配。在本项目中，ATmega16 PB 端口的 PB0～PB3 连接四相步进电动机的驱动芯片 ULN2003 的 4 路输入 1B～4B；PC 端口的 PC0～PC2 连接 3 位 LED 灯用于显示按键状态；PC 端口的 PC4～PC6 连接 3 位按键用于控制步进电动机正转反转及停止，具体分配图如图 7-35 所示。

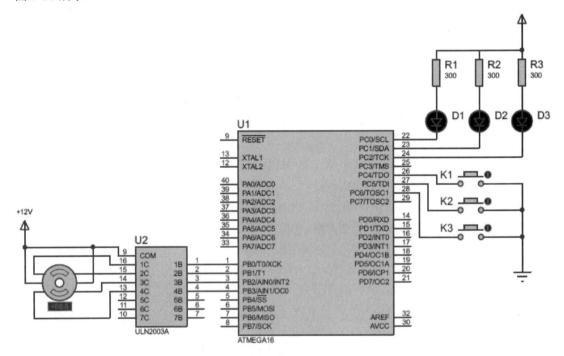

图 7-35　项目总体电路原理

（3）3 位按键输入电路设计。3 个按键连接 ATmega16 PC 端口的 PC4～PC6，这 3 个引脚作为通用 I/O 功能使用。按键为输入设备，所以初始化为输入端口位，如图 7-36 所示。

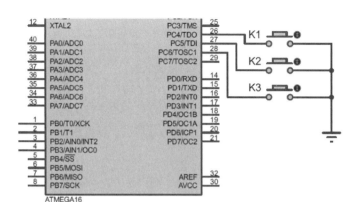

图 7-36 3 位按键输入电路设计

（4）3 位 LED 显示电路设计。3 个 LED 灯连接 ATmega16 PC 端口的 PC0～PC2，这 3 个引脚作为通用 I/O 功能使用。LED 为输出设备，所以初始化为输出端口位，如图 7-37 所示。

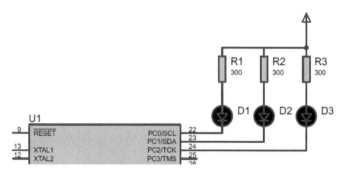

图 7-37 3 位 LED 显示电路设计

（5）四相步进电动机驱动电路设计。单片机 ATmega16 PB 端口的 PB0～PB3 连接驱动芯片 ULN2003 的 4 路输入 1B～4B；再由其 1C～4C 接步进电动机 4 组线圈 A、B、C、D，公共端接步进电动机额定电压 V_S（+12 V），如图 7-38 所示。

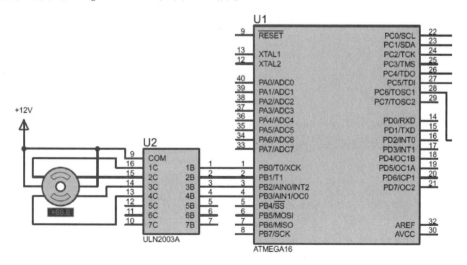

图 7-38 四相步进电动机驱动电路设计

7.3.5 项目驱动软件设计

1. 项目程序架构

分析本项目的总体功能可知，项目可分为 3 位按键输入和步进电动机驱动电路输出两部分。在程序设计上，考虑模块化设计和搭建工程文件，将两部分拆成各个函数文件，再由主函数调用，软件设计流程图如图 7-39 所示。

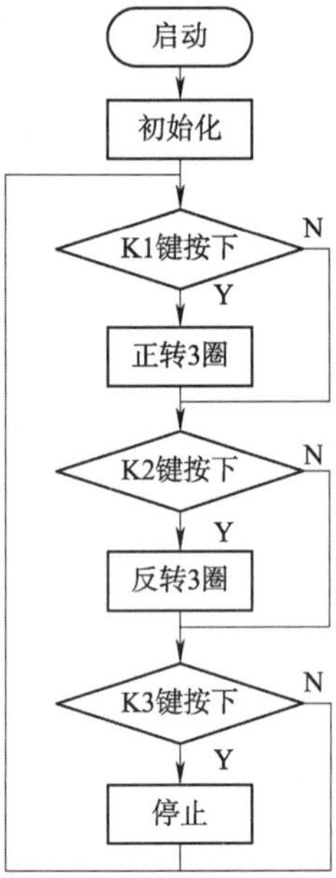

2. 参考程序

实现本项目的程序代码如下：

```c
# define F_CPU 4000000UL
# include <avr/io.h>
# include <util/delay.h>
# define INT8U unsigned char
# define INT16U unsigned int

//本例四相步进电动机工作于 8 拍方式
//正转励磁序列为 A->AB->B->BC->C->CD->D->DM
const INT8U FFW[]={0x01, 0x03, 0x02, 0x06, 0x04, 0x0C, 0x08, 0x09};
//反转励磁序列为 A->AD->D->CD->c->BC->B->AB
const INT8U REV[]={0x01, 0x09, 0x08, 0x0C, 0x04, 0x06, 0x02, 0×03};

//按键定义
# define K1_DOWN() ((PINC & _BV(PC4))==0x00)
# define K2_DOWN() ((PINC & _BV(PC5))==0x00)
# define K3_DOWN() ((PINC & _BV(PC6))==0x00)
//
//步进电动机正转或反转 n 圈(本例步进电动机在 8 拍方式下每次步进45°角)
void STEP_MOTOR_RUN(INT8U Direction, INT8U n)
{
    INT8U i, j;
    for(i=0;i<n;i++)                    //转动 n 圈
    {
        for(j=0;j<8;j++)               //循环输出 8 拍
        {
            if(KX_DOWN()) return;      //中途按下 K 时电动机停止转动
            if(Direction==0)
                PORTB=FFW[];           //方向为 0 时正转
            else:
                PORTB=REV[];           //方向为 1 时反转
            _delay_ms(200);
```

图 7-39　软件设计流程图

```
启动
  ↓
初始化
  ↓
K1键按下 ──N──┐
  │Y         │
正转3圈       │
  ↓←─────────┘
K2键按下 ──N──┐
  │Y         │
反转3圈       │
  ↓←─────────┘
K3键按下 ──N──┐
  │Y         │
停止          │
```

```
            }
        }
    PORTB=0x01;                     //最后一圈之后输出 001 这一拍，电动机回到起点
}
//主程序
int main()
{
    INT8U r=3;
    DDRB=0xFF; PORTB=FFW[0];         //设置输出，电动机归位
    DDRC= 0x0F; PORTC = 0xFF;        //C 口低 4 位 LED 输出，高 4 位按键输入

    while(1)
    {
    if(K1_DOWN())
        {
            while (K1_DOWN());       //等待 K1 释放
            PORTC=PORTC&0xFE;        //LED1 点亮
            STEP_MOTOR_RUN(0, r);    //电动机正转 r 圈
        }
        if(K2_DOWN())
        {
            while (K2_DOWN());       //等待 K2 释放
            PORTC=PORTC&0xFD;        //LED2 点亮
            STEP_MOTOR_RUN(1, r);    //电动机反转 r 圈
        }
        if(K3_DOWN())
        {
            while (K3_DOWN());       //等待 K3 释放
            PORTC=PORTC&0xFB;        //LED3 点亮
            STEP_MOTOR_RUN(1, 0);    //电动机反转 0 圈
        }
    }
}
```

7.3.6 项目系统集成与调试

（1）在 ICC 环境中输入代码，并将文件保存在指定目录下。

（2）工程编译参数设置：

在 ICC 环境菜单栏选择 Project→Options→Target，然后在 Device Configuration 下拉列表框中选择 ATmega16 选项。

在 ICC 环境菜单栏选择 Project→Options→Compiler，然后在 Output Format 下拉列表框中选

择 COFF/HEX 选项。

（3）工程编译，生成 ".cof" 可执行文件。

（4）在 Proteus 中打开硬件工程，双击单片机 ATmega16 加载 ".cof" 可执行文件。

（5）项目实现如图 7-40 所示。

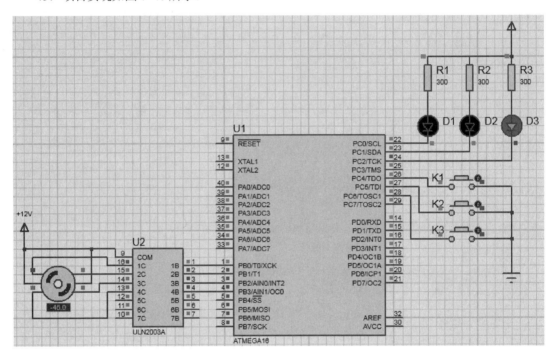

图 7-40　项目实现

7.4　项目 21：LCD

7.4.1　项目背景

在日常生活中，我们对液晶显示器并不陌生。液晶显示器已作为很多电子产品的通用元器件，如在计算器、万用表、电子表及很多家用电子产品中都可以看到，显示的主要是数字、专用符号和图形。在单片机的人机界面中，一般的输出方式有以下几种：发光二极管、LED 数码管、液晶显示器。发光管和 LED 数码管比较常用，软硬件都比较简单，在前面章节已经介绍过，在此不作介绍，这里重点介绍液晶显示器（Liquid Crystal Display，LCD）中字符型液晶显示器的应用。

字符型液晶显示器是一种专门用于显示字母、数字和符号等的点阵式 LCD，目前常用 16×1、16×2、20×2 和 40×2 等的模块。LCD1602 是广泛使用的一种字符型液晶显示器。它是由字符型液晶显示屏、控制驱动主电路 HD44780 及其扩展驱动电路 HD44100，以及少量电阻、电容元器件和结构件等装配在 PCB（印制电路板）上而组成。不同厂家生产的 LCD1602 芯片可能有所不同，但使用方法都是一样的。本项目重点介绍 LCD1602 的使用。

7.4.2　项目方案设计

本项目要实现的功能是单片机通过 I/O 端口驱动 LCD1602 在指定的位置显示指定的字符。

（1）本项目中单片机需要提供 PA 端口作单片机与 LCD 的数据端口，PB0～PB2 为 LCD 的控制引脚，如图 7-41 所示。

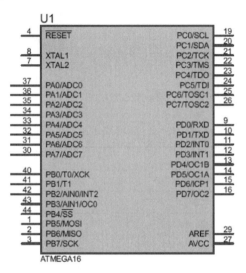

图 7-41　项目中的单片机 I/O 引脚

（2）项目方案框图如图 7-42 所示。

根据功能的需要，系统硬件需要单片机的 I/O 端口外接一个 LCD1602，将预设字符显示在屏幕中。

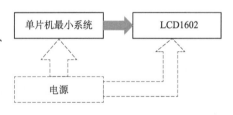

7.4.3　基础知识

1. LCD 概述

图 7-42　项目方案框图

液晶（Liquid Crystal）是一种高分子材料，因为其特殊的物理、化学、光学特性，20 世纪中叶开始广泛应用在轻薄型显示器上。液晶显示器的主要原理是，以电流刺激液晶分子产生点、线、面，并配合背光灯管构成画面。为方便表述，通常把各种液晶显示器都直接叫作液晶。

各种型号的液晶通常是按照显示字符的行数或液晶点阵的行、列数来命名的。例如：1602 的意思是每行显示 16 个字符，一共可以显示 2 行。类似的命名还有 1601、0802 等，这类液晶通常都是字符液晶，即只能显示字符，如数字、大小写字母、各种符号等；12864 液晶属于图形型液晶，它的意思是液晶由 128 列、64 行组成，即 128×64 个点（像素）来显示各种图形，这样就可以通过程序控制这 128×64 个点（像素）来显示各种图形。类似的命名还有 12832、19264、16032、240128 等。当然，根据客户需求，厂家还可以设计出任意组合的点阵液晶。

目前特别流行一种屏——TFT（Thin Film Transistor）即薄膜场效应晶体管。所谓薄膜场效应晶体管，是指液晶显示器上的每一液晶像素点都是由集成在其后的薄膜晶体管来驱动，从而可以做到高速度、高亮度、高对比度显示屏幕信息。
TFT 属于有源矩阵液晶显示器。TFT-LCD 是薄膜晶
体管型液晶显示屏，即"真彩"显示屏。这里重点
介绍 LCD1602 的静态和动态显示。

2. LCD1602 液晶显示屏的工作原理

（1）LCD1602，工作电压为 5 V，内置 192 个
字符（160 个 5×7 点阵字符和 32 个 5×10 点阵字
符），具有 64 B 的 RAM，通信方式有 4 位、8 位两
种并口可选。其实物如图 7-43 所示。

图 7-43 LCD1602 实物

（2）LCD1602 的端口定义如表 7-2 所示。

表 7-2 LCD1602 的端口定义

引　脚	符　号	功　　能
1	VSS	电源地（GND）
2	VDD	电源电压（+5 V）
3	VEE	LCD 驱动电压（可调）一般接一个电位器来调节电压
4	RS	指令、数据选择端（RS=1：数据寄存器；RS=0：指令寄存器）
5	RW	读、写控制端(RW=1：读操作；RW=0：写操作)
6	E	读写控制输入端(读数据：高电平有效；写数据：下降沿有效)
7～14	D0～D7	数据输入/输出端口(8 位方式：D0～D7；4 位方式：D0～D3)
15	A	背光灯的正端+5V
16	K	背光灯的负端 0V

（3）RAM 地址映射图。控制器内部带有 80×8 位（80B）的 RAM 缓冲区，对应关系如
图 7-44 所示。

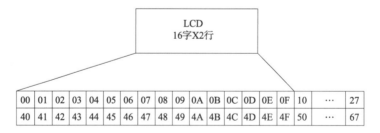

图 7-44 RAM 地址映射图

① 两行的显示地址分别为 00～0F、40～4F，隐藏地址分别为 10～27、50～67。意味着写在
00～0F、40～4F 地址的字符可以显示，10～27、50～67 地址的字符不能显示，要显示一般通过
移屏指令来实现。

② RAM 通过数据指针来访问。液晶内部有个数据地址指针，因而能很容易地访问内部 80B
的内容。

（4）操作指令：

① 基本操作指令如表 7-3 所示。

表 7-3 基本操作指令

读/写操作	输　入	输　出
读状态	RS=L，RW=H，E=H	D0～D7（状态字）
写指令	RS=L，RW=L，D0～D7 为指令，E 为高脉冲	无
读数据	RS=H，RW=H，E=H	D0～D7（数据）
写数据	RS=H，RW=L，D0～D7 为数据，E 为高脉冲	无

② 状态字说明如表 7-4 所示。

表 7-4 状态字说明

STA7 D7	STA6 D6	STA5 D5	STA4 D4	STA3 D3	STA2 D2	STA1 D1	STA0 D0
STA0～STA6		当前地址指针的数值			—		
STA7		读/写操作使能			1:禁止　0：使能		

对控制器每次进行读/写操作之前，都必须进行读/写检测，确保 STA7 为 0，即一般程序中见到的判断忙操作。

③ 常用指令如表 7-5 所示。

表 7-5 常用指令

指令名称	指　令　码								功能说明
	D7	D6	D5	D4	D3	D2	D1	D0	
清屏	L	L	L	L	L	L	L	H	清屏：（1）数据指针清零 （2）所有显示清零
归位	L	L	L	L	L	L	H	*	AC=0，光标、画面回 HOME 位
输入方式设置	L	L	L	L	L	H	ID	S	ID=1→AC 自动加 1 ID=0→AC 自动减 1 S=1→画面平移； S=0→画面不动
显示开关控制	L	L	L	L	H	D	C	B	D=1→显示开；D=0→显示关 C=1→光标显示；C=0→光标不显示 B=1→光标闪烁；B=0→光标不闪烁
移位控制	L	L	L	H	SC	RL	*	*	SC=1→画面平移一个字符； SC=0→光标。 RL=1→右移；RL=0→左移
功能设定	L	L	H	DL	N	F	*	*	DL=1→8 位数据接口； DL=0→4 位数据接口； N=1→两行显示； N=0→一行显示； F=1→5×10 点阵字符；F=0→5×7 点阵字符

注意：*为任意状态。

④ 数据地址指针设置如表 7-6 所示。

表 7-6　数据地址指针设置

指　令　码	功能（设置数据地址指针）
0x80 + (0x00～0x27)	将数据指针定位到:第一行(某地址)
0x80 + (0x40～0x67)	将数据指针定位到:第二行(某地址)

⑤ 写操作时序图。时序参数如表 7-7 所示。

表 7-7　时序参数

时 序 名 称	符　　号	极　限　值			单　位	测 试 条 件
		最小值	典型值	最大值		
E 信号周期	t_C	400	—	—	ns	引脚 E
E 脉冲宽度	t_{pw}	150	—	—	ns	
E 上升沿/下降沿时间	t_R, t_F	—		25	ns	
地址建立时间	t_{SP1}	30	—	—	ns	引脚 E、RS、RW
地址保持时间	t_{HD1}	10	—	—	ns	
数据建立时间	t_{SP2}	40	—	—	ns	引脚 D0～D7
数据保持时间	t_{HD2}	10	—	—	ns	

液晶大多数是用来显示的，所以本项目主要讲解如何写数据和写命令到液晶。这里主要介绍写操作时序图。

时序图与时间有严格的关系，时序精确到了纳秒（ns）级。时序图与顺序有关，但是这个顺序严格说应该是信号在时间上的有效顺序，而与图中信号线是上是下没关系。程序运行是按顺序执行的，可是这些信号是并行执行的，就是说只要这些时序有效之后，上面的信号都会运行，只是有效时间不同，因而这里的有效时间不同就导致了信号的时间顺序不同。厂家在作时序图时，一般会把信号按照时间的有效顺序从上到下排列，所以操作的顺序也就变成了先操作最上边的信号，接着依次操作后面的。结合上述讲解，来详细说明一下图 7-45 所示的时序图。

通过 RS 确定是写数据还是写命令。写命令包括数据显示在什么位置、光标显示/不显示、光标闪烁/不闪烁、需要/不需要移屏等。写数据是指要显示的数据是什么内容。若此时要写命令，结合表 7-7 和图 7-45 可知，就得先拉低 RS（RS=0）。若是写数据，那就是 RS=1。

读/写控制端设置为写模式，那就是 RW=0。注意，按道理应该是先写一句 RS=0 之后延迟 t（最小 30 ns），再写 RW=0，可单片机操作时间都在皮秒（ps）级，所以就不用特意延迟了。

将数据或命令送达数据线上，可以形象地理解为此时数据在单片机与液晶的连线上，没有真正到达液晶内部。事实并不是这样，而是数据已经到达液晶内部，只是没有被运行，执行语句为 POTRTE=Data（Commond）。

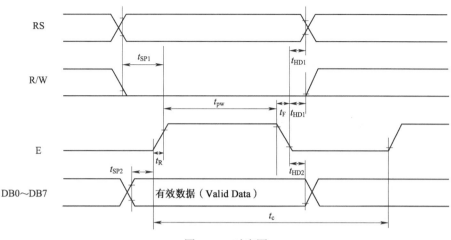

图 7-45 时序图

给 EN 一个下降沿，将数据送入液晶内部的控制器，这样就完成了一次写操作。形象地理解为此时单片机将数据完完整整地送到了液晶内部。为了让其有下降沿，一般在 POTRTB=Data（Commond）之前先写一句 EN=1，待数据稳定以后，稳定需要多长时间，这个最小的时间就是图中的 t_{pw}（150 ns），在程序中加了 delayms(5)就是保证液晶能稳定运行。

每条时序线都是同时执行的，只是每条时序线有效的时间不同。可以理解为：时序图中每条命令、数据时序线同时运行，只是有效的时间不同。一定不要理解为哪个信号线在上，就先运行那个信号。因为硬件的运行是并行的，不像软件按顺序执行。这里只是在用软件来模拟硬件的并行，所以有了如下的顺序语句：

```
RS=0; RW=0; EN=1; _nop_(); PORTB=Commond; EN=0。
```

关于时序图中的各个延时，不同厂家生产的液晶不同，一般写程序也是延时 1～5 ms。

3. LCD1602 硬件

硬件设计就是搭建 LCD1602 的硬件运行环境，搭建过程可参考其数据手册，从而可以设计出如图 7-46 所示的 LCD1602 液晶显示接口电路，具体接口定义如下：

（1）液晶 1(16)、2(15)分别接 GND(0 V)和 VCC(5 V)。

（2）液晶 3 端为液晶对比度调节端，可以用一个 10 kΩ 电位器来调节液晶对比度。

（3）液晶 4 端为向液晶控制器写数据、命令选择端。

（4）液晶 5 端为读/写选择端。

（5）液晶 6 端为使能信号端。

（6）液晶 7～14 为 8 位数据端口。

图 7-46 LCD1602 液晶显示接口电路

7.4.4 项目硬件电路设计

（1）项目总体电路原理如图 7-47 所示。

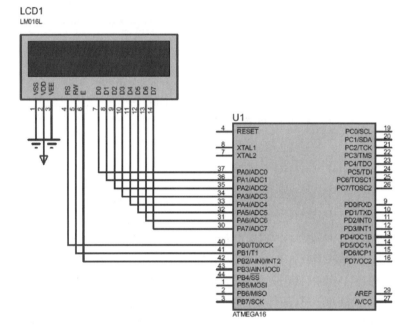

图 7-47　项目总体电路原理

（2）LCD1602 电路。如图 7-48 所示，单片机 PA 端口的 PA0～PA7 连接 LCD1602 的 D0～D7，为数据线；PB0 连接 RS，PB1 连接 RW，PB2 连接 E；VSS、VEE 连接 GND，VDD 连接 POWER。

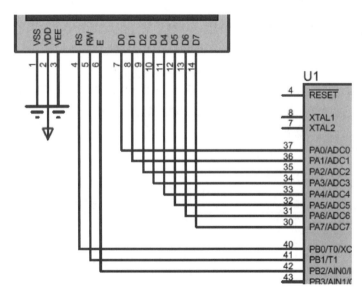

图 7-48　LCD1602 电路

7.4.5　项目驱动软件设计

1. 项目程序架构

分析本项目的总体功能可知，项目主要由 LCD 模块组成。在程序设计上，考虑模块化设计和搭建工程文件，将 LCD 模块拆成各个函数文件，再由主函数调用，如图 7-49 所示。

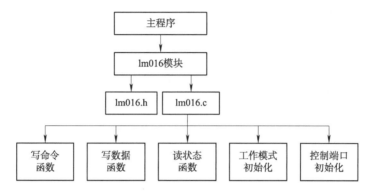

图 7-49　软件设计总体框架

2. 各模块设计

（1）lm016.h 文件的程序代码如下：

```
#ifndef_LM016_H
#define_LM016_H

#include <iom16v.h>
#include <AVRdef.h>

#define uchar unsigned char
#define uint unsigned int

void delay_nus(uint nus);
void delay_nms(uint nms);
void lcd_port_init(void);
uchar lcd_read_BF(void);
void lcd_write_cmd(uchar cmd);
void lcd_write_dat(uchar dat);
void lcm_work_init(void);

#endif
```

（2）lm016.c 文件的程序代码如下：

```
#include "lm016.h"

void delay_nus(uint nus)
```

```c
{
    uint temp;
    for(temp=0;temp<nus;temp++)
    {
        NOP();
    }
}
void delay_nms(uint nms)
{
    uint temp;
    for(temp=0;temp<nms;temp++)
    {
        delay_nus(1000);
    }
}
void lcd_port_init(void)
{
    DDRB  |= (1 << PB0);     //RS 输出
    DDRB  |= (1 << PB1);     //RW 输出
    DDRB  |= (1 << PB2);     //E 输出
    PORTB &= ~(1 << PB0);    //RS 输出 0
    PORTB &= ~(1 << PB1);    //RW 输出 0
    PORTB &= ~(1 << PB2);    //E 输出 0
}
uchar lcd_read_BF(void)
{
    uchar status;
    DDRA = 0x00;
    PORTB &= ~(1 << PB0);
    PORTB |= (1 << PB1);
    PORTB |= (1 << PB2);
    delay_nus(1);
    status = PINA;
    PORTB &= ~(1 << PB2);
    return status;
}
void lcd_write_cmd(uchar cmd)
{
    while(lcd_read_BF()>=0x80);
    DDRA = 0xFF;
    PORTB &= ~(1 << PB0);
    PORTB &= ~(1 << PB1);
    PORTB |= (1 << PB2);
    PORTA = cmd;
    delay_nus(1);
```

```
        PORTB &= ~ (1 << PB2);
}
void lcd_write_dat(uchar dat)
{
        while(lcd_read_BF()>=0x80);
        DDRA = 0xFF;
        PORTB |= (1 << PB0);
        PORTB &= ~ (1 << PB1);
        PORTB |= (1 << PB2);
        PORTA = dat;
        delay_nus(1);
        PORTB &= ~ (1 << PB2);
}
void lcm_work_init(void)
{
        lcd_write_cmd(0x38);      //工作方式设置
        lcd_write_cmd(0x06);      //输入方式设置
        lcd_write_cmd(0x0C);      //显示状态设置
        lcd_write_cmd(0x01);      //画面清除
}
```

（3）主函数的程序代码如下：

```
/****************************************************
函数名称: 项目 21 主函数
函数功能: LCD 液晶显示系统
****************************************************/
#include "lm016.h"

uchar tips[] = "HELLO WORLD!";
void main(void)
{
        uchar i = 0;
        lcd_port_init();
        lcm_work_init();
        lcd_write_cmd(0x80 + 2);
        while(tips[i] != '\0')
            lcd_write_dat(tips[i++]);
}
```

7.4.6　项目系统集成与调试

（1）在 ICC 环境中输入代码，并将文件保存在指定目录下。

（2）工程编译参数设置：

在 ICC 环境菜单栏选择 Project→Options→Target，然后在 Device Configuration 下拉列表框中

选择 ATmega16 选项。

在 ICC 环境菜单栏选择 Project→Options→Compiler，然后在 Output Format 下拉列表框中选择 COFF/HEX 选项。

（3）工程编译，生成 ".cof" 可执行文件。

（4）在 Proteus 中打开硬件工程，加载 ".cof" 可执行文件。

（5）项目实现如图 7-50 所示。

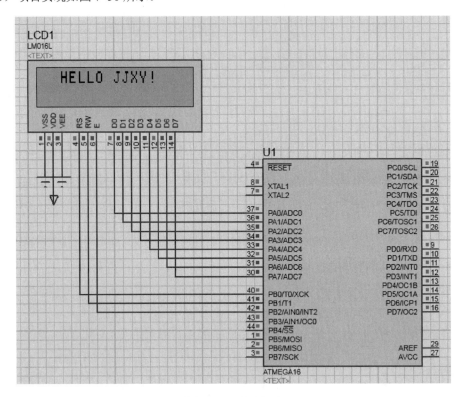

图 7-50　项目实现

第8章 » A/D 转换器的应用设计

8.1 项目22：基于灰度检测的巡线机器人设计

8.1.1 项目背景

灰度传感器是模拟传感器，有一只发光二极管和一只光敏电阻，安装在同一面上。灰度传感器利用不同颜色的检测面对光的反射程度不同，光敏电阻对不同检测面返回的光其阻值也不同的原理进行颜色深浅检测，在环境光干扰不是很严重的情况下，用于区别黑色与其他颜色。它还有比较宽的工作电压范围，在电源电压波动比较大的情况下仍能正常工作。它输出的是连续的模拟信号，因而能很容易地通过 A/D 转换器（简称 ACD）或简单的比较器实现对物体反射率的判断。

地面灰度传感器主要用于检测不同颜色的灰度值，例如，在灭火搜救比赛中判断寻找灭火圈，在足球比赛中判断机器人在场地中的位置，在各种轨迹比赛中可以用灰度传感器走黑色的轨迹线。

8.1.2 项目方案设计

（1）本项目使用 ATmega16 连接一个灰度检测模块，一个 4 位数码管，模拟灰度值由 ADC0 转换为数字值，显示于数码管上。本项目需要 ATmega16 的资源分配如图 8-1 所示。

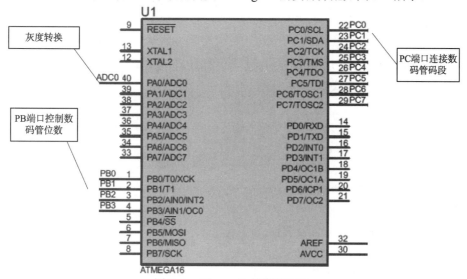

图 8-1 ATmega16 的资源分配

（2）项目方案框图如图 8-2 所示。

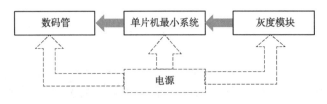

图 8-2　项目方案框图

本项目利用 ATmega16 的 ADC，设计一个灰度值检测装置。要求使用灰度模块产生的模拟电压信号传送到单片机的模拟信号采集端口，4 位共阳极数码管能够显示所采集到的灰度值对应的电压值。

8.1.3　基础知识

1. ADC

1）ATmega16ADC 特点

ATmega16 有一个 10 位的逐次逼近型 ADC。ADC 与一个 8 位通道的模拟多路选择器连接，能够对来自 PA 端口的 8 路单端模拟输入电压进行采样，单端电压输入以 0 V（GND）为参考。ADC 还支持 16 种差分电压输入组合，若差分输入电压的增益为 1× 或 10×，则可获得 8 位的 ADC 转换精度。如果差分输入电压的增益为 200×，则 ADC 的转换精度为 7 位。

AVR 的 ADC 功能单元由独立的专用模拟电源引脚 AVCC 供电。AVCC 和 VCC 之间的电压偏差不能超过±0.3 V。ADC 转换的参考电源可采用芯片内部的参考电源 2.56 V，或者采用 AVCC 使用外部参考电源。使用外部参考电源时，外部参考电源由引脚 AREF 接入。使用内部电压参考源时，可以通过外接于 AREF 引脚的电容来稳定，以提高抗噪性能。

ATmega16 的 ADC 特点概括如下：

- 10 位精度；
- 0.5LSB 的非线性度；
- ±2LSB 的绝对精度；
- 65～260 μs 的转换时间；
- 最高分辨率时采样率高达 15 ksps；
- 8 路复用的单端输入通道；
- 7 路差分输入通道；
- 两路可选增益为 10× 与 200× 的差分输入通道；
- 可选的左对齐 ADC 读数；
- 0～VCC 的 ADC 输入电压范围；
- 可选的 2.56 V ADC 参考电压；
- 连续转换或单次转换模式；
- 通过自动触发中断源启动 A/D 转换；
- A/D 转换结束中断；
- 基于睡眠模式的噪声抑制器。

2）10 位 ADC 的结构

ADC 功能单元包括采样保持电路，以确保输入电压在 A/D 转换过程中保持恒定。ADC 的功能单元框图如图 8-3 所示。

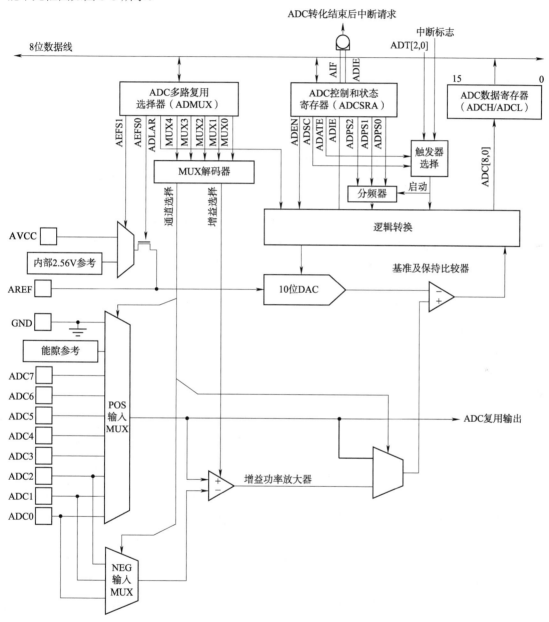

图 8-3 ADC 的功能单元框图

ADC 通过逐次比较（Successive Approximation）方式，将输入端的模拟电压转换成 10 位的数字量。最小值代表地，最大值为 AREF 引脚上的电压值减去 1 个 LSB。通过对 ADMUX 寄存器中 REFSn 位的设置，可以选择将芯片内部参考电源（2.56V）或 AVCC 连接到 AREF 上，作为 A/D 转换的参考电压。此时，内部电压参考源可以通过外接于 AREF 引脚上的电容来稳定，以提高噪声抑制性能。

模拟输入通道和差分增益的选择是通过 ADMUX 寄存器中的 MUX 位设定任何一个 ADC 的输入引脚，包括地（GND）及内部的固定能隙电压参考源，都可以被选择用来作为 ADC 的单端输入信号。而 ADC 的某些输入引脚则可以作为差分增益放大器的正负极输入端。当选择了差分输入通道后，差分增益放大器将两个输入通道上的电压差按选定的增益系数放大，然后输入到 ADC 中。若选定使用单端输入通道，则增益放大器无效。

通过设置 ADCSRA 寄存器中的 ADC 使能位 ADEN，启动 ADC。在 ADEN 没有置位前，参考电压源和输入通道的选定将不起作用。当 ADEN 位清零后，ADC 将不消耗能量，因此建议在进入节电休眠模式前将 ADC 关闭。

ADC 将 10 位的转换结果放在 ADC 数据寄存器（ADCH 和 ADCL）中。默认情况下，转换结果为右端对齐，但可以通过设置 ADMUX 寄存器中的 ADLAR 位，将其调整为左端对齐。若转换结果是左端对齐，并且只需要 8 位的精度，那么只需读取 ADCH 寄存器的数据作为转换结果就可达到要求；否则，必须先读取 ADCL 寄存器，然后再读取 ADCH 寄存器，以保证数据寄存器中的内容是同一次转换的结果。因为一旦 ADCL 寄存器被读取，就阻断了 ADC 对 ADC 数据寄存器的操作。这就意味着一旦指令读取了 ADCL，必须紧接着读取一次 ADCH。如果在读取 ADCL 和读取 ADCH 的过程中正好有一次 A/D 转换完成，则 ADC 的 2 个数据寄存器的内容是不会被更新的，该次转换的结果就将丢失。只有当 ADCH 寄存器被读取后，ADC 才可以继续对 ADCL 和 ADCH 寄存器操作进行更新。

A/D 转换完成时可以触发中断，即使转换发生在读取 ADCH 与 ADCL 之间造成 ADC 无法访问数据寄存器，并因此丢失了转换数据，但仍会触发 ADC 中断。

3）ADC 的相关寄存器

（1）ADC 多路复用器选择寄存器（ADMUX）的内部位结构如表 8-1 所示。

表 8-1 ADC 多路复用器选择寄存器（ADMUX）

位	7	6	5	4	3	2	1	0
	REFS1	REFS0	ADLAR	MUX4	MUX3	MUX2	MUX1	MUX0
读/写	R/W	R/W	R/W	R/W	R/W	R/W	R/W	R/W
初始值	0	0	0	0	0	0	0	0

① REFS1、REFS0（位 7、位 6）：ADC 参考电源选择位。REFS1、REFS0 可以选择 ADC 的参考电源，如表 8-2 所示。如果在转换过程中改变了它们的设置，只有等到当前转换结束（ADCSRA 中的 ADIF 置位）之后改变才会起作用。如果在 AREF 引脚上施加了外部参考电源，内部参考电源就不能被选用了。若选择内部参考电源（AVCC、2.56 V）作为 ADC 的参考电源时，AREF 引脚上不得施加外部参考电源，只能在它与 GND 之间并接抗干扰电容。

表 8-2 ADC 参考电源的选择

REFS1	REFS0	ADC 参考电源
0	0	断开内部参考电源连接，参考电源由外部引脚 AREF 输入
0	1	AVCC，AREF 外部并接滤波电容
1	0	保留
1	1	内部参考电压 2.56 V，AREF 外部并接滤波电容

② ADLAR（位 5）：A/D 转换结果左端对齐选择位。ADLAR 影响 A/D 转换结果在 ADC 数据寄存器中的存放形式。当 ADLAR 置位时转换结果左端对齐，否则转换结果为右端对齐。ADLAR 的改变将立即影响 ADC 数据寄存器的内容，无论 ADC 是否正在进行转换。

③ MUX4～MUX0（位 4～位 0）：模拟通道的增益选择位。这 5 个位用于对连接到 ADC 的输入通道和差分通道的增益进行选择设置，如表 8-3 所示。注意：只有当转换结束后（ADCSRA 的 ADIF 为 "1"），改变这些位才会有效。

表 8-3　ADC 输入通道和差分通道的增益选择

MUX4～MUX0	单 端 输 入	差分正极输入	差分负极输入	增　　益
00000	ADC0			
00001	ADC1			
00010	ADC2			
00011	ADC3	N/A		
00100	ADC4			
00101	ADC5			
00110	ADC6			
00111	ADC7			
01000		ADC0	ADC0	$10\times$
01001		ADC1	ADC0	$10\times$
01010		ADC0	ADC0	$200\times$
01011		ADC1	ADC0	$200\times$
01100		ADC2	ADC2	$10\times$
01101		ADC3	ADC2	$10\times$
01110		ADC2	ADC2	$200\times$
01111		ADC3	ADC2	$200\times$
10000		ADC0	ADC1	$1\times$
10001		ADC1	ADC1	$1\times$
10010	N/A	ADC2	ADC1	$1\times$
10011		ADC3	ADC1	$1\times$
10100		ADC4	ADC1	$1\times$
10101		ADC5	ADC1	$1\times$
10110		ADC6	ADC1	$1\times$
10111		ADC7	ADC1	$1\times$
11000		ADC0	ADC2	$1\times$
11001		ADC1	ADC2	$1\times$
11010		ADC2	ADC2	$1\times$
11011		ADC3	ADC2	$1\times$
11100		ADC4	ADC2	$1\times$
11101		ADC5	ADC2	$1\times$
11110	1.22 V（VBG）	N/A		
11111	0 V（GND）			

（2）ADC 控制和状态寄存器 A（ADCSRA）的内部位结构如表 8-4 所示。

表 8-4　ADC 控制和状态寄存器 A（ADCSRA）

位	7	6	5	4	3	2	1	0
	ADEN	ADSC	ADATE	ADIF	ADIE	ADPS2	ADPS1	ADPS0
读/写	R/W	R/W	R/W	R/W	R/W	R/W	R/W	R/W
初始值	0	0	0	0	0	0	0	0

① ADEN（位 7）：ADC 使能控制位。当 ADEN 置位时，启动 ADC；当 ADEN 清零时，关闭 ADC。如果在 A/D 转换过程中关闭 ADC，则立即中止正在进行的转换。

② ADSC（位 6）：ADC 开始转换位。在单次转换模式下，ADSC 置位将启动一次 A/D 转换置位将启动一次转换。在自由连续转换模式下，第 1 次转换（在 ADC 启动后，置位 ADSC，或者在使能 ADC 的同时置位 ADSC）需要 25 个 ADC 时钟周期，而不是正常情况下的 13 个。第 1 次转换会执行 ADC 初始化的工作。

在 A/D 转换的过程中，ADSC 将始终读出 1，当转换完成后，它将改变为 0，强制写入 0 是无效的。

③ ADATE（位 5）：ADC 自动转换触发允许位。

当 ADATE 置位时，允许 ADC 工作在自动转换触发工作模式下。在触发信号的上升沿，ADC 将自动开始一次 A/D 转换过程。当 ADATE=0 时，停止自动转换。ADC 的自动转换触发信号源由 SFIOR 寄存器的 ADTS 位选择确定。

④ ADIF（位 4）：ADC 中断标志位。

当 A/D 转换完成并且 ADC 数据寄存器更新后，该位置 1。如果 ADIE 位（ADC 中断允许位）和 SREG 中的全局中断使能位也置 1，则 AD 转换结束，中断服务程序立即执行，同时 ADIF 硬件清零。此外，还可以通过向此标志写 1 使 ADIF 清零。

⑤ ADIE（位 3）：ADC 中断允许位。

如果 ADIE 位和 SREG 中的全局中断使能位 I 置位，则允许相应 A/D 转换结束中断。

⑥ ADPS2～ADPS0（位 2～位 0）：ADC 时钟预分频选择位。

这 3 位确定了 XTAL 时钟与 ADC 输入时钟的分频因子，如表 8-5 所示。

表 8-5　ADC 分频系数的选择

ADPS2	ADPS1	ADPS0	分频系数	ADPS2	ADPS1	ADPS0	分 频 系 数
0	0	0	1	1	0	0	16
0	0	1	2	1	0	1	32
0	1	0	4	1	1	0	64
0	1	1	8	1	1	1	128

（3）ADC 数据寄存器（ADCH 和 ADCL）。

ADC 数据寄存器用于存储 ADC 的转换结果，它由 ADCH 和 ADCL 两个 8 位寄存器构成。

当 A/D 转换完成后，可以读取 ADC 寄存器的 ADC0～ADC9，以得到 ADC 的转换结果。如果是差分输入，转换值为二进制数的补码形式。

一旦开始读取 ADCL 后，ADC 数据寄存器就不能被 ADC 更新了，直到 ADCH 寄存器被读取为止。因此，如果结果是左端对齐（ADLAR=1）的，且不需要大于 8 位的精度，则仅读取 ADCH 寄存器就足够了。否则，必须先读取 ADCL 寄存器，再读取 ADCH 寄存器。

① 当 ADLAR=0，A/D 转换结果右端对齐时，结果的保存方式为：

15	14	13	12	11	10	9	8
—	—	—	—	—	—	ADC9	ADC8
7	6	5	4	3	2	1	0
ADC7	ADC6	ADC5	ADC4	ADC3	ADC2	ADC1	ADC0

② 当 ADLAR=1，A/D 转换结果左端对齐时，结果的保存方式为：

15	14	13	12	11	10	9	8
ADC9	ADC8	ADC7	ADC6	ADC5	ADC4	ADC3	ADC2
7	6	5	4	3	2	1	0
ADC1	ADC0	—	—	—	—	—	—

（4）特殊功能寄存器（SFIOR）的内部位结构如表 8-6 所示。

表 8-6　特殊功能寄存器（SFIOR）

位	7	6	5	4	3	2	1	0
	ADTS2	ADTS1	ADTS0	—	ACME	PUD	PSR2	PSR1
读/写	R/W	R/W	R/W	R	R/W	R/W	R/W	R/W
初始值	0	0	0	0	0	0	0	0

ADTS2～ADTS0（位 7～位 5）：ADC 自动转换触发源选择位。

当 ADCSRA 中的 ADATE 置位时，允许 ADC 工作在自动转换触发工作模式时，这 3 位的设置用于选择 ADC 的自动转换触发源，如表 8-7 所示。如果禁止了 ADC 的自动转换触发（ADATE 为 "0"），这 3 个位的设置值将不起任何作用。

表 8-7　ADC 自动转换触发源的选择

ADTS2	ADTS1	ADTS0	触 发 源	ADTS2	ADTS1	ADTS0	触 发 源
0	0	0	连续自由转换	1	0	0	T/C0 溢出
0	0	1	模拟比较器	1	0	1	T/C1 比较匹配
0	1	0	外部中断 0	1	1	0	T/C1 溢出
0	1	1	T/C0 比较匹配	1	1	1	T/C1 输入捕捉

4）ADC 应用设计要点

预分频与转换时间。

在通常情况下，ADC 的逐次比较转换电路要达到最大精度时，需要一个 50～200 kHz 之间的采样时钟。当转换精度低于 10 位时，ADC 的采样时钟可以高于 200 kHz，以获得更高的采样率。

ADC 模块中包含一个预分频器的 ADC 时钟源，如图 8-4 所示。预分频器可以对大于 100 kHz 的系统时钟进行分频，以获得合适的 ADC 时钟供 ADC 使用。预分频器的分频系数由 ADCSRA 中的 ADPS 进行设置。一旦寄存器 ADCSRA 中的 ADEN 置 1（ADC 开始工作），预分频器就启动开始计数。只要 ADEN 位为 "1"，预分频器就一直工作，直到 ADEN 为 0。

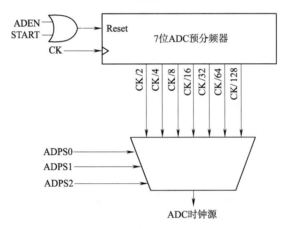

图 8-4 带预分频器的 ADC 时钟源

ADCSRA 中的 ADSC 置 1 后，在下一个 ADC 时钟周期的上升沿，开始启动 ADC 进行 A/D 转换。AVR 的 ADC 完成一次转换的时间如表 8-8 所示。正常转换需要 13～14 个 ADC 时钟。而启动 ADC 开始第 1 次转换到完成的时间需要 25 个 ADC 时钟，这是因为要对 ADC 单元的模拟电路部分进行初始化。

表 8-8　A/D 转换和采样保持时间

转 换 形 式	采样保持时间	完成转换总时间
启动 ADC 后的第一次转换	13.5 个 ADC 时钟	25 个 ADC 时钟
正常转换，单端输入	1.5 个 ADC 时钟	13 个 ADC 时钟
自动触发方式	2 个 ADC 时钟	13.5 个 ADC 时钟
正常转换，差分输入	1.5/2.5 个 ADC 时钟	13/14 个 ADC 时钟

当 ADCSRA 的 ADSC 置位并启动 A/D 转换时，A/D 转换将在随后 ADC 时钟上升沿开始。一次正常的 A/D 转换开始时，需要 1.5 个 ADC 时钟周期的采样保持时间（ADC 首次启动后需要 13.5 个 ADC 时钟周期的采样保持时间）。当一次 A/D 转换完成后，转换结果写入 ADC 数据寄存器，ADIF（ADC 中断标志位）将置位。在单次转换模式下，ADSC 也同时清零。在程序中可以再次置位 ADSC，新的一次转换将在下一个 ADC 时钟的上升沿开始。

当 ADC 设置为自动触发方式时，触发信号的上升沿将启动一次 A/D 转换。转换完成的结果将一直保持到下一次触发信号的上升沿出现，然后开始新的一次 A/D 转换。这就保证了使 ADC 每隔一定时间间隔进行一次转换。在这种方式下，A/D 需要 2 个 ADC 时钟周期的采样保持时间。在自由连续转换模式下，一次转换完毕后马上开始一次新的转换,此时 ADSC 一直保持为 1。

5）A/D 转换结果

A/D 转换结束后（ADIF=1），转换结果被存入 ADC 数据寄存器（ADCL 和 ADCH）。

（1）对于单端输入的 A/D 转换，其转换结果为

$$ADC=(V_{IN}×1024)/V_{REF}$$

式中，V_{IN} 表示选定的输入引脚上的电压，V_{REF} 表示选定的参考电源的电压。如果转换结果为 0x000，表示输入引脚的电压为模拟地；若转换结果为 0x3FF，表示输入引脚的电压为参考电压值减去 1 个 LSB。

（2）对于差分转换，其结果为

$$ADC=(V_{POS}-V_{NEG}) × G × 512/V_{REF}$$

式中，V_{POS} 为输入引脚正电压；V_{NEG} 为输入引脚负电压；G 为选定的增益系数；V_{REF} 表示参考电源的电压。结果用补码形式表示。

例如，若差分输入通道选择为 ADC3～ADC2，10 倍增益，参考电源的电压为 2.56 V，左端对齐（ADMUX=0xED），ADC3 引脚上电压为 300 mV，ADC2 引脚上电压为 500 mV。则

$$ADCR=(300-500) ×10×512/2 560=-400=0x270，ADCL=0x00，ADCH=0x9C$$

若结果为右端对齐（ADLAR=0），则 ADCL=0x70，ADCH=0x02。

2．灰度检测原理

灰度传感器是模拟传感器，灰度传感器利用光敏电阻对不同颜色的检测面对光的反射程序不同，利用其阻值变化的原理进行颜色深浅检测。灰度传感器有一只发光二极管和一只光敏电阻，安装在同一面上。在有效的检测距离内，发光二极管发出白光，照射在检测面上，检测面反射部分光线，光敏电阻检测此光线的强度并将其转换为机器人可以识别的信号。灰度传感器外观如图 8-5 所示。

灰度传感器上无信号指示灯，但是一般配有检测颜色返回模拟量大小调节器。要检测给定的颜色时，可以将发射/接收头置于给定颜色处，配合调节器即可调出合适的返回模拟量。方法如下：

将调节器逆时针方向旋转，返回模拟量变大；

将调节器顺时针方向旋转，返回模拟量变小。

图 8-5　灰度器传感器

8.1.4　项目硬件电路设计

（1）项目总体电路原理如图 8-6 所示。

（2）单片机引脚分配。在本项目中，ATmega16 PB 端口的 4 位 PB0～PB3 连接 4 位数码管的位选择线；PC 端口的 PC0～PC7 连接数码管的码段；PA 端口的 PA0 连接灰度检测模块的数据线，AREF、AVCC 作为参考模拟地和模拟电源。具体引脚分配图如图 8-6 所示。

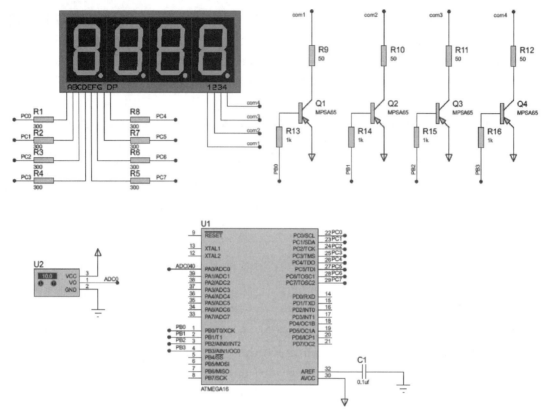

图 8-6　项目总体电路原理

（3）ADC 灰度信号转换。灰度传感器的数字线连接 ATmega16 PA 端口的 PA0，此引脚作 A/D 转换用。如图 8-7 所示为位按键电路设计。

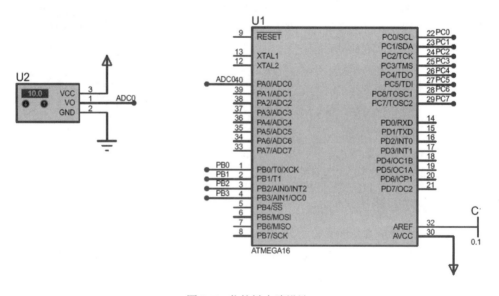

图 8-7　位按键电路设计

（4）4 位数码管显示。4 位 8 段数码管的静态显示需要占用的 I/O 资源过多，因此本项目采用数码管动态扫描显示方案。将 4 位数码管的已封装内部连通的 a～dp 通过 300 Ω电阻连接 Atmega16 PC 端口的 PC0～PC7。

数码管动态显示需要较大电流，因此将 4 位数码管的公共段 com1～com4 连接 4 个 PNP 三极管驱动。具体连接如图 8-8 所示。

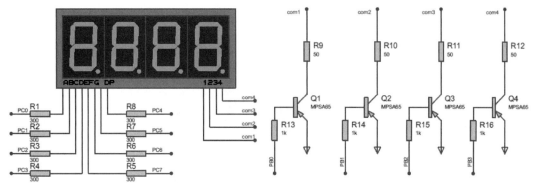

图 8-8　4 位共阳极数码管动态显示电路

（5）单片机 A/D 转换的引脚处理电路，如图 8-9 所示。

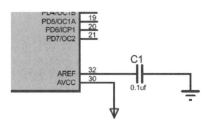

图 8-9　单片机 A/D 转换的引脚处理电路

8.1.5　项目驱动软件设计

1．项目程序架构

分析本项目的总体功能可知，项目可分为灰度值模拟量输入和在 4 位数码管显示输出两部分组成。在程序设计上，考虑模块化设计和搭建工程文件，将两部分拆成各个函数文件，再由主函数调用，如图 8-10 所示。

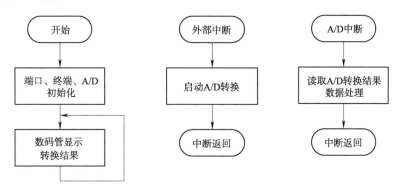

图 8-10　软件设计流程图

2. 编程实现

实现本项目的程序代码如下：

```c
#include <iom16v.h>
#define uchar unsigned char
#define uint unsigned int
uchar const SEG7[10]={0xc0,0xf9,0xa4,0xb0,0x99,0x92,0x82,0xf8,0x80,0x90};
//共阳极数码管 0～9 的字形码
uchar const ACT[4]={0xfe,0xfd,0xfb,0xf7);   //4 位共阳极数码管的位选码
uint adc_val, dis_val;
uchar i, cnt;
//端口初始化子函数
void port_init(void)
{
    PORTC=0xFF;        //将 PC 端口设为输出，高电平
    DDRC=0xFF;
    PORTB=0xFF;        //将 PB 端口设为输出，高电平
    DDRB=0xFF;
    PORTA=0x00;        //将 PA 端口设为输入
    DDRA=0x00;
}
//A/D 转换初始化子函数
void adc_init(void)
{
    ADCSRA= 0xE3;      //ADC 工作在自由转换模式
    ADMUX=0x40;        //选择 ADC 输入通道为 0
}
//定时器 0 初始化子函数
void timer0_init(void)
{
    TCNT0 = 0x83;      //1 ms 的定时初值
    TCCR0 = 0x03;      //定时器 0 的计数预分频取 64
    TIMSK = 0x01;      //使能 T/C0 中断
}
//初始化函数
void init_devices(void)
{
    port_init();       //调用端口初始化子函数
    timer0_init();     //调用定时器 0 初始化子函数
    adc_init ();       //调用模数转换初始化子函数
    SREG=0x80;         //使能总中断
```

```
}
//T/C0 中断服务子函数
#pragam interrupt_handler timer0_ovf_isr: 10
void timer0_ovf_isr (void)
{
    TCNT0 = 0x83;         //重装 1 ms 的定时初值
    cnt++;
    if(++i>3)  i=0;       //变量 i 的计数范围 0~3
    switch(i)             //switch 语句，根据 i 的值分别点亮 4 位数码管
    {
        case 0: PORTC=SEG7[dis_val%10];PORTB=ACT[0];break;
        case 1: PORTC=SEG7[dis_val/10%10]; PORTB=ACT[1];break;
        case 2: PORTC=SEG7[dis_val/100%10]; PORTB=ACT[2];break;
        case 3: PORTC=SEG7[dis_val/1000]; PORTB=ACT[3];break;
        default: break;
    }
}
//A/D 转换子函数
uint ADC_Convert(void)
{
    uint templ, temp2;       //定义无符号整型局部变量
    temp1=(uint)ADCL;        //取得 A/D 转换值
    temp2=(uint) ADCH;
    temp2=(temp2<<8)+temp1;
    return(temp2);           //返回取得的 A/D 转换值
}
//数据转换子函数
uint conv(uint i)
{
    long x;
    uint y;
    x=(5000*(1ong)i)/1023;   //将变量 i 转换成需要显示的形式
    y=(uint)x;
    return(y);
}
//延时子函数
void delay (uint k)
{
    uint i,j;
    for(i=0;i<k;i++)
        for(j=0;<140;j++);
}
```

```
//定义主函数
void main(void)
{
    init_devices ();                        //调用芯片初始化子函数
    while(1)
    {
        if(cnt>100)                         //如果 cnt 大于 100，进入 if 语句
        {
            adc_val=ADC_Convert();          //调用 A/D 转换子函数得到转换值
            dis_val=conv(adc_val);          //将 adc_val 转换成需要显示的形式
            cnt=0;
        }
    delay(10);
    }
}
```

8.1.6 项目系统集成与调试

（1）在 ICC 环境中输入代码，并将文件保存在指定目录下，如图 8-11 所示。

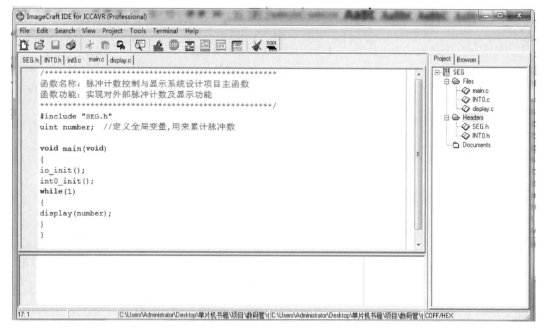

图 8-11 在 ICC 环境中输入代码

（2）工程编译参数设置。

在 ICC 环境菜单栏选择 Project→Options→Target，然后在 Device Configuration 下拉列表框中选择 ATmega16 选项。如图 8-12 所示。

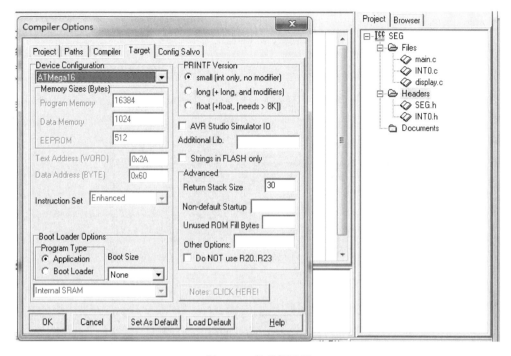

图 8-12　单片机选型

在 ICC 环境菜单栏选择 Project→Options→Compiler，然后在 Output Format 下拉列表框中选择 COFF/HEX 选项。如图 8-13 所示。

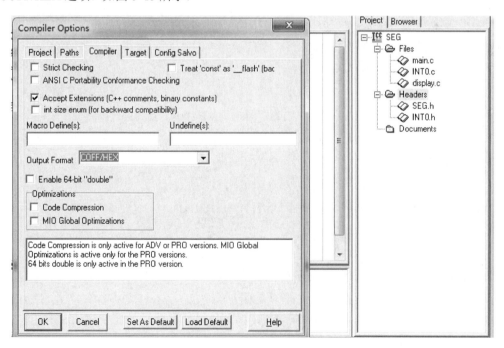

图 8-13　输出文件格式

（3）工程编译，生成 ".cof" 可执行文件。

（4）在 Proteus 中打开硬件工程，双击 ATmega16，加载".cof"可执行文件。如图 8-14 所示。

图 8-14　仿真加载可执行文件

（5）项目实现如图 8-15 所示。

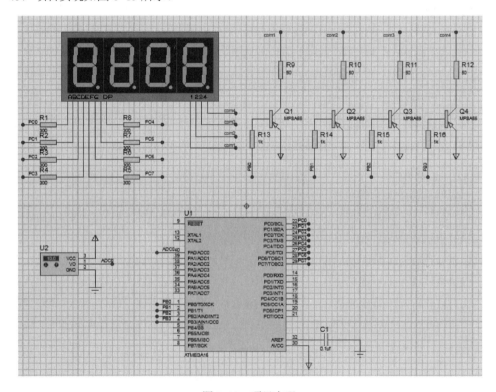

图 8-15　项目实现

第 9 章 » 开源硬件平台和嵌入式实时操作系统

9.1 项目 23：开源硬件平台 Arduino

Arduino 是一个开放源代码的单芯片微控制器系统，它使用 AVR 单片机，采用了开放源代码的标准软、硬件开发平台，包含硬件（各种型号的 Arduino 板）和软件（Arduino IDE），集成各类库文件，建构于简易输出/输入（simple I/O）界面板，并且具有类似 Java、C 语言的 Processing/Wiring 开发环境。

Arduino 起源于意大利，是男性用名，音译成"阿尔杜伊诺"，意思是"强壮的朋友"。Arduino 最初是为一些非电子工程专业的学生设计的，设计者最初为了寻求一个廉价好用的微控制器开发板，从而决定自己动手制作开发板，Arduino 一经推出，因其开源、廉价、易用的特性迅速受到了广大电子设计爱好者的喜爱。任何人即使不懂计算机编程，也能利用这个开发板做出有趣的东西，用户亦可自己购买散件组装成开发板，或者购买成品开发板。这样，用户只需将主要的精力放在设计产品上，仅仅通过购买和组装就可以设计出一个独一无二的产品，比如灭火机器人、遥控摄像机等各种有趣的硬件产品。

Arduino 有很多不同的版本，相互之间都是兼容的，主要区别在于主控芯片和周边芯片的配备上。例如 2009 年官方推出了 Arduino Duemilanove，2011 年推出了 Arduino UNO。

9.1.1 Arduino 的优势

1. 跨平台

Arduino IDE 可以在 Windows、Mac OS X、Linux 3 大主流操作系统上运行，而其他的大多数控制器只能在 Windows 上开发。

2. 易用性

Arduino IDE 基于 Processing IDE 开发。对于初学者来说，Arduino 的编程难度远低于其他 C 语言编程的单片机，极易掌握，同时有着足够的灵活性。Arduino 语言基于 Wiring 语言开发，是对 AVRGCC 库的二次封装，不需要太多的单片机基础、编程基础，简单学习后，就可以快速地进行开发。

Arduino 与 PC 之间采用了主流的 USB 连接方式，同时，Arduino 的开发环境非常简洁，仅提供了必需的工具栏，除去了一切可能会使初学者眼花缭乱的选项，用户甚至可以不必阅读使用手册就实现代码的编写与编译。

3．开放性

有经验的硬件工程师能够根据需求设计自己的电路模块，方便进行扩展或改进。在软件上，程序员可以对 Arduino 的软件进行扩展，如果有需要的话，可以向 Arduino 程序中添加 AVR 代码，在不从事商业用途的情况下，任何人都可以使用、修改、传播。这样不但可以使用户更好地理解 Arduino 的电路原理，更可以根据自己的需要进行修改，比如小型电路板、异形电路板等，或是将自己的扩展电路与主控制电路设计在同一块开发板上。

Arduino 不仅仅是全球最流行的开源硬件，也是一个优秀的硬件开发平台，更是硬件开发的趋势。Arduino 简单的开发方式使得开发者更关注创意与实现，更快地完成自己的项目开发，大大节约了学习的成本，缩短了开发的周期。

因为 Arduino 的种种优势，越来越多的专业硬件开发者已经或开始使用 Arduino 来开发他们的项目、产品；越来越多的软件开发者使用 Arduino 进入硬件、物联网等开发领域；大学中自动化、软件，甚至艺术专业，也纷纷开设了 Arduino 相关课程。

9.1.2　Arduino 和单片机的关系

使用 Arduino 做项目，几乎可以不用考虑硬件部分的设计，不需要了解其内部的硬件结构和寄存器配置，仅仅知道它的端口作用即可，根据项目要求选用 Arduino 主控板和扩展板来组成所需要的硬件系统。在软件方面，只要掌握简单的 C 语言，就可用 Arduino 单片机编写程序，指令的可读性也很强，可以轻松上手，快速应用。而单片机的开发则需要工程师自己设计 PCB 板，了解单片机内部硬件结构和寄存器的设置，使用汇编语言或者 C 语言编写底层硬件驱动函数。

Arduino 的理念是开源，软、硬件是完全开放的。针对周边 I/O 设备的 Arduino 程序设计，很多常用的 I/O 设备都已经带有库文件或者例程，在此基础上进行简单的改动，即可编写出功能比较复杂的程序，完成多样化的作品。由于 Arduino 开源，也就意味着从 Arduino 相关网站、博客、论坛中可以获取到大量的共享资源，通过资源整合，能够加快设计作品的速度及效率。

Arduino 本质上就是单片机二次开发的产物，相当于单片机的半成品，可以方便地把模块组合起来，开发起来非常简单方便。

9.1.3　Arduino 硬件概述

Arduino 的出现，大大降低了互动设计的门槛，没有学过电子知识的人也能够使用它制作出各种充满创意的作品。越来越多的艺术家、设计师开始使用 Arduino 制作交互艺术品。为了针对不同的应用领域，目前 Arduino 官方已设计出超过 15 个类型的主板，以满足不同使用者的需要。

1．Arduino UNO

Arduino UNO 是 Arduino 团队在 2011 年推出的新版本，UNO 在意大利语中是 "1" 的意思。Arduino UNO 基于 ATmega328p，它拥有 14 个数字输入输出针脚（其中 6 个具有 PWM 能力）、6 个模拟输入针脚、16 MHz 晶体振荡器、32 KB 内存、2 KB SRAM、1 KB E^2PROM、一个 USB 连接器、柱式电源插座、ICSP 插座以及复位按钮。它的外形如图 9-1 所示。

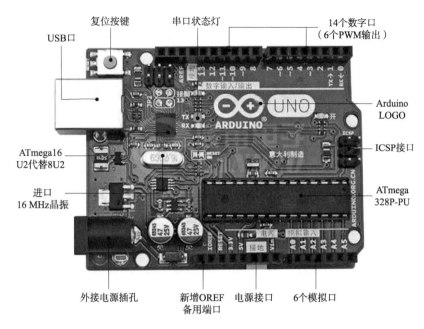

图 9-1　Arduino UNO R3

Arduio UNO 支持使用连接到电脑的 USB、直流适配器或者电池供电。Arduino UNO 与所有其他开发板的不同之处在于，它使用 ATmega16U2 作为串行转 USB 的转换器。

2. Arduino Mega 2560

Arduino Mega 系列共有 3 个型号，分别是 Arduino Mega、Arduino Mega 2560 和 Arduino Mega ADK。

Arduino Mega 2560 是基于 ATmega2560 的微控制板，它拥有 54 个数字输入/输出端口（其中 14 个具有 PWM 输出能力）、16 个模拟输入针脚、4 个 UART 端口、16 MHz 的晶体振荡器、一个 USB 连接器、一个柱式电源插座，以及一个 ICSP 插头。它的外形如图 9-2 所示。

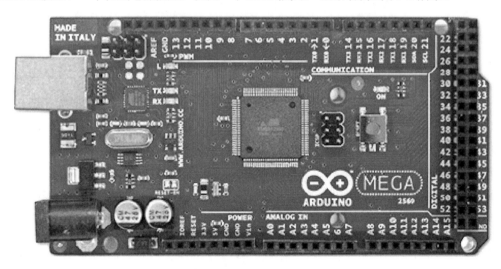

图 9-2　Arduino Mega 2560

9.1.4　Arduino 软件平台

1．Arduino IDE 的安装

Arduino IDE 是官方提供的集成开发环境，可以很方便地为 Arduino 开发板编写程序。Arduino IDE 的安装包可以从 Arduino 官网下载，官网分别提供了 Windows、Linux、Mac OS X 3 大操作系统的安装包，这里我们介绍在 Windows 系统下的安装，由于 Arduino 在 Windows 操作系统下的安装过程都类似，我们以 Windows 7 为例来介绍安装过程。

Arduino 安装的压缩包是以.zip 为后缀的文件，这里以 arduino-1.7.8-windows.zip 的压缩文件进行演示安装。压缩包安装的步骤非常简单，只需要使用压缩软件将压缩包中的内容解压到所需的位置即可。arduino-1.7.8 版本中的文件内容如图 9-3 所示。

图 9-3　Arduino IDE 以压缩包形式安装后的文件夹内容

用户可以在桌面为 arduino.exe 创建一个快捷方式，以方便开发和使用。

执行其中名为 arduino.exe 的文件可以打开 Arduino IDE。其主界面如图 9-4 所示。

2．Arduino 的驱动安装

用户需要对 Arduino 的驱动进行安装，如果驱动没有正确地被安装，那么就会导致 Arduino IDE 和开发板无法连接，从而无法进行开发。因此下面介绍 Windows 7 下驱动的安装方法。

用户需要将 Arduino 开发板通过 USB 线连接到计算机上，此时电源指示灯亮起，Arduino 开发板连接到计算机上之后，系统会提示"正在安装设备驱动程序软件"，如图 9-5 所示，如果没有找到驱动，则会显示如图 9-6 所示画面。

图 9-4　Arduino IDE 主界面

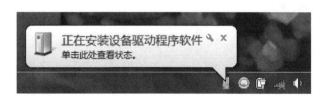

图 9-5　安装 Arduino 驱动程序

图 9-6　Arduino 驱动程序安装失败

　　这时需要打开"设备管理器"，用户会看到"其他设备"中有一个带有黄色感叹号的 Arduino 设备，如图 9-7 所示。

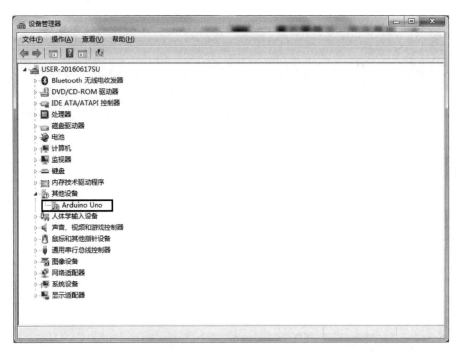

图 9-7　设置管理器

　　这时，我们需要为设备安装驱动，右击"Arduino Uno"这个设备，执行"更新驱动程序软件"命令，为其安装驱动，如图 9-8 所示。

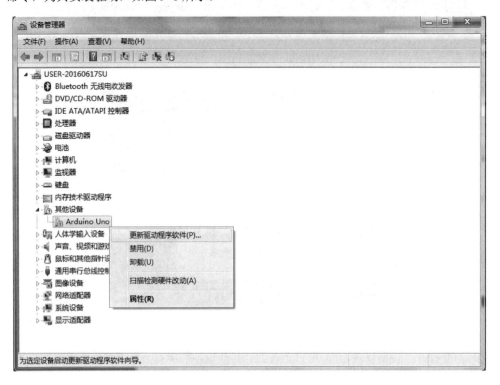

图 9-8　为 Arduino 安装驱动程序

　　在执行"更新驱动程序软件"命令后会出现如图 9-9 所示的界面，选择"浏览计算机以查找驱动程序软件"，定位到"arduino-1.7.8"文件夹的"drivers"目录下，单击"下一步"按钮开始安装驱动，安装完成后会出现如图 9-10 所示的提示界面。

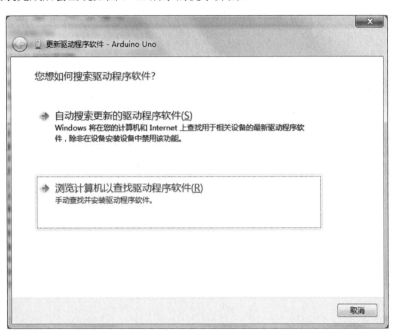

图 9-9　搜索驱动程序方式

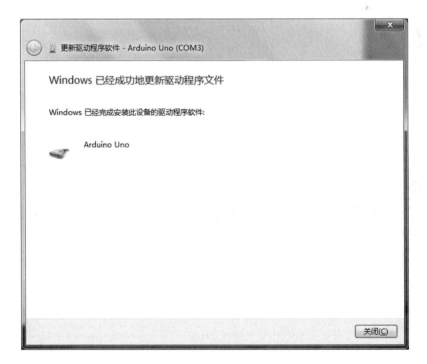

图 9-10　驱动安装完成

3．Arduino 开发环境的使用

在正确安装了 Arduino IDE 和 Arduino 驱动之后，就可以使用 Arduino IDE 为 Arduino 开发板开发程序了。本节为读者演示 Arduino 的基本使用方法，以及一个 Arduino 程序的示例。

如图 9-11 所示，Arduino IDE 的主界面是非常简洁明了的，同大部分应用程序类似，Arduino IDE 的菜单栏将各类不同操作汇聚到相对应的菜单项中，用户可以根据自己的操作类别来选择不同的菜单项。

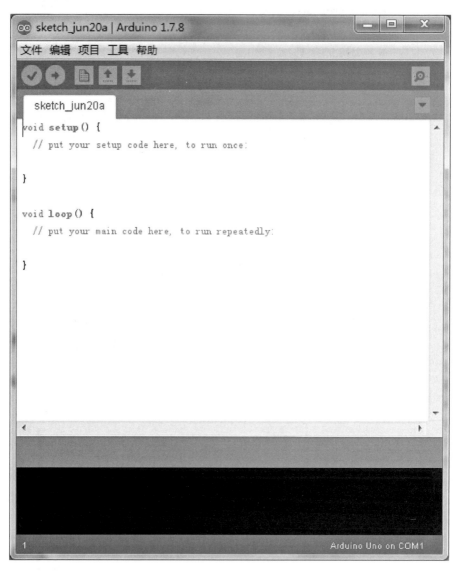

图 9-11　Arduino IDE 主界面

快捷按钮将用户使用最频繁的操作以按钮形式呈现出来，快捷按钮实现的操作通过菜单栏同样可以实现。各按钮的功能如下所述。

校验：检查程序是否存在问题；

下载：将编译后的文件下载到 Arduino 开发板中；

新建：新建一个源文件；

打开：打开一个 Arduino 源程序；

保存：将编写好的程序源代码保存；

串口监视器：从指定串口接收数据或者向指定串口发送数据。

Arduino 程序的源文件编写在代码编辑区域里进行，在操作中的一些过程提示信息，比如编译过程和下载过程的信息，会在信息提示框内显示，右下角是端口和提示开发板的类型，以及位于主机的哪个端口。

下面我们演示一个不需要其他扩展就可以运行的 Arduino 程序。

第一步需要正确地为 Arduino IDE 选择一个开发板型号，本例开发板是 Arduino Uno R3，芯片使用的 ATmega328p，在此选择类型要注意，否则会导致不能识别。这里需要选择"工具"→"板"→Arduino Uno，如图 9-12 所示。

图 9-12　Arduino 开发板选择

第二步是选择端口，选择"工具"→"端口"，再选择 Arduino 驱动安装成功时所相对应的 COM 口，本例是 COM3，如图 9-13 所示。

图 9-13　Arduino 端口选择

接下来打开一个程序样例。首先完成一个简单的程序：闪烁 LED 例程。官方 IDE 软件集成了所有功能程序，仅使用 IDE 软件和主板套件就可以完成主板功能测试。由于自带样例支持多种开发板，故有些样例不能在 Uno 上使用。在没有额外的学习资料之前，可以通过自带样例测试主板的基本功能是否正常，如数字输出功能、A/D 采集功能、串口输出功能等等，下面讲解其中最简单却经典的程序之一。

选择"文件"→"示例"→01.Basics→Blink（这是官方自带测试程序），随即系统打开一个新的窗口，这个就是 Arduino 的程序，如图 9-14 所示。

显然这个程序是正确无误的，下一步就是把这个程序编译成功并烧写进开发板中，并让其运行。单击"下载"按钮，此图标是编译并下载程序，这里有两个执行过程，第一部分是编译，编译就是把高级语言变成计算机可以识别的二进制语言；第二部分是下载程序，即把编译好的二进制代码文件装入到单片机对应的存储区域内。

状态栏显示"上传成功"，即下载完成。此时表明程序的二进制文件已经下载到开发板的单片机中。默认状态开发板上的 LED 会快速闪烁 3 次，LED 闪烁表示准备好，然后复位开发板，准备运行下载的程序，之后的执行现象则是用户需要的功能。每次按复位按键后仍然会有相同的闪烁提示，在下载程序期间也会不固定地闪烁 LED，闪烁仅表示下载过程正在进行，这个属于正常现象，并非故障或者错误。

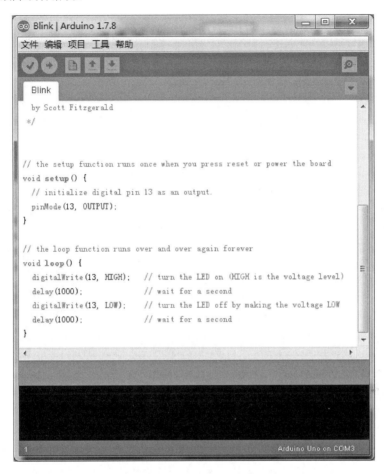

图 9-14　Arduino 的闪烁 LED 程序

待程序编译、下载整个流程结束后，LED 持续一秒点亮，下一秒熄灭，表明开发板正常运行。以后使用同样的方法下载其他程序，下载后开发板只运行当前的程序，上一次的程序会被自动清除。多个功能的程序同时运行需要在写软件的时候整合成一个程序，单片机任何时刻都只能运行一个程序。

在上述两个过程中可能会出现错误，尤其初学者。错误共分为 3 种：第一种是编译错误，也就是语法错误，这种错误多数在编写程序时出现；第二种是逻辑错误，即编写的程序不存在语法错误，编译能够正常通过，但是实验现象却没能达到程序设计者的目的；第三种是下载错误，即程序没有被正确下载到开发板中，大部分是没有选择正确的开发板或者正确的串口号导致，需要重新按照下载流程，或者重新插拔 USB 口线。

4. Arduino 程序基本结构说明

下面以 LED 闪烁程序为例，分析程序的内容，通过这个程序了解一下 Arduino 语言的特点。LED 闪烁的程序代码如下：

```
/*
Blink
Turns on an LED on for one second, then off for one second, repeatedly.
This example code is in the public domain.
*/
// Pin 13 has an LED connected on most Arduino boards.
// give it a name
ine LED = 13;
// the set up routine runs once when you press reset:
void setup()
{
    // initialize the digital pin as an output.
    pinMode(LED, OUTPUT);
}
// the loop routine runs over and over again forever:
void loop()
{
    // turn the LED on (HIGH is the voltage level)
    digitalWrite(LED, HIGH);
    //wait for a second
    delay(1000);
    // turn the LED off by making the voltage LOW
    digitalWrite(LED, LOW);
    //wait for a second
    delay(1000);
}
```

程序是英文编写的，包括注释也是英文。学过一些 C 语言的读者可以看出，它的格式和 C 语言一样。有 C 语言基础的读者容易看懂，Arduino 语言的特点是把所有寄存器的选择、修改、执行等工作编写成了库文件，用户不需要了解底层的寄存器就可以写出好的应用程序。

第一段注释介绍了整个程序的功能：控制 LED 熄灭 1 s，下一秒点亮，并循环重复这个过程。Arduino 具有关键字高亮功能，通过关键字可以看到程序的设计思路，关键字是规定好的，不能够修改，必须严格按照规则编写，否则会造成系统识别错误。Arduino 内部样例注释非常清晰，基本每个语句都有功能说明，读者可以结合注释语句来理解程序编程意图。下面以程序中的几个语句为例简单介绍 Arduino 语言的基础知识。

（1）"int LED = 13；"。

LED 是定义的一个整型变量，想象变量就是一个小盒子，用于存储数据，变量 LED 在内存中开辟了一部分空间用于存储整数 13，在 C 语言中变量名必须以字母开头，且只能包含字母、数字或下画线，变量名不能取前面提及的关键字。

（2）"pinMode(LED, OUTPUT)；"。

这个语句的功能是把 LED 引脚定义为输出，这样就可以用来驱动 LED。

函数 loop 是主要的过程函数，相当于 C 语言的主循环函数 main，只要 Arduino 上电就从 loop 函数开始执行。所有需要循环执行的功能都在这里面操作。LED 闪烁比较简单，该样例仅用了 4 行语句，这些函数之前都封装在库文件，不用深入学习是如何针对这些端口内部操作的，只需要知道所需要的参数和表达式即可完成对应的功能。

（3）"digitalWrite(LED, HIGH);"。

这条语句是将 HIGH 值写到引脚 13，即输出 5 V 电压到该引脚，相当于写入"1"，该引脚呈现高电平；当参数设置为 LOW 时，这个引脚的电压就为 0 V，即相当于写入"0"，该引脚呈现低电平。

程序首先是把 LED 端口置 1，从硬件角度看就是点亮 LED，后面使用"delay(1000);"语句延时 1 000 ms，即延时 1 s，如果需要延时其他时长，只要修改对应的数值即可。下一条语句是熄灭 LED，然后再延时 1 s，这样就完成了一个闪烁周期，loop 函数内的语句是循环执行的，相当于 C 语言中的 while(1)，之后会重新点亮 LED、延时 1 s、熄灭 LED、延时 1 s，如此循环下去。最终看到 LED 以周期 2 s 的频率闪烁（亮 1 s 灭 1 s）。

Arduino 也是一种单片机（AVR 单片机），单片机都具有共性，同时去学习和了解其他的单片机原理可以帮助更深入理解编程思想，在学习的过程中要举一反三，会得到事半功倍的效果。

9.2　项目 24：开源平台树莓派

Raspberry Pi（树莓派）是一款开源硬件平台，其 CPU 基于 ARM 开发，存储基于 Micro SD 卡，软件系统是完整的 Linux 操作系统，可以用来开发交互产品。

树莓派由注册于英国的慈善组织"Raspberry Pi 基金会"开发，Eben Upton（埃本·厄普顿）为项目带头人。这一基金会以提升学校计算机科学及相关学科的教育，使计算机变得有趣为宗旨。基金会期望这一款硬件产品无论是在发展中国家还是在发达国家，都有更多的其他应用不断被开发出来，并应用到更多领域。

虽然 Raspberry Pi 的外形只有信用卡大小，但它已具备了一台计算机所有的基本功能，能够替代日常桌面计算机的多种用途，包括文字处理、电子表格、媒体播放甚至是游戏。

Raspberry Pi 经历了 10 多年的发展，已诞生出多个版本，不断更新迭代。考虑到便于普及和成本的问题，Raspberry Pi 又分为 Model-A 和 Model-B 两个系列。A 型一般是同一代 B 型的裁剪版本，将内存减半，不带网线接口，USB 接口减少等等。

还有一个特别的版本是 Raspberry Pi Zero，其本质上是 Model-A 在成本和体积上的再次缩小，将 CPU 主频提升至 1 GHz，而价格只有原来的 1/3。

9.2.1　Raspberry Pi Zero

Raspberry Pi Zero 是发布于 2015 年 11 月的一款树莓派，Zero 是树莓派家族中最为小型的一个版本，仅有 1/3 信用卡的大小。

Raspberry Pi Zero 外观如图 9-15 所示。

其硬件配置如下。

（1）处理器：Broadcom BCM2835，内置 700 MHz ARM11 内核。

（2）内存：集成 512 MB 内存。

（3）视频输出：RCA 视频接口输出，支持 HDMI 1.4 接口。

图 9-15　Raspberry Pi Zero

（4）硬盘：Micro SD 卡插槽，树莓派没有硬盘，系统安装在 TF 卡上。

（5）电源：5 V 低压电源，通过 Micro USB 接口供电，甚至可以由 GPIO 引脚提供电源。

（6）扩展接口：40Pin GPIO 接口焊盘（兼容 A+/B+/2B/3B），如图 9-16 所示为其扩展接口。

wiringPi 编码	BCM 编码	功能名	物理引脚 BOARD 编码		功能名	BCM 编码	wiringPi 编码
		3.3V	1	2	5V		
8	2	SDA.1	3	4	5V		
9	3	SCL.1	5	6	GND		
7	4	GPIO.7	7	8	TXD	14	15
		GND	9	10	RXD	15	16
0	17	GPIO.0	11	12	GPIO.1	18	1
2	27	GPIO.2	13	14	GND		
3	22	GPIO.3	15	16	GPIO.4	23	4
		3.3V	17	18	GPIO.5	24	5
12	10	MOSI	19	20	GND		
13	9	MISO	21	22	GPIO.6	25	6
14	11	SCLK	23	24	CE0	8	10
		GND	25	26	CE1	7	11
30	0	SDA.0	27	28	SCL.0	1	31
21	5	GPIO.21	29	30	GND		
22	6	GPIO.22	31	32	GPIO.26	12	26
23	13	GPIO.23	33	34	GND		
24	19	GPIO.24	35	36	GPIO.27	16	27
25	26	GPIO.25	37	38	GPIO.28	20	28
		GND	39	40	GPIO.29	21	29

图 9-16　Raspberry Pi Zero 的 40 pin 引脚扩展

9.2.2　树莓派的系统部署

1. 需要准备的物品

以下为需要准备的物品：

（1）Raspberry Pi Zero 核心板 1 块；

（2）TF 卡 1 张；

（3）TF 读卡器 1 个；

（4）USB 数据线 1 条。

2．为 TF 卡烧录系统镜像

（1）使用 PC 访问 https：//www.raspberrypi.org/downloads/，下载最新版本的 Raspbian 系统，如图 9-17 所示。

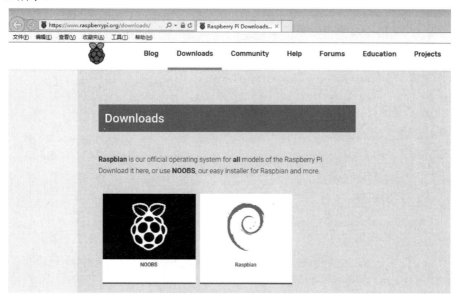

图 9-17　下载 Raspbian 系统

（2）格式化 TF 卡。使用 TF 卡格式化工具软件 SD Card Formatterv，将 TF 卡格式化为 FAT32 格式，如图 9-18 所示。

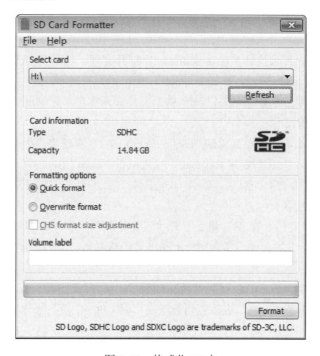

图 9-18　格式化 TF 卡

（3）烧录 Raspbian 系统。运行系统烧录工具软件 Win32 Disk Imager，选择解压后的系统镜像文件（扩展名为.img），设备选择格式化好的 TF 卡，如图 9-19 所示。

提示：这里一定要正确选择盘符，否则会将系统烧录到其他分区，造成重要文件的丢失！

图 9-19　使用工具软件为 TF 卡烧录系统镜像

3．系统配置

为 TF 卡烧录系统镜像后，还需进行系统配置。

（1）在 TF 卡系统根目录找到文件 config.txt，打开文件，在文件的末尾另起一行，输入内容"dtoverlay=dwc2"后，保存并关闭文件。

（2）在 TF 卡系统根目录找到文件 cmdline.txt，打开文件，找到文本内容"rootwait quiet"，改为"rootwait modules-load=dwc2，g_ether quiet"，保存并关闭文件。

（3）在 TF 卡系统根目录新建名为"ssd"的新文件（内容空，无扩展名）。

4．连接并启动树莓派

将读卡器中的 TF 卡取出，放到 Raspberry Pi Zero 的 TF 卡槽里，用 USB 数据线一端与 PC 机连接，数据线的 Micro USB 口连接 Raspberry Pi Zero 的 Micro USB 口（注意：连接板上标记为 USB 的接口，不是旁边的 PWR 接口），等待 60 s 左右，PC 机会发现新硬件。

5．将树莓派虚拟为网卡

（1）树莓派正常启动后，在 PC 机上打开"设备管理器"窗口，可以看到出现了一个名为"RNDIS/Ethernet Gadget"的其他设备，图标上带有黄色感叹号，即为连接的新硬件 Raspberry Pi Zero，如图 9-20 所示。

（2）为"RNDIS/Ethernet Gadget"更新驱动程序，选择"浏览计算机以查找驱动程序软件"，路径定位到驱动程序文件夹，更新驱动程序成功后，PC 机设备管理器的网络适配器中，显示"USB Ethernet / RNDIS Gadget"，即表示 PC 正确识别并成功安装了 Raspberry Pi 的驱动程序，如图 9-21 所示。

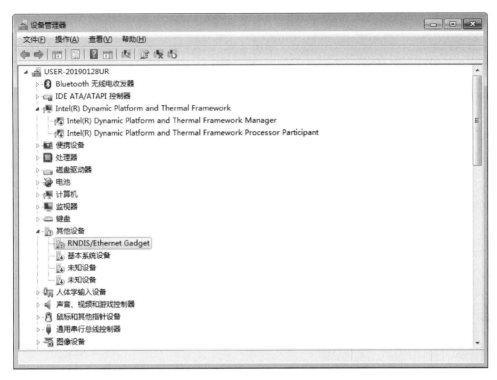

图 9-20　Raspberry Pi Zero 被识别为新硬件

图 9-21　正确安装 Raspberry Pi Zero 驱动程序

（3）安装 Bonjour 软件，如图 9-22 所示，它用于自动发现网络上的设备，可以实现局域网上的自动域名解析，在同一局域网下，可以用"主机名.local"的形式找到对应的 IP 地址。Raspberry Pi 的默认主机名是 raspberrypi，因此可以用 raspberrypi.local 来登录到 Raspberry Pi。

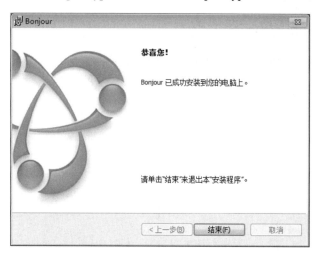

图 9-22　安装 Bonjour 软件

6. 建立和 Raspberry Pi 的网络连接

由于 Raspberry Pi Zero 未连接键盘、鼠标、显示器等外围设备，因此我们在 PC 机上建立和 Raspberry Pi 的远程连接，进而操作控制 Raspberry Pi。

（1）运行软件 Putty，这是一个 SSH 客户端管理软件，通常用来远程管理 Linux，在 Host Name 文本框中输入"raspberrypi.local"，Port 默认为 22，如图 9-23 所示。用户名输入"Pi"，密码为"raspberry"。

图 9-23　使用 Putty 软件建立远程连接

（2）登录成功后，在命令行输入"vncserver"，记下显示的 IP 地址，这里为 169.254.224.134:1，如图 9-24 所示。

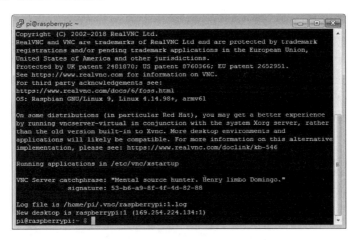

图 9-24　调用 vncserver 命令

7. 建立 VNC 连接

在 PC 机上安装并运行 VNC Viewer 软件，将 Raspberry Pi 设置为服务端，PC 机作为客户端，在新建连接的窗口中，在"VNC Server"文本框中填入刚刚记下的服务器 IP 地址，如图 9-25 所示，建立连接后输入用户名"Pi"，密码"raspberry"，如图 9-26 所示。等待片刻，即可进入桌面，如图 9-27 所示。

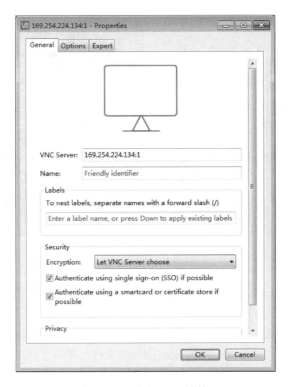

图 9-25　建立 VNC 连接

图 9-26　为新建的 VNC 连接输入用户名和密码

图 9-27　Raspberry Pi Linux 操作系统

9.2.3　使用树莓派编写 Python 程序

　　成功建立 PC 与树莓派的 VNC 连接后，单击桌面左上角的树莓派图标选择 Programming 菜单，选择 Python 3（IDLE）项，新建 Python 源程序文件，输入 Python 语言代码 "Print('Hello World!')"，如图 9-28 所示。

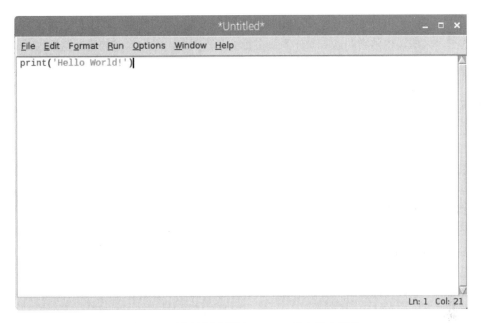

图 9-28　利用树莓派进行 Python 语言程序开发

9.3　项目 25：μC/OS-Ⅱ嵌入式实时操作系统简介

9.3.1　嵌入式实时操作系统

操作系统是计算机中最重要的软件，它有很多基本功能。简单地说，操作系统就是一个协调、管理和控制计算机硬件资源和软件资源的控制程序。从程序员的角度看，操作系统可以简化编程环境，帮助程序员有效地使用硬件。程序员无法把所有的硬件操作细节都了解到，管理这些硬件并且加以优化使用是非常繁琐的工作，有了操作系统，程序员就从这些繁琐的工作中解脱了出来，只需要考虑自己应用软件的编写，应用软件直接使用操作系统提供的功能来间接使用硬件。

操作系统直接作用在硬件之上，为需要使用系统资源的其他软件提供接口。操作系统可以应用在很多领域中，允许不同的应用程序通过使用它提供的资源管理策略来共享硬件资源。嵌入式实时操作系统的特点如下。

（1）执行时间的可确定性。嵌入式实时操作系统的函数调用与服务执行时间应具有可确定性，系统服务的执行时间不依赖于应用程序任务的多少。基于此特征，系统完成某个确定任务的时间是可预测的。使用嵌入式实时操作系统的目的，就是要提高计算机的执行效率，根据实时性的不同，还可以将其分为软实时性系统和硬实时性系统。软实时系统的时限是一个柔性灵活的，它可以容忍偶然的超时错误，失败造成的后果并不严重，仅仅是轻微地降低了系统的吞吐量。硬实时系统有一个刚性的、不可改变的时间限制，它不允许任何超出时限的错误，超时错误会带来损害甚至导致系统失败或者导致系统不能实现它的预期目标。

（2）可裁剪性和可固化性。操作系统的可裁剪性是指，一个规模较大而且功能齐全的操作系统，在结构上保证了用户可在其中有选择地保留某些模块，而裁减掉一些模块的性能。目标系统设计者的这个做法，也常常叫做对操作系统进行配置。因此，操作系统的可裁剪性也常被叫做操作系统的可配置性。在嵌入式实时操作系统中，应用软件被固化在嵌入式实时操作系统计算机的 ROM 中，好的嵌入式实时操作系统应该是为底层硬件和用户提供桥梁，用户能够方便地调用，并且类似调用库函数方便地使用操作系统提供的一些系统服务函数。

（3）可预测性。满足时间要求是一个嵌入式实时操作系统保证合理运行的关键，因此嵌入式实时操作系统的任务运行时间必须是可预测的，以保证任务处理能够在已知的时间范围内完成。由于嵌入式实时操作系统对时间约束要求的严格性，使可预测性称为嵌入式实时操作系统的一项重要性能要求。除了要求硬件延迟的可预测性以外，还要求软件系统的可预测性，包括应用程序的响应时间是可预测的，即在有限的时间内完成必须的工作，以及操作系统的可预测性，即实时原语、调度函数等运行开销应是有界的，以保证应用程序执行时间的有界性。

（4）可靠性和稳定性。嵌入式实时操作系统在绝大部分的应用中，会长时间在无人干预的情况下进行工作，如果出现程序异常或错误，则会导致系统停止运行，进而造成工业损失或灾难。在十分重要的工业控制过程中，甚至是航空、航天等项目中，关系到人民生命财产的安全，系统崩溃的后果是不堪设想的。所以嵌入式实时操作系统的各个部分都必须经过严格测试，以保证系统的可靠性和稳定性。

通常每个嵌入式实时操作系统都具有一个内核，它只提供最小的核心控制软件、调度和资源管理算法。嵌入式实时操作系统的内核应具备任务管理、内存管理、中断管理、时间管理、任务间的同步与通信等基本功能。

① 任务管理。任务是处理器可以分配调度、执行和挂起的一个工作单元。它可用于执行程序、任务或进程、操作系统服务、中断或异常处理过程和内核代码。任务管理是嵌入式实时操作系统的核心，决定了操作系统的实时性能。任务调度是操作系统内核的主要职责之一，调度的主要任务就是决定轮到哪个任务执行。通常，多任务调度机制分为基于优先级抢占式调度算法和时间片轮转调度算法。其中基于优先级抢占式调度算法是指，每个任务都赋予优先级，任务越重要，赋予的优先级就越高；时间片轮转调度算法是指，当两个或两个以上任务有同样优先级，内核允许一个任务运行事先确定的一段时间，该段时间叫做时间片，然后切换给下一个任务，内核在满足一定条件的情况下，把 CPU 的控制权交给下一个就绪状态的任务。

② 内存管理。嵌入式实时操作系统由于自身的实时性、可预测性等特点，对内存管理的要求与通用操作系统相差很大。通用操作系统中内存管理的目标是提高系统的整体性能，而嵌入式实时操作系统内存管理的目标是维护系统执行的可预测性，保证硬实时任务在截止期限前执行完成。嵌入式实时操作系统内核通常使用固定尺寸静态分配、可变尺寸动态分配和动静结合的内存分配方法来进行内存分配。这种内存管理方法的优点是系统具有较好的可预测性，并且系统开销小。

③ 中断管理。嵌入式实时操作系统对外部事件的响应一般都是通过中断来进行处理的，其对中断的处理方式直接影响到系统的实时性能。嵌入式实时操作系统相当于一个资源管理器，中断已作为一种资源被嵌入实时式操作系统来进行管理。在早期的嵌入式实时操作系统中，中断部分作为独立的部分，系统不接管中断部分。此时，中断部分作为前台处理，系统主处理部分作为后台处理。随着嵌入式实时操作系统的发展，为了方便对中断的管理，操作系统内核通常直接接管对中断的处理，例如提供一些系统调用接口来安装用户的中断，提供统一的中断处理接口等。

④ 时间管理。当一种外界事件发生时，嵌入式实时操作系统必须能够以足够快的速度进行处理，其处理的结果又能在较短的时间内对系统进行快速响应处理，并控制所有实时任务协调一致。其对于响应速度、时间的准确性和系统的可靠性提出了更为严格的要求。

⑤ 任务间的同步与通信。任务与任务之间、任务与中断间任务及中断服务程序之间必须协调动作，互相配合，这就涉及任务间的同步与通信问题。嵌入式实时操作系统通常是通过信号量、互斥信号量、事件标志和异步信号来实现同步，通过消息邮箱、消息队列、管道和共享内存来提供通信服务。

9.3.2　μC/OS-Ⅱ嵌入式实时操作系统基础

μC/OS-Ⅱ（Micro-Controller Operating System Two）是一个可以基于 ROM 运行的、可裁剪的、抢占式、实时多任务内核，具有高度可移植性，特别适合于微处理器和控制器，适合很多商业操作系统性能相当的嵌入式实时操作系统（RTOS）。μC/OS-Ⅱ包含了实时内核、任务管理、内存管理、时间管理、任务间的通信同步等功能。μC/OS-Ⅱ包括一个源码开放、结构小巧、可移植、可固化、可裁剪的抢占式实时多任务内核，是专为微控制器系统和软件开发而设计的，是控制器启动后首先执行的背景程序，并作为整个系统的框架贯穿系统运行的始终。μC/OS-Ⅱ使用 C 语言进行开发，并且已经移植到近 40 多种处理器体系上，涵盖了从 8 位到 64 位的各种 CPU（包括 DSP）。

μC/OS-Ⅱ主要分成核心、任务处理、时间处理、任务间的同步与通信、内存管理、系统移植六个部分。

（1）核心部分（OSCore.c）。这是操作系统的处理核心，包括操作系统初始化、操作系统运行、中断管理、时钟节拍、任务调度、事件处理等多个能够维持系统基本工作的函数。

（2）任务处理部分（OSTask.c）。任务处理部分中的内容都是与任务的操作密切相关的，包括任务的建立、删除、挂起、恢复等。因为μC/OS-Ⅱ是以任务为基本单位调度的。

（3）时间处理部分（OSTime.c）。μC/OS-Ⅱ中的最小时钟单位是 timetick（时钟节拍），其中包含时间延迟、时钟设置及时钟恢复等与时钟相关的函数。

（4）任务间的同步与通信部分（OSMbox.c，OSQ.c，OSSem.c，OSMutex.c，OSFlag.c）。这部分为事件处理部分，包括信号量、邮箱、消息队列、事件标志等，主要用于任务间的互相联系和对临界资源的访问。

（5）内存管理部分。内存管理部分主要用于构建私有的内存分区管理机制，其中包含创建 memPart、申请/释放 memPart、获取分区信息等函数。

（6）系统移植部分。由于 μC/OS-Ⅱ是一个通用性的操作系统，所以对于关键问题上的实现，还是需要根据具体 CPU 的具体内容和要求作相应的移植。这部分由于牵涉到 SP 等系统指针，所以通常用汇编语言编写。其主要包括中断级任务切换的底层实现、任务级任务切换的底层实现、时钟节拍的产生和处理、中断的相关处理部分等内容。

μC/OS-Ⅱ主要具有以下特点：

（1）μC/OS-Ⅱ开放源代码，可以移植到不同的 CPU 上；

（2）可以固化到嵌入式实时操作系统中；

（3）可裁剪性：实际应用中可以根据用户的需求和使用条件对系统进行裁剪，对 μC/OS-Ⅱ系统进行定制，使用其少量的系统服务，从而减少操作系统占用的系统数据空间；

（4）每个任务都有自己单独的任务栈，每个任务栈的空间大小由相应的系统函数来决定；

（5）μC/OS-Ⅱ提供多种系统服务，如信号量、事件标志、消息邮箱、数据队列、时间管理函数等；

（6）支持多任务运行：μC/OS-Ⅱ可以管理最多 64 个任务，其中 8 个是系统保留任务，用户可以使用 56 个任务，不支持时间片轮转调度，因此实际应用中，要求每个任务的优先级不同；

（7）可剥夺性：μC/OS-Ⅱ总是运行优先级最高的就绪任务；

（8）良好的中断管理机制，最多支持 255 层中断嵌套。

9.3.3 μC/OS-Ⅱ嵌入式实时操作系统的内核

μC/OS-Ⅱ嵌入式实时操作系统主要包括内核文件、配置文件和处理器驱动文件三个部分，如图 9-29 所示。

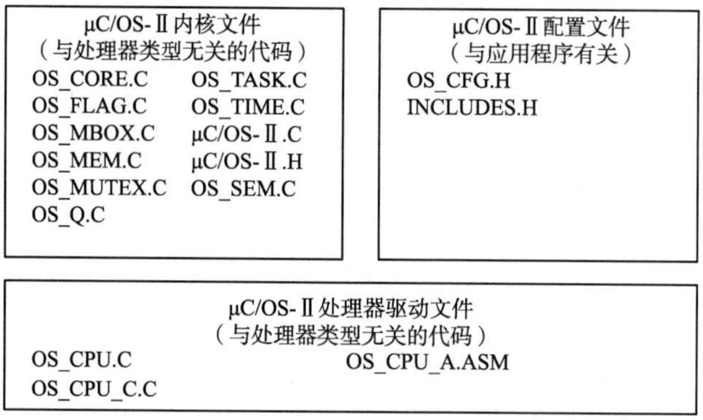

```
┌─────────────────────────────┐  ┌─────────────────────────────┐
│      μC/OS-Ⅱ内核文件          │  │      μC/OS-Ⅱ配置文件          │
│   （与处理器类型无关的代码）     │  │     （与应用程序有关）         │
│  OS_CORE.C    OS_TASK.C      │  │  OS_CFG.H                   │
│  OS_FLAG.C    OS_TIME.C      │  │  INCLUDES.H                 │
│  OS_MBOX.C    μC/OS-Ⅱ.C      │  │                             │
│  OS_MEM.C     μC/OS-Ⅱ.H      │  │                             │
│  OS_MUTEX.C   OS_SEM.C       │  │                             │
│  OS_Q.C                      │  │                             │
└─────────────────────────────┘  └─────────────────────────────┘

┌──────────────────────────────────────────────────────────────┐
│                 μC/OS-Ⅱ处理器驱动文件                          │
│              （与处理器类型无关的代码）                          │
│  OS_CPU.C                      OS_CPU_A.ASM                   │
│  OS_CPU_C.C                                                   │
└──────────────────────────────────────────────────────────────┘
```

图 9-29　μC/OS-Ⅱ嵌入式实时操作系统的结构

1. μC/OS-Ⅱ 的临界段

临界段也称为临界区，是处理时不可分割的代码，这部分代码一旦开始执行，则会禁止任何中断。和其他内核一样，μC/OS-Ⅱ处理临界段代码之前需要关中断，处理完毕后再开中断。关中断的时间是实时内核最重要的指标之一，这个指标影响用户系统对实时事件的响应性。μC/OS-Ⅱ关中断的时间很大程度上取决于微处理器的架构以及编译器所生成的代码质量。

μC/OS-Ⅱ嵌入式实时操作系统定义了两个宏（Macros）来关中断和开中断，以便避开不同 C 编译器厂商选择不同的方法来处理关中断和开中断。μC/OS-Ⅱ 中的这两个宏调用分别是：OS_ENTER_CRITICAL()、OS_EXIT_CRITICAL()。因为这两个宏的定义取决于所用的微处理器，故在 OS_CPU.H 中可以找到相应宏定义。

2. 任务状态

在任意给定的时刻，μC/OS-Ⅱ的任务状态必为以下五种之一。

（1）睡眠态：该状态下的任务还没交给 μC/OS-Ⅱ来管理，且驻留在程序空间（ROM 或 RAM）。把任务交给 μC/OS-Ⅱ管理的话需要调用创建任务函数，因此，没有被创建前或者被销毁的任务都属于睡眠态。

（2）就绪态：当任务建立起来之后，该任务就会进入就绪态，μC/OS-Ⅱ会让高优先级的任务运行，即高优先级的任务能够获得 CPU 的使用权得到运行。任务的建立可以在多任务运行之前，也可以动态地由一个运行的任务建立。

（3）运行态：任何时候只能有一个任务处于运行态，即获得了 CPU 的使用权，该任务为进入就绪态的优先级最高的任务。

（4）等待态：等待态就是任务处于等待状态，等待事件的到来、时间的到来等。例如，任务自身延时一段时间，或者等待某事件的发生等。如果等待的事件已发生或者等待超时，被挂起的任务就会进入就绪态。

（5）中断服务态：中断服务态是正在运行的任务被中断而进入的状态，响应中断时，正在执行的任务被挂起，中断服务子程序得到了 CPU 的控制权。中断服务子程序可能会报告一个或多个事件的发生，而使一个或多个任务进入就绪态。如果中断服务子程序使得另一个优先级更高的任务进入了就绪态，则新进入就绪态的这个优先级更高的任务得以运行，否则，原来被中断了的任务将继续运行。

3．任务控制块

任务控制块（TCB）是一个数据结构，当任务的 CPU 使用权被剥夺时，μC/OS-Ⅱ用它来保存该任务的状态；当任务重新得到 CPU 使用权时，可以从任务控制块中获取任务切换前的信息，确保任务准确地继续执行。

4．任务调度

μC/OS-Ⅱ总是运行进入就绪态任务中优先级最高的那一个。确定哪个任务优先级最高，下面该哪个任务运行了的工作是由调度器（Scheduler）完成的，任务级的调度是由函数 OS_Sched()完成的。中断级的调度是由另一个函数 OSIntExt()完成的。

任务级的调度是由于有更高优先级的任务进入就绪态，当前任务的 CPU 使用权被剥夺，因此发生了任务间的切换。中断级的调度是指当前运行的任务被中断，ISR 运行过程中有更高优先级的任务激活进入就绪态，中断返回前，被中断的任务进入等待状态，运行被激活的高优先级的任务。

5．μC/OS-Ⅱ的时钟节拍

μC/OS-Ⅱ需要用户提供周期性信号源，用于实现时间延时和确认超时。uC/OS-Ⅱ 的时钟节拍是特定周期性中断。中断之间的时间间隔取决于不同的应用，一般在 10~20 ms 之间。时钟的节拍中断使得内核可以将任务延时若干个整数时钟节拍，以及当任务等待事件发生时，提供等待超时的依据。

OSTimtick()是时钟节拍中断服务函数，当任务的任务控制块中的时间延时项减到了 0，这个任务就进入了就绪态。而被挂起的任务则不会进入就绪态。OSTimTick()的执行时间直接与应用程序中建立了多少任务成正比。

9.3.4　μC/OS-Ⅱ嵌入式实时操作系统的任务管理

1．任务的创建

任务是操作系统处理的首要对象，在多任务运行环境中，任务的管理需要考虑多方面的因素，最基本的任务管理功能是任务的创建。任务创建函数分两种，一种是基本的任务创建函数 OSTaskCreate()，另一种是扩展的任务创建函数 OSTaskCreateExt()。两个函数都实现了任务的创建，但是 OSTaskCreateExt()功能更强，带有很多附加的功能，共需要传递 9 个参数。如果不需要使用附加的功能，使用 OSTaskCreate()只需要传递 4 个参数。

2．任务的堆栈

堆栈是在存储器中按数据 LIFO 的原则组织的连续存储空间。为了满足任务切换或响应中断时保存 CPU 寄存器中的内容，以及存储任务私有数据的需要，每个任务都有自己的堆栈。当任务进行切换的时候，将 CPU 寄存器的内容压入堆栈，恢复的时候再弹出来给 CPU 寄存器，任务的堆栈是任务的重要组成部分。

任务的堆栈有四种：满递减堆栈、空递减堆栈、满递增堆栈、空递增堆栈。作为一个嵌入实时式操作系统应该可以移植到不同的平台，因此必须兼容这四种模式。

用户可以使用 OSTaskStkChk()返回一个记录所检查堆栈空间的使用情况，包括已使用空间及空闲空间的大小。但只有用 OSTaskCreateExt()建立的任务的堆栈才正常使用 OSTaskStkChk()。因为 OSTaskCreateExt()已经把任务堆栈每个字节初始为 0，所以只需要从栈底依次扫描每个字节并计数直到当一个字节的内容不为 0，也即从这个字节起的空间已经至少被任务使用过了，得到的计数就是空闲空间的大小，使用空间的大小由栈的总大小减去空闲空间的大小就可以得到。

3．任务的删除

当一个任务不需要运行的话，我们就可以将其删除掉，删除任务不是说删除任务代码，而是不再管理这个任务，在有些应用中我们只需要某个任务执行一次，运行完成后就将其删除掉。虽然允许在系统运行的时候删除任务，但是应该尽量避免这种操作。

任务删除函数的参数是 OSTaskDEl()，参数就是任务的优先级。我们知道，任务的优先级是 μC/OS-Ⅱ任务的唯一标志，任务控制块中虽然也有一个 ID，但只是为了扩展使用。因此，任务删除函数也可以理解为删除指定优先级的任务。

4．修改任务的优先级

当一个高优先级任务通过信号量机制访问共享资源时，该信号量已被一低优先级任务占有，而这个低优先级任务在访问共享资源时可能又被其他一些中等优先级任务抢先，因此造成高优先级任务被许多具有较低优先级任务阻塞，实时性难以得到保证。那么在访问共享资源时，适当地修改任务的优先级就可以解决优先级翻转问题了。

修改任务的优先级主要是调用 μC/OS-Ⅱ系统函数 OSTaskChangePrio()，它需要两个参数，一个是任务原来的优先级，另一个是任务改变后的优先级。

5．任务的挂起和恢复

任务挂起的函数是 OSTaskSuspend()，如果任务挂起自身的参数为常数，首先判断将要挂起的任务是否是自身，如果是，则必须删除该任务在任务就绪表中的就绪标志，并在任务控制块成员 OSTCBStat 中做挂起记录，引发一次任务调度，以使 CPU 去运行就绪的其他任务；如果不是任务自身，那么只要删除任务就绪表中被挂起任务的就绪状态，并在任务控制块成员 OSTCBStat 中做挂起记录。

任务恢复的函数是 OSTaskResume()，该函数在判断任务确实是一个已存在的挂起任务，同时它又不是一个等待任务时，就会清除任务控制块成员 OSTCBStat 中的挂起记录并使任务就绪，最后调用调度器 OSSched()进行任务调度，并返回函数调用成功的信息 OS_NO_ERR。

9.3.5　μC/OS-Ⅱ嵌入式实时操作系统的时间管理

μC/OS-Ⅱ嵌入式实时操作系统提供了时钟管理函数，包括延时管理和系统时钟管理等。

1. 延时管理

当需要延时一段时间，可以调用函数 OSTimeDly()，申请该服务的任务可以延时一段时间，这段时间的长短是用时钟节拍的数目来确定的。调用该函数会使 μC/OS-Ⅱ进行一次任务调度，并且执行下一个优先级最高的就绪态任务。任务调用 OSTimeDly()后，一旦规定的时间期满或者有其他的任务通过调用 OSTimeDlyResume()取消了延时，它就会马上进入就绪态，但是只有当该任务在所有就绪态任务中具有最高的优先级时，它才会立即运行。

2. 系统时钟管理

μC/OS-Ⅱ嵌入式实时操作系统中，每当时钟节拍到来时，μC/OS-Ⅱ都会将一个 32 位的计数器加 1。这个计数器在用户调用 OSStart()初始化多任务和溢出时被清零。

在访问 OSTime 的时候，中断是关闭的。这是因为在大多数 8 位处理器上增加和拷贝一个 32 位的数都需要数条指令，这些指令一般都需要一次执行完毕，而不能被中断等因素打断。

9.3.6　μC/OS-Ⅱ嵌入式实时操作系统任务间的同步与通信

在多任务合作工作过程中，操作系统要解决两个问题：各任务间应该具有一种互斥关系，即对某些共享资源，如果一个任务正在使用，则其他任务只能等待，等到该任务释放资源后，等待任务之一才能使用它；相关的任务执行要有先后顺序，一个任务要等待通知，或建立了某个条件后才能继续执行，否则只能等待。任务之间的这种制约性的合作运行机制叫任务间的同步。

1. 事件控制块（ECB）

创建一个任务需要给这个任务分配一个任务控制块，这个任务控制块存储着关于这个任务的重要信息。那么，事件控制块就如同任务中的任务控制块。它存储着这个事件的重要信息，如果要创建一个事件（信号、邮箱、消息队列），其本质的过程就是初始化这个事件控制块。所有的信号都被看成是事件（Event）。一个任务还可以等待另一个任务或中断服务子程序给它发送信号。

一个任务或者中断服务子程序可以通过事件控制块（Event Control Blocks，ECB）来向另外的任务发信号，所有的信号都被看成是事件（Event），一个任务还可以等待另一个任务或中断服务子程序给它发送信号。

2. 信号量操作

μC/OS-Ⅱ中，使用信号量在任务之间传递信息，实现任务与任务或中断服务子程序的同步。μC/OS-Ⅱ嵌入式实时操作系统提供以下函数来对信号量进行操作。

OSSemCreate()：创建一个信号量，创建工作必须在任务级代码中或者多任务启动之前完成，首先对事件控制块的等待任务列表进行初始化，完成初始化工作后，返回已创建信号量的指针。

OSSemPend()：请求信号量，当任务试图获得共享资源的使用权、任务需要与其他任务和中断同步、任务需要等待特定事件发生时会请求信号量。

OSSemPost()：发送信号量，当访问共享资源操作结束以后，释放信号量调用该函数。首先检查是否有等待该信号量的任务，如果没有，信号量计数器加 1，如果有，则调用调度器 OSSched()。

3. 邮箱操作

μC/OS-Ⅱ嵌入式实时操作系统中，与信号量操作相类似，消息邮箱也是一种通信机制，在使用中通常要先定义一个指针变量，该指针指向一个包含了消息的特定数据结构。μC/OS-Ⅱ提供了以下六种操作邮箱的接口函数：

（1）OSMboxCreate()：创建邮箱即初始化邮箱的函数；

（2）OSMboxPend()：请求邮箱的函数，即没有邮箱发送过来的话，就一直处于等待的状态；

（3）OSMboxPost()：向邮箱发送一个消息；

（4）OSMboxPostOpt()：发送广播信息；

（5）OSMboxAccept()：从邮箱中获得一个消息；

（6）OSMboxQuery()：查询邮箱的状态。

4．消息队列操作

消息队列也是 μC/OS-Ⅱ嵌入式实时操作系统中的一种通信机制，它可以使一个任务或中断服务子程序向另一个任务发送以指针定义的变量。

μC/OS-Ⅱ提供了以下函数对消息队列进行操作：

（1）OSQCreate()：创建一个消息队列；

（2）OSQPost()：向消息队列发送一个消息，先进先出方式；

（3）OSQPostFront()：向消息队列发送一个消息，后进先出方式；

（4）OSQPostOpt()：向消息队列发送广播消息；

（5）OSQAccept()：无等待地从消息队列中获得消息；

（6）OSQFlush()：清空消息队列；

（7）OSQQuery()：查询、获取消息队列的状态；

（8）OSQPend()：等待消息队列中的消息；

（9）OSQDel()：删除消息队列。

9.3.7 μC/OS-Ⅱ嵌入式实时操作系统的内存管理

在 C 语言中，malloc()和 free()两个函数可以动态地分配内存和释放内存。但是如果在嵌入式实时操作系统中这样做，会把原来一块连续的内存区域逐渐地分割成许多非常小而且彼此又不相邻的内存区域，即内存碎片。当这些碎片大量存在时，使得程序到后来连非常小的内存也分配不到了。

在 μC/OS-Ⅱ嵌入式实时操作系统中，把连续的大块内存按分区来管理。每个分区中包含有整数个大小相同的内存块。使用这种机制，μC/OS-Ⅱ对 malloc()和 free()进行了改进，使得它们可以分配和释放固定大小的内存块。这样 malloc()和 free()的执行时间也就固定了。

1．内存控制块

μC/OS-Ⅱ嵌入式实时操作系统为了消除内存碎片，把连续的大块内存按分区来进行管理，每个分区中包含有整数个大小相同的内存块。与每个任务对应一个任务控制块、每个事件对应一个事件控制块类似，μC/OS-Ⅱ中的每个内存块也对应一个内存控制块。

内存控制块的结构定义如下：

```
typedef struct
{
```

```
        void    *OSMemAddr;
        void    *OSMemFreeList;
        INT32U  OSMemBlkSize;
        INT32U  OSMemNBlks;
        INT32U  OSMemNFree;
    }OS_MEM;
```

（1）OSMemAddr：指向内存分区起始地址的指针，它在建立内存分区时被初始化，在此之后即不能被更改。

（2）OSMemFreeList：指向下一个空闲的内存控制块的指针，具体含义要根据该内存分区是否已经建立来决定。

（3）OSMemBlkSize：内存分区中内存控制块的大小，是用户建立该内存分区时指定的。

（4）OSMemNBlks：内存分区中总的内存控制块数量，也是用户建立该内存分区时指定的。

（5）OSMemNFree：内存分区中当前空闲的内存控制块数量。

2．内存控制块的操作

μC/OS-Ⅱ提供了下列函数对内存控制块进行操作：

（1）OSMemCreate()：建立一个内存分区；

（2）OSMemGet()：调用 OSMemGet()从已经建立的内存分区中申请内存控制块。

（3）OSMemPut()：当应用程序不再使用一个内存块时，调用 OSMemPut()释放内存控制块。

（4）OSMemQuery()：查询一个内存分区的状态。通过该函数可以得到特定内存分区中内存控制块的大小、可用内存控制块数量和正在使用的内存控制块数量等信息，这些信息都存放在 OS_MEM_DATA 的数据结构中。

附录 A 图形符号对照表

图形符号对照表见表 A-1。

表 A-1 图形符号对照表

序 号	名 称	国家标准的画法	软件中的画法
1	发光二极管		
2	二极管		
3	三极管		
4	按钮开关		
5	晶振		
6	电感		
7	电解电容		
8	接地		
9	电动机		
10	扬声器